孔謐 著

只靠一張嘴的力量

Winner at the negotiating table

談判桌上的勝利者

從心理學角度看策略框架 × 心理分析 × 案例研究

從零打造「談判高效力」！

精通說服與影響力的祕密，打造無懈可擊的談判技巧；

從準備到執行，深入談判的心理與技術層面；

學會如何用「話語」影響他人，

用心理學角度深入談話技巧，打造你的談判勝利公式！

目錄

序

如果有人問我：「身為一個社會人，若想自如的行走在各種人群中，最重要的能力是什麼？」我會毫不猶豫地回答：「談判的能力。」不論在政治、軍事、商業或是一般的職場與人際關係裡，處處都需要談判，我們都不可避免會遇到以下的狀況：該競爭還是躲閃？要速戰還是久戰？需強悍還是溫和？如何吸引對方主動出擊？要先出牌還是後出牌？何時該棄守認輸？何時該堅持奮戰？要不要為對手留一條後路？可以說談判無處不在。不論是撰寫合約、洽談工作條件、解決商業糾紛或是企業資源分配，談判都是日常生活與商業活動中必須面對的工作與挑戰。應該說「談判的藝術，就是贏的藝術，而運用談判的藝術，也是經營的藝術」。

談判是兵不血刃即可攻陷城池的最高策略，自古以來即為兵家必修的技能，現代企業和商務活動成功與否，相當程度上取決於談判技巧與能力。訓練有素的商務談判是一種超級的腦力勞動，既需要科學的理論作指導，也需要借鑑成功的經驗。對於企業來說，談判力是團隊的競爭力之一，追求卓越的企業都需要擁有一批優秀的經理人，也就是談判的斲輪高手；因為往往正是這些談判高手會為企業帶來驚人的業績。

同樣，身為現代人，我們不僅需要憑藉良好的素養做出完美表現，更需要掌握正確的說話技巧，巧妙地運用談判的藝術。身為熱愛生活的人，該如何經營好自己的愛情、事業與生活也是我們每個人都需認真思考的問題，更需要巧妙地運用有形抑或是無形的談判藝術，生活就像是一張巨大的談判桌，你所說的每一句話，你所展現給他人的每一個表情，你所運用的每個肢體語言，你所接受到的每個資訊，無一不是在巧妙地運用談判的藝術和智慧並在你所處的世界裡展現出自己最美的一面；從而為你贏得自己希望擁有的愛情、事業和生活並持久的維繫下去。

通常說，談判有一些基本技巧，如何布局、如何攻守等都有既定的模式可以操作運用，被公認的世界上最佳談判手賀伯·科恩（Herb Cohen）曾經說過：「為了實現談判的目的，談判者必須學會以容忍的風格、妥協的態度，堅韌的精神去面對一切。」所以談判不只是出神入化的說話技巧，更是一種掌握進退的藝術！在許多情況下，雙方的利益不一定都是對立的。如果把談判的焦點由擊敗對方轉向雙方共同解決問題，那才會化干戈為玉帛並達至雙贏的效果，這正是談判博弈的最高價值所在！正所謂「一言之辯，重於九鼎之寶；三寸之舌，強於百萬之師」，無論你身處在哪一種情景中，突出的談判藝術必能增加獲勝的把握。

不要以為只有善於雄辯，才思敏捷的人才擁有超強的談判能力，其實，我們每個人天生就有談判的能力！那麼，我們該如何激發出自己原本就擁有的談判本能呢？如何經由學習讓這項本能淬鍊成扎實的技巧？本書作者均既是具有十數年國際商務談判經驗的高手，又是深切熱愛生活的達人，結合她們自身的實際經驗，作者描述了如何將談判中的一些策略和戰術運用在各種環境中，讓讀者找出最適合自己的談判技巧運用的因應之道。

本書內容豐富、詳實，涵蓋了各種談判的策略訴求、前提條件、根本目的、極限、保障、戰術等各方面。此外，本書還總結了世界著名談判案例的成功經驗，歸納出談判過程中如何運用藝術的原則，也參考了許多談判領域的重要文獻及大師觀點，有系統地闡述重要的談判觀念及談判技巧，並引入生動的例項，為個人及團隊可能遇到的各種談判情景，以及如何建立談判的知識管理體系，提供指引與解疑。一改傳統商務談判書的風格，具有系統性、靈活性、實用性的特點，可謂縱橫捭闔，收放適度。透過大量的例項為所有需要談判的人總結了一套具邏輯性和系統性的談判策略，其中既有對談判分析的拓展，又有對管理理論的創新，是管理與談判的完美結合。相信無論你是想經營出圓滿的生活還是想在商務談判中達致最佳效果，無論你是談判新手還是出類拔萃的專家，無論你是公家機關的管理者還是私人企業的經營者或學者，都會從中受益良多。

開始你的談判藝術學習之旅吧！

第一篇

談判計畫

第一章
談判計畫

成功的談判，是在你坐在談判桌之前老早就開始了的。實際上，不管你在談判時有多麼高明的技巧，與那些對自己的談判目標已進行了充分的計畫和準備工作的對手相比，你已經處於十分不利的地位。因為，為達到你的預期談判目標，你不但要知道你要的是什麼，你還必須知道你的對手的目標是什麼。

而且，在你開始進行討價還價的很早以前，你就應當做到，當這次談判不能成功時，你還能提出幾種不同的談判方案。方案越多，你的優勢就越有保證。更不用說，你還應當猜想對手可能有哪些不同的方案，因為人家是否還願意和你談判就取決於還有多少其他的選擇。

應當事先考慮的另外一件事，就是你的談判極限，或者更明確點說，你到底願意放棄什麼來得到你需要的東西。例如，你如果想的只是件普通的採購工作，決定你應當付出多少，當然是很容易的。但是，即便就是這些似乎是極平常的交易，一旦談到了價格，有時也會變得十分複雜。許多變化不定的因素，都可能插進來影響你對到底應付出多少才適當的思考。因此，如果你事先對此並未動過腦筋，你就會在價格問題上表現得非常死板，從而對你自己不利。或者你會被迫耍出自認為是手急眼快的小花招，以報一個新數字，而其實它不過只導致了一個對你來說是個十分拙劣的協定而已。

除這些因素之外，還有幾個有關談判計畫的方面也常常被人們所忽略。

這包括怎樣為撰寫建議書做準備，確定哪些是不容許談判的專案，還可能是最重要的問題，就是什麼時候你根本就不應當去談判。所以，還是讓我們逐個地討論一下，你在談判之前應當加以充分考慮的幾個問題吧。

1.1
對雙方都有利的談判：表現坦誠並不意味著可以天真

可以肯定地說，買賣要合乎道德地做是很重要的，而談判也應當按通常人們稱作「坦誠」的方式進行。人們普遍認為，有許多形式的不正直行為在談判中是不能用、不允許用的。但是，還是讓我們先來對諸如隱瞞資訊、半吞半吐，以及採用其他類似的不大合乎標準的手法，是否算是正當的幾個問題煩煩心吧。

顯然，在許多情況下，不管按什麼樣的標準來評價，隱瞞資訊都是正當的。專屬於我方的某些數據、一些保密的個人檔案，就是兩個明顯的例子。另一方面，應當怎樣對待你猜想是對方為評估你方的報價所需的資訊呢？關於這個問題，在這裡進行回答可並不那麼容易，而且，在某種程度上，這個回答是什麼還應當取決於你要進行的是哪一種談判。

至於半吞半吐，以及其他手法，要找出能把它們歸分成不道德的和可以接受的一條分界線，也是十分困難的。這裡的關鍵應在於每個人都有自己的道德標準。因此，哪裡是你的手法正當和不正當的分界線，歸根結柢是由你自己決定的。但是，千萬不要忘記，你為自己確定的這條分界線，在某種程度上將影響你如何去進行談判。

還有一個重要的問題是，你必須清楚地認識到人們對於談判這一事物，有許多各不相同的看法。這一點可常常導致那些經驗不足的談判人員做出錯誤的假設。你不是有許多次聽到過你的貿易合夥人說：「他是在騙我！」或者「他們企圖占我們的上風！」以及其他類似的話麼？而實際上，這些話卻完全可能是實話。

另一方面，這些話也可能只是由於他或他們，因為在他們那一方認為是合適的許多條件卻沒能得到你的同意而講出來的，只是他或他們個人的看法。這又證明了制定一個談判計畫的重要性。因此，如果你事先就已經把你的談判目標搞得十分明確的話，你就不會被這類小花招弄得猝不及防。你將穩步地向合乎你的要求的協定邁進，而又很容易地將對手的裝腔作勢和其他進攻擋回去。實際上，只有那些沒有事先將自己的談判目標弄明白的人，才更容易被別人牽著鼻子走。

總而言之，在談判方法方面，給你自己樹立高標準不但沒一點錯，你還更應當為此而拍手稱快呢！但是，輕率地認為所有和你談判的人，都和你有同樣的看法那可就是太天真了。不是說，你絕對不能以這樣的認為為基礎去進行談判，但如果你真的這樣做了，你將不得不承認，對方可並不是那麼真誠的利他主義者。

而且，他不像你那樣看問題也並不意味（不管他是多麼執拗）人家的談判方法就是錯的。因為，歸根結柢，和你進行談判的人，他首先也是最最關心的還是人家自己的利益，他就是為此才來和你談判的。所以，如果你能說服對手，使之認為雙方都保持理智，對雙方都有利，將有利於談判的進行。你的注意力中心還是應當集中於達到自己的目的這個問題上。總而言之，你和你的對手都關心的是自己，那是完全合情合理的。

注意：如果你粗心大意，你自己的道德標準會在談判過程中給你自己出難題。例如，在你認為對方使用了按你的標準應當認為是不正當的談判手法時，你就會動怒。但不管你感到是否真有理由，你仍然必須把對奕本身與對手的個人特質和使用花招區分開來。你無論如何都應當集中精力，按你在談判計畫中所確定的那樣，達到你的目標。

1.2 從一個有利的地位開始談判

經驗不足的談判人員最容易犯的錯誤，就是因為他沒有別的選擇而接受對手的條件。別的不說，這至少是一個明顯的訊號，告訴你接受了你並不同意的建議。任何時候，如果你感到你的談判地位是那麼軟弱，以至於你不得不被迫接受一樁可能是不划算的交易時，那麼，你必須承認，從一開始你就已經陷入了困境。十有八九，在此情況下達成的那份協定，可不是有利於你的利益而簽訂的。

實際上，在此情況下所達成的協定，也常常同樣給對方造成難題。因為，某人如果發現了他接受一樁不划算的交易，他將難於將這筆買賣做到底，或者在合約的執行過程中另尋使他轉為有利的出路。

其結果有好多種，例如最終導致協定被撕毀、合作徹底失敗、訴諸法律，以及其他的對雙方均屬不幸的結局。

因此，知道什麼時候應當針對一筆不利的交易說「不！」也是學習如何不強迫別人。否則人家也將不能使你滿意地執行協定。

通常，人們都認為，如果你從一個強而有力的地位開始談判，你就站在了對方的上風。這必將導致你所希望的交易的達成。但是，這樣的自我評估，常常是建立在未加深思熟慮又沒有事先制定談判策略的基礎之上的。下列的幾中情況就可能使人覺得某一方比另一方更占優勢：

- 大公司與小公司進行談判。
- 銀行就貸款條件與求貸客戶談判。
- 老闆就加薪問題與其屬下談判。
- 父母和孩子就他的零用錢問題談判。

從表面上看，大公司、銀行、老闆和父母似乎是站在強而有力的地位上開始談判的，但某一小公司可能出售的是一種獨一無二的產品，求貸客戶可能是一位頗具影響力的大人物，你的屬下也許是個業務傑出人士且身懷絕技。至於說到小孩子，任何一位低估了你的孩子在和你談判時，能將你的優勢變為劣勢的能力的家長，都不過是一個等著讓人哄騙的傻瓜。簡言之，談判時的軟弱地位，常常只是給對方的某種表面上的感覺，這樣的感覺還將會變得不是那麼回事。也就是說，如果你自己就認為你在討價還價方面處於軟弱地位的話，那麼這樣的自我評價必將成為終於變成現實的預兆。

正確地評估談判雙方的強與弱，只有在你確立了你自己的談判目標之後才能做到。這是因為，第一，就是你要得到的是什麼和為了得到它你想給人家什麼；第二，就是猜想你的對手掌握著多少可用於討價還價的籌碼，或者叫做有利條件；第三，就是一旦談判失敗，你還可以提出的幾種不同方案。即使上述三方面你都未做好，而事態又是絕對地對你不利，那也並不意味著你根本再無機會達成一筆還說得過去的交易。因為，不論你檢查得多麼仔細，總還會有一些未被你所知的因素，可以將對方置於比你想像的還軟弱的地位。

最後但也許並不是最重要的事就是你的談判技巧，它可以在談判過程中幫你由弱變強。因此，考慮到上述諸因素之後，你永遠不可輕率地自認為你處於劣勢，而對手與你相反。仔細地猜想形勢，為加強你的談判地位做些準備工作，確定初談失敗後你還能提出哪些不同的方案，然後就去談好了。但最重要的還是，你必須知道什麼時候說「不！」和離開談判桌。

1.3 制定多個不同的談判方案

在為達到任何談判目的去制定談判計畫時，你首先要確定的第一件事就是萬一初談最終宣告失敗，你還可以提出哪些不同的選擇。如果你還沒完成這件事就跑去談判，那麼最多你也只能接受一筆不甚令人滿意的交易。這很簡單，因為你感到那是你能採取的唯一合理行動。

在確立不同的選擇方案時，你必須從兩個不同角度來猜想各種可能性。第一個考慮問題的角度是，當對方不接受你自己認為應當是可以接受的條件時，你還有哪些別的行動可以採取。第二個角度是，找到當談判有可能失敗時，你還可以向對方建議或暗示的那些不同於現時目標的其他方案。實踐中，在這樣的不同方案中，有一些還只有當你已經談了一段時間之後才會被你發現。儘管如此，初期就猜想到底有多少不同的可能性總是值得的。在確立你的談判目標時，就考慮這些可導致最終達成協定的不同方案，那就更是當然的了。

不幸的是（而且確是如此），當談判立場已經確定了時，這些初談失敗後可再次提出的不同方案，就常常會被漠然視之。這一局面是由許多因素造成的，其中第一個就是人們已經假設談判一定能成功。但是，儘管充滿信心是件好事，它還是比不上事先準備充分好。

這一「成功症候群」的衍生物是「既然以後我可以再考慮它，幹嘛現在就為它傷腦筋？」的那種想法。為逃避考慮那些會導致談判破裂的許多令人生厭的可能性，這確是一個很輕鬆的藉口。但是，強迫自己認為不必事先考慮當談判被證實毫無收穫時，再提出那些不同方案是合適的，也不會給自己造成什麼損失的做法，輕鬆倒是挺輕鬆的，但我們必須看看其反面。

當然，在某些情況下，那樣做了也許的確沒造成損失。但是，絕大多數的交易都會按不同的形式，受到遲遲不能達成協定的傷害。事實上，事先沒有準備好其他的不同方案，很可能使你接受了一筆低於令人滿意程度的交易。如果你真的到了如此地步，你很可能就會感到「如果我們想要達成協定，我們必須進行存貨大拋售了」的那種壓力。

對於不事先確定其他的不同方案的這一疏忽大意有許多辯解之詞，其中看起來似乎最合乎邏輯的就是：「根本就沒有任何一種其他的方案」。正是這樣一種人，才會在他的採購記事冊中淨是些標題為「獨家供應商」的檔案。但是，在這樣的情況下，你將多少聽到有人會向你提出下面這些問題呢？

- 這樣的貨是否能從別處買到？
- 沒有這批貨我們就做不下去了麼？
- 我們是否能使這樣的貨成為我們的產品呢？
- 是否有那種只須做些小的修改就可以滿足我們的要求的替代品呢？

儘管向獨家供應廠商買貨，在商業上有許多理由，例如可靠性、供貨及時、產品品質有保證等等，但在多種情況下，這只是你沒有事先確立多種不同的採購方案所造成的結果。實際上，我們很少見到有什麼人能獨家生產某種產品，而經過一段時間之後還沒有另外的人來成為他的競爭者，並表示能提供至少是類似產品的情形。

總而言之，事先確定多種不同的採購方案，無論如何總是利大於弊，不管這些方案的實施似乎是多麼地遙遠。關於這一點，我們還可以舉出一個成功談判所需的普遍性原則，來作為進一步的旁證，那就是：「你對某一筆交易表現得越是不那麼熱心，你就越可能做成一筆划算的交易。」這是因為，如果就一筆交易談判對你是不重要的，或者說你還有好幾個其他的選擇，你就絕不會被迫接受那些還不能使你十分滿意的條款和條件。因此，如果你能花些時間，在談判前找出幾種其他的選擇方案，你就會最後達到你所有的目的，因為你已經有了充分的準備。

要點：談判時切不可讓你的對手知道，你的其他選擇都不怎麼樣。就是說，即便是你確立的那些其他方案並不是世界最好的，這樣的資訊只有你知道就行了。否則，你的談判成果就會變小，因為你的對手一定會利用你的這種策略上已經存在的弱點。

注意：除了尋找自己一方所需的其他方案之外，如果初談未獲成功，猜想對方可能有些什麼其他的選擇。顯然，對方的其他選擇越少，你就越可能談成。

1.4
建立靈活的應對策略

通常，一旦開始談判，人們當然已經有了一套想法，比如要買什麼、賣什麼，以及其他一些目標。但不幸的是，人們常常忽略為達到你的目的，而建立一個靈活的談判策略。其結果將是談判程序遲遲不前，你方或對方都會低聲抱怨對手太不通情達理。但是，這樣一種尷尬局面，是完全可以透過事前就考慮好談判過程，我方可以進行哪些調整來加以避免，從而最終達到你的目標。

除了事先確定其他的不同方案，以便決定當談判不成功你該做些什麼，是必需的之外，當你坐下來進行討價還價時，就已經準備了一種靈活策略將使你知道該做些什麼。那些沒有準備好這一靈活的應對策略的人，談判時他們都將有意或無意地將談判建立在下列假設之上：

1. 到了那裡我一定會跨過那座橋

這裡的問題是，當你必須在談判過程中進行某種調整時，由於戰鬥正處於酣熱階段，你將倉猝地做出一些決定，而正由於你對它們未加深思熟慮，它們最後必將使你付出高昂的代價。

2. 行就做、不行拉倒！

如果這樣的態度遇到了「我們不做了！」這種形式的抵抗，那麼其結果不是談判破裂，就是使拚命三郎型的對手採取絕不妥協的立場，從而使人家快速進入全面防禦狀態。

3. 讓我們共同來解決這一難題吧！

這種談判方法是預先就認為，雙方將會同心協力地消除所導致不能達成協定的障礙。有時候，這確實可以得到一個雙方都有利的結局。但不幸的是，如果你真的使用了這種談判方法，盲目地認為你的對手也將對你以誠相待，那麼你的對手將很可能要在心裡說：「反正我算是贏定啦！」

要準備出一個靈活的應對策略，需要你考慮足以導致你最終談判成功的許多因素，這裡面包括：

- 確定你要談判的是什麼。如果有的話，什麼是你可以作為一種妥協來接受的。
- 確定一旦成為必需的談判目標，哪些是你可以做出的讓步。
- 確認誰將在談判中支持你或反對你。
- 考慮你在談判中應採用哪些策略。
- 猜想對手的強弱以及他可能採用哪種策略。
- 確定你自己的談判極限，確定你再也不能做出進一步退讓的那一點，或者說你該道一句「不，謝謝！」跟著就提出你的其他方案的那一點。

自然，每一種談判都有其自身的特點，這是從談判一開始就存在的。因此，你有必要在談判的進行過程中，不斷地修正你的策略。

這也就是說，仔細地推敲你的談判策略，就迫使你為達成協定，你必須不斷地對你的策略進行大大小小的修改。儘管如此，準備一個談判計畫仍有助於你的談判開始以後，能快速地改變策略。這還將使你不致於在對方提出的突如其來的建議或提議面前手足無措，或者由於對手突然改變談判焦點或者說是中心，而採取了冒然的行動。

1.5 精心設計報價結構

制定談判計畫時，重要的是使你方的報價具有靈活性。情況往往是這樣：當你決定你可以談判的時候，你要的是什麼，以及為得到你所要的你可以給什麼這兩個問題已經定下來了。但談判一旦開始，有時你就會發現為使談判得以成功，顯然你還得做出某些讓步。

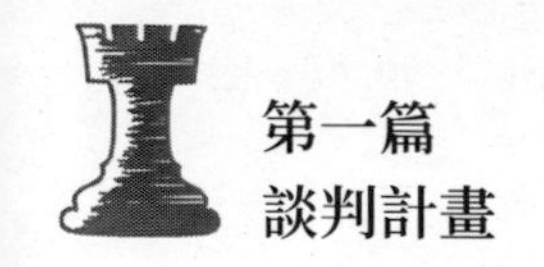

其結果常常就是，你在談判桌上成交了一宗未經深思熟慮的買賣，並將其寫進了協定書。但是，與其你在談判過程中就報價中的條款耍些小花樣（這樣做時，錯誤將是很難避免的），不如在你的談判計畫裡就事先有個靈活性呢！如果那樣做，有助於你避免在一時衝動之下就做出決定，以及在反覆的你一拳我一腳的討價還價過程中，對手等著你鑽進他設定的圈套。

例如，儘管誰都知道談判中要控制自己的情緒是非常重要的，但這說起來容易，做起來就難了。不能自持的情況，在經過一段又長又激烈的爭論，眼看協定即將達成的時候，是最容易發生的。正是在這種時候，清醒的頭腦才會被急於達成協定的願望所弄昏。於是你就開始激動了，那些如果你在談判開始之前已經考慮到不應接受的條款就被你接受了。

這種談判到快結束時，你會變得軟弱無力，這對於那些談判老手來說很容易察覺的，因為他們經常遇到這些缺少經驗的對手。這種乳臭未乾的談判對手，一旦以為協定垂手可得的時候，他們可就要胡亂地連踢帶打了。到了這個節骨眼上，那些談判老手們可就要要求你做出各式各樣的讓步了，而那些毫無準備的對手們，由於他們覺得不按人家的意思去辦，所談的這筆交易必然在最後一分鐘煙消雲散，也就只好舉手投降，乖乖地接受人家的要求了。

其實這一點神祕也沒有，因為一旦自以為目的即將達到，由於這是盼望已久的事，人們就會變得越發焦急，也是人之常情。而且，除了這種因為不冷靜而採取的行動之外，通常還會有許多其他的來自局外的壓力，驅使你接受這樣的交易。這裡面除了許多商業上的必然和必需之外，還包括了比如你的老闆已經說過：「這筆交易你一定要給我做成！」

因此，如果你事先已制定了談判計畫，並把相當多的為最後達成協定所需的變通方案都包容了進去，那麼到談判接近尾聲時，你大概就不會陷入這樣的困境了。

如果你方的報價中能包容多個事先計劃過的調整辦法，你還可以在另一領域得益於此。比如，如果談判一時陷入僵局，你可以立即改變態度，提出新的建議以說服對手接受你方的報價。而且，由於這種改變或提出的新建議，都早已納入你的計畫之中，當然你就無需因為要考慮這些新建議的得失而叫停，儘管直接攤牌就是了！這樣做的結果，很可能使你的對手很快就接受了你的新建議。總之，這至少向你的對手表明了你還有通融的願望。如果對手對你的這種表示仍然顯得猶豫不決，那麼，這至少會迫使他從進攻轉入防禦。

怎樣設計你方報價的結構才能使之具有靈活性，取決於你想參加的那種談判具有哪些特點。但一般地講，你總可以使你在談判開始之前，能夠想像得到的那些「如果有了這樣的變化，我該怎麼辦；如果有了那樣的變化，我該怎麼辦？」以這樣的基礎定出一個報價的可能範圍。

要點：如果情況特殊，你還完全能夠在談判開始時就提出你的各種不同方案以求盡快達成協定。例如，你們如果買 10,000 件可以按「X」價，買 5,000 件則按「Y」價。但是，關於這一點你千萬要當心，因為對方很可能立即接受你那個最為人家所歡迎的報價，然後再以那個報價為出發點，重新開始跟你討價還價。其結果將是，本來你想加快協定的簽訂，你反而因此給了對方一張討價還價的王牌。因此，除非你能肯定那樣做了之後，不會損壞你的談判優勢，這一招千萬別使。

1.6

為達成協定可以做出的讓步

當你對你方的初始報價進行結構設計時，不但要確定談判中你可以做出哪些讓步，你還要強調這些讓步都是希望得到回報，才能算是明智之舉。簡單地說，要讓對手明白，不是你們回報一些小小的讓步，我們就要賣了。

當然，在你為報價做準備時，應當把實際談判中可能比你預期的要好或壞的種種可能因素都考慮進來。因此，你還得確定你的最高和最低目標。

「最高目標」應當就是你的首次交易結果，就是說那是你達成交易後，可能得到的最大利益。而「最低目標」就是你可以接受的最少利益。儘管這兩個目標在談判過程中，由於事態的發展，都還有必要進行修改，但我還是認為這並不意味著如果兩個目標都達不到，就似乎達不成任何協定。

準備報價時，人們所經常面對的難題就是，未能給自己留出足夠的討價還價餘地。這樣的情況在你自以為你的報價非常合理，對方應當原封不動地接受的時候最容易發生。在絕大多數情況下，這就是談判人員經驗不足的證明。順便說一句，在談判過程中做出許多假設是應當避免的。而如果把假設還當了真，那你一定在事後會氣急敗壞地說：「我被人算計了！」

之所以如此，因為絕大多數人都會認為（這也是很自然的），他們所接到的初始報價那只不過是個起點，肯定那不是他們所能做的最有利的交易。而且，大多數人還都喜歡討價還價，如果他們沒能透過談判，也就是討價還價，得到一些比初始報價更有利的條件，他們就會感到自己上了人家的當。此外，也還有另外一些人很喜歡無休止的爭論。因此，可以坦白地說，如果你能在初始報價中就把談判中你可能做出的讓步都包括進去，你將能免除許多麻煩。

顯然，你的初始報價也得合理到可能被對方所接受的程度。總而言之，如果你漫天要價，其結果很可能就是，使對方認為連跟你談判都是不切實際的。

另一方面，使你的談判計畫包含著許多變化的可能性，將給你以充分的餘地，來提出一些表面上看起來只是那麼回事的讓步。簡單地說，你的談判的始發點，應當是一個一旦被對方接受，你就可以嘭地一聲開啟香檳酒的塞子，趕緊與對手碰杯，共慶合作已經開始的報價。

考慮你在談判中可以做出哪些讓步時，不同的讓步是由你將要進行談判的性質決定的。而且，你將放棄什麼也取決於談判本身。儘管如此，你還是應當為你的讓步排出個先後的順序。例如，哪些是可以一下子就給的讓步（例如交貨期的推遲等），哪些是你不做出就可能不那麼容易被人家所接受，從而不能達成協定的讓步（例如降低價格）。

建議：在談判過程中，你要把你做出的每一個讓步都當做重要讓步來看待。如果你漫不經心地就做出了某一重要讓步，你將得不到對方回報式的反應，因為，如果對方發現你並不太看重這樣一種讓步，他也就會同樣地把它看成沒有什麼價值。而且，儘管你的讓步對你來說並不那麼重要，但這並不意味著它對你的談判對手也一定就不具有某種價值。一般的做法是：當你必須做出讓步時，你一定要表露出十分勉強的樣子。

注意：儘管下面所說的情況比較少見，但仍然有那麼一類談判：在其中有一方已經陷入一種那樣的境地，以至使他認為，與其交易做不成還不如接受一筆壞交易的好（例如某家公司已在財政上陷入困境）。如果你發現你的談判對手很可能處於這樣軟弱地位，請你務必別利用這一情況，提出一些十分荒唐的條件，因為那樣做的結果很可能是使你白費了功夫，而得到的成果卻是零。而且，這樣的結局比你只抱有遙遠的希望還要壞，你何不達成一個能夠保護你方利益的協定呢？

與此相關的一個問題是，一旦協定的條款已基本上能夠使你達到你方的預定目的，你就別硬逼著對方做出些太不合情理的讓步了，因為你如果把人家逼急了，人家的反應可能就是一走了之。

1.7

確定談判極限的必要性

由於在談判過程中，要不斷地做出取捨，你很容易被反反覆覆的討價還價，糾纏得連預先定下的談判目標都看不清了。實踐中，有許多談判都是這樣達成的，即其中有一方或雙方都心裡想著：「哼，這回我們算是做了筆好買賣！現在我們可以坐下來休息，仔細看看我們得到哪些便宜。」如果發生了這樣的情況，戰後分析很可能使你發現，你所認為的這筆好買賣，完全不像你自己所想像的那樣。

如果你沒做準備就去談判，這樣的結局幾乎是必然的結果。而且，即使你事先做了充分的準備，也並不就能保證你在拖得太長的談判過程中，難免一時疏忽。因此，在你開始談判之前，你應當劃出一條超過了它，再邁一步也不做的極限。假如你確定的價格是「X」，如果不能達成協定，那就是你應當叫停的那點。可惜，經常發生的是，你很容易中了人家的計，而使最後定下來的數字超過了這個極限。

例如，在談判的某一階段，你可能必須花時間去聽一個電子產品、廚房用具或汽車推銷店囉嗦他們的產品是如何如何地好，如何如何地可靠。其用意實際上是想給你造成一個這種產品將永遠不會給你帶來麻煩的印象。而且這一招，不到你決定買了時，他是絕不會停止使用的。然後，這些推銷用語就會來個 180 度的大轉變，變成你可以用「Y」價格購得的，可預防本來不應當發生的故障或者說是麻煩的，「擴大了的服務範圍」的保證。拋開這些附加服務是否真有什麼價值這一點先不論，你實際付出的將是你預定的出價「X」再加上買這附加服務的保證所花出的「Y」。

不管你進行的談判內容是什麼，你總會反覆地遇到這種比你預定的要多付出一些（也許是錢，也許是多做些讓步）的企圖，如果你不當心，這可能是一筆數目不小的學費。避免陷入這種境地的最好辦法，就是一旦對方達到了你所預先確定的極限，你就再也不退讓一步。

1.8

避免給別人戴帽子

談判中，任何使你猝不及防的東西，都對你的談判對手大為有利。因此，你將做出從懇求到表示不悅，從態度蠻橫到採用不正常、不正當手段的一切事情，而這些做法的唯一結果，就是使你的對手占了便宜。如果你能在你自己的策略一覽表中，加進去你的對手可能採用的反對你的那些策略，以及你與之談判的人的個人特點，即除了你自己的策略之外，你還對對手的為人如何有所了解，其結果必然是使你做成一筆你所能做成的最佳交易。

因此，要想使自己在任何談判中都能有自持，需要的不僅僅是確知談判的各個基本點和精心準備的談判計畫，還需要避免一成不變地看待你與之談判的對手或他所可能使用的策略。其實很簡單，因為一位熟練的談判人員，總要要求你準確地判斷他或她所試圖保護的是什麼。如果對方表現粗暴，其目的不過是希望你能降低你的要求或使你因此粗心大意，從而做出如果你能夠自持時將不會做出的讓步。而當你的對手哭窮時，他的目的也常常不過是希望你相信他，從而向他少要一點。

那麼應當怎樣來對付諸如此類的花招呢？又怎麼以其人之道還治其人之身呢？有效的方法就在本書之中。但是，世界上已有的全部談判技巧，在你有了下列各種表現時，都幫不了你太大的忙：

- 你的行動被你的情緒所控制；
- 試圖在事後再來判斷和猜測對手正在做的。

因此，你絕對不可失去冷靜，或在進行討價還價時，對人家的動機做出種種假設。相反，你應當牢牢站在自己的談判立場上，不必為對手試圖做什麼操心。一旦你開始做假設了，或者說給對手的各種行為貼上了簡單的標籤，你就會離開了你談判的立足點，轉而將全部精力都集中於用來抵擋對手所使用的各種策略。簡單地說，你將由進攻轉入防禦，而這正是你的對手所要求的。

給別人戴上「老頑固」、「三歲小孩」或「不可理喻」等等的帽子，貼上這類標籤是絲毫於事無補的。不同的人有不同的談判風格，因此你無法知道你對人家的看法，或者說假設是否正確。只有當協定已經達成（或者破裂）時，你才能在一定程度上確知你是否是對的。

1.9
評價自己的談判技巧

身為一名談判人員，你是否能夠最後獲得成功，取決於你是否能聰明地應用你的談判知識。人們通常認為成功的談判人員，應具有的特質是：自信心、有主見，以及其他一些加起來可以給人家一個勇猛的進攻型人物印象的特點。但是，給人家一個這樣的印象，也可能使你自己為此付出高昂的代價 —— 這是一個那些具有所謂「大男子氣概」的談判人員所常常得到的教訓，因為他們常常會被那些裝作軟弱的人贏得一文不剩。

事情很簡單，因為張牙舞爪和氣勢洶洶，並不是談判老手所需要的工具，成功談判所需的只能是：

1. 邏輯性

事實是不容強詞奪理的。因此，要想加強你的談判地位，你的所有陳述都必須有根有據。切不可道出相互矛盾的幾個論點，或使人難以置信的誇大之詞（即使談到的是個細節），因為這將失去人家對你的信任。

2. 合理性

你提出的任何東西都必須合情合理，因為不合情合理就要引起爭論，就會促使對方採取和你相同的態度。其結果必然是使協定更加難於達成。

3. 堅持

當你的對手談起了與交易無關的事時，你最容易因此而脫離談判正軌。堅持你的談判立場，因為當你的對手試圖徹底駁倒你的論點時，堅持你的論點將是你成功的基礎。

4. 耐心

在絕大多數情況下，迫不及待地想達成協定的那一方，就是越能多做出讓步的那一方。因此，當談判未能如你所喜歡的那樣進展時，你千萬不可輕易地洩氣。因為這很可能是你的對手在試圖使你失去耐心。

如果你基本上能做到有邏輯性、合情合理、不退讓而又有耐心，那你就算是有相當充分的準備，來承擔談判人員這一任務了。但是，不管你是多麼優秀的談判人員，如果你還不能做得像個局外人那樣，就是說拋棄你個人的好惡，你方的利益仍不能最大限度地得到保護。一個最明顯的例子是，你要與之談判的那個人是你所深深厭惡的，而且你自知無法克制這種感情。當然，也還有很多其他的原因和理由，能夠證明為什麼你應當在許多情況下，將談判主角讓給別的什麼人是正確的。

還應當加以考慮的一個問題，是你個人的特殊談判風格。每個人的性格都不一樣，但應當慶幸的是，每個人都有改變自己的形象的能力，或者說靈活性。但是，如果你知道你有某些足以妨礙你的談判活動的弱點（例如脾氣暴躁），切記：談判時你必須把它控制住。

1.10
處理不容許談判的專案

當你想好了談判計畫，並且把所有可以做出的讓步都包括了進去之後，還有一件同等重要的事，就是確定哪些專案是不容許談判的。否則，在談判過程中，你很可能將你沒有計畫送人的東西給了人家。特別是當你所進行的談判十分複雜、內容繁多時，這種情況就更容易發生。

但是，在這一領域裡的最大問題，還並不是你未能事先確定哪些是不容許談判的專案。相反，這是因為你未能理解到不容許談判的專案，遠不如你發現的那麼多。

實際上，在談判過程中，過分強調哪一個專案是不能進行談判的，常常會造成協定不能達成的結果。

先不告訴你的談判對手哪個問題不能談判有兩個站得住腳的理由。第一，因為如果你這樣做了，那你一下子就給了對手一件可用來攻擊你的武器。例如，人家可能利用它迫使你在其他專案上做出讓步。這還可以使你的對手有了宣布他也有不容許談判的專案的機會，然後，就用他的這些不容許談判的專案，來和你的相對抗。更為嚴重的是，如果對方還是個談判老手，那他就會以你提出不容許談判專案，而反提出一些不容許談判的專案，實際上根本不是那麼回事。那些只不過是作為談判時用以進行討價還價的手段或花招，而那些真正被他認為是不容許談判的問題，卻根本沒提。因此，一般地講，切不可告訴你的對手你是帶著某一不容許談判的專案來參加談判的。

除了那將使你的對手占居優勢地位之外，在談判桌上不要武斷地說哪些內容已超出談判的極限之外，還有另一個理由，那就是，那些內容很可能正是容許談判的。實踐中，任何一種談判（不論內容多麼簡單），都是由許許多多的內容所構成的，是由許多單個的條款或條件湊在一起，才成為一筆經過商談之後才能做的交易。因此，在談這筆交易時，重要的並不是其中哪一個或哪些專案是不容許談判的，而是那些在對方與你進行商談，並促使你改變要求的那些專案。

這裡我們舉個例子。現假設你有一輛老式汽車，而你告訴人家的卻是：「這輛車你出什麼價我都不想賣！」而且，這還可能確實如此，因為無論多麼大的一筆錢都不足以用來交換你所擁有的這件寶貝。但是，如

果有那麼一位湊了過來，並給你一個機會使你能藉著賣出這輛車，來買回一輛你認為更有價值的老爺車時，那將會發生什麼情況呢？

事情很簡單，任何東西都是有價的，因此，既然要談談，你就必須在決定哪個問題是可談或不可談的這方面有點靈活性。當然，在某些談判中的確有些內容你真的不能讓步。例如，到了交貨日期，你必須收到貨物，因為你對第三方有這個承諾。

但是，不管你的這個不能讓步的專案是什麼，你最好時刻當心別洩露出去。即使對方在那個專案上對你施加壓力，你也不能堅持說那是不容許談判的。相反，你倒是可以說點別的什麼，使對方知道在那方面你不會輕易地被別人所動搖。例如，你可以說：「這個問題對我不太重要，但我們董事會的董事們都很討厭它，因此，我們還是先把它放一放吧！」你所應當做的就是找出合乎情理的藉口，促使對方拋開這一話題。

1.11 撰寫建議書的 12 個要點

很多型別的交易都要求你寫出書面建議，用以作為談判的基礎。實踐中，你所寫出的建議書的品質或水準，很可能就要決定了你和對方是否能夠開始談判。因此，仔細思考下列幾個足以使你的建議書達到高水準的因素，是非常值得的：

1. 精確性

你的建議書中有錯誤嗎？很多建議書在其他方面都好，而就是在這一點上功虧一簣。一般情況下，這是由於建議書的準備時間倉促所造成的。但當別人讀你所寫的建議書時：人家可不會想到你那是匆匆忙忙地寫出來的。相反，人家很可能會懷疑：「一個這麼粗心大意的人，會履行他所做出的承諾麼？」

2. 言簡而意賅

一種心理上的障礙，往往使你在建議書中寫入了許許多多的與所談主題不相干的內容。「是否有什麼東西被遺漏了？」這個問題是你在準備建議書時所常常想到的，而「這裡著墨是不是太多了？」的問題，卻常常被你忽略了。但寫就長達萬言的建議書，不會比一篇短小但包含著說服力的建議書好。

3. 具有說服力

為使你方的建議被對手所接受，你必須在某一問題上說服對方。因此，你可以用站得住腳的舉例來支持你的合理建議。簡言之，你必須能證明你們確實能生產你所建議的東西。

4. 別花裡胡哨

切記不能用多於所需的給予，來獲取成功。這可能被審查你所寫的建議書的人，認為是不能兌現的許諾。

5. 略去那些無關緊要的東西

常常出現的毛病是試圖把一些與你所建議的內容無關緊要的東西，都塞進去充數的那種傾向。例如，某家公司的僱員中有一位聲譽很高的科學家，於是在該公司的每份建議書中都把該科學家的各種成果證明檔案都附了進去。而當他們所建議的內容並不屬於這位科學家的研究領域時，將引起對方的懷疑。看這種建議書的人會想：「他們這麼做是不是為了吹噓一份實際上並不怎麼樣的建議呢？」

6. 別不提難題

許多建議書都是集中精力來強調那些好的方面，而閉口不談為使交易獲得成功所必須克服的那些難題。如果你在建議書中就承認還有這某些難題存在，並希望與對方討論如何去解決這些難題，那麼看你這份建議書的人就不會有這樣的印象：第一，你並不知道這筆交易中還有難題有待解決；第二，你不知道怎樣來處理這些難題。這就是為什麼把問題和它們的答案都事先提出來的重要性。

7. 不可誇大其詞

許多建議書都試圖用吹噓的言詞。這類建議書中常常有這樣的話：「我們有你們所要的東西。如果沒有，我們也會按你們的要求做出來！」這招術很少能獲得實效。因為它缺乏說服力，難於使人相信，使人家對你真正的提議發生懷疑。

8. 有創造性

如果只是因為你做出一個與你所想的不十分吻合的回答，你儘管可以不必為此過分煩心，因為這不會太多地降低你的身分或威信。無論如何，絕大多數的建議書提出的都是相類似的東西。即便是為了推銷一種捕鼠器，能夠被買主接受的建議中，必然是它所提議的捕鼠器確有獨到之處 —— 創造性。

9. 審查你所列的所有數字

患失眠症的人都認為，由於讀或聽一些枯燥的數字而入睡，是一種深受歡迎的緩解辦法。但是，大量地羅列數字會使主要內容陷入由數字構成的沼澤中，使對方心煩意亂。因此，請你務必將數字列成表格，並放在單獨一個章節，這樣既顯得有條理，又便於人家進行分析。還不要忘了花費一點時間，思考一下賦予你的數據以怎樣一種格式或形式。例如，如果你只是想指出一種普遍或者說一般的傾向，用曲線圖恐怕比一個長長的數字表更為有效。

10. 將充實的內容與優美的文風結合起來

任何一位消費品的生產者都會告訴你，好包裝會有助於產品的銷售。因此，不管多麼費力，你還是應當把你的建議書寫得漂亮些。一份內容充實的建議書可以補救其結構鬆散的不足之處，但如果你寫的不引人愛讀，讀它的人將會有：「這建議書看起來這麼蹩腳，那麼這筆交易的結果大概也不會太妙吧？」這種想法的危險。為此，你必須想辦法使讀你的建議書的人得出這樣一個結論：「嗯，這東西的內容和它的封面一樣漂亮！」

11. 可讀性

忽略了你的建議書可能由誰來讀，是最容易犯的一種錯誤。正是由於這樣的錯誤，導致人們寫出了針對的某一位或一組讀者的建議書，卻忘了考慮這筆交易的決策者很可能是另外的人。這種現象最常見於有關技術專案的建議書。這樣的建議書一般都是在這種假設上準備的，即讀它的人是那些懂得技術術語的人們。但殊不知這種建議書，也常常被一些不懂得技術術語和貿易行話的人所閱讀。因此，在建議書中應努力避免使用行話。但這也並不就是說，應當將建議書撰寫水準降低到連幼稚園的孩子們都能讀懂的程度。總之，努力使你寫了出的建議書既有一定的可讀性，而又不因此而降低其品質。

12. 不要浪費你的精力和金錢

撰寫建議書是件既費時又費錢的事。因此，把你的時間和財力，都集中起來專寫那些能獲得最高收益的建議書。這樣做你就是把你的精力投資於「高獲得率」的專案上了，遠不是比胡亂地粗製濫造些建議書，憑運氣來賭輸贏要強得多麼？

1.12

建議採用另一種方案的最佳方法

人們常常針對一個報價的要求，另外準備一些不同的方案。但不管你準備這樣的不同方案，是為了達到什麼目的，你如果真的把它們都寫到建議書中，你可得當心，別讓它們成了給你自己設下的陷阱。首先要注意的是：如果人家要求針對「X」寫出建議書，千萬可別向人家建議你可以提供「Y」，而忽略了「X」。這似乎是誰都知道的事，但有時人們會因為自認更能做好某一件事，而忽略了人家要他做的是什麼。這麼做的人，一般都是這樣想的：

- 「我們這樣來滿足他的要求，以顯得我們和我們的競爭對手不同。」
- 「這種方法比對方所要求的更省錢。」
- 「對方要求的行不通，我們給他提個別的辦法。」

事實上，確有許許多多完全站得住腳的理由，應當把一些不同的方案包括在建議書內，但這些方案只能作為建議書的附加內容，而絕不能取代人家所要求的那一本建議書。最好將這些不同方案另寫一章或一節，成為建議書的獨立的附件。這樣你就可以避免由於你沒能針對所要求的做出集中的反應，而將你推在談判大門之外。

在提出與所要求的不同的方案時，還得使用一些外交手段。這樣你就不至於使某一項交易或工程的發起人感到惱火，因為那個人很可能就是對你的建議書做最後判決的那位。

1.13 確定你的要求和堅持你的要求

某一個人做了一筆好買賣，可能成為另外一個人倒臺的原因，這就是為什麼你應當仔細地對談判進行準備的重要性。清楚地知道你要的是什麼，為獲得它你可以給出什麼，避免在談判過程中做出錯誤的決定等等，都可以使你在坐下來與別人討價還價時，不至於在最後成為上述的由別人的成功而倒臺了的那一位。

這一點，在進行你被認為是處於劣勢的談判中，更是如此。那些在進入談判會場時，心裡就在想：「我一定能做一筆我可能做成的最好的買賣」的人，並不一定能把買賣做是很好。因為，如果你還不確知你要的是什麼，那麼你的對手將替你來做。

許多人之所以在這上面栽了跟頭，就是因為他們忘記了這樣一個人人都知道的真理：「知識就是力量」。如果在談判開始之前，你就知道你要的是什麼，你就不會因為一時衝動而接受了比你預定的要小的數目。這還可以使你免受「生怕遭到失敗」的心理壓力，因為它常常導致因為怕一事無成而接受了一筆虧本的交易。能夠做到事先胸有成竹，能使你確知到了什麼節骨眼，即使交易不成也比壞交易強。

而且，當你事先就確定了談判目標時，你就不會陷入達到個「最低目標也將就」的那種境地，而一些談判新手就常犯這樣的錯誤。他們所接受的一般都比先有了準備的人所能獲得的要少。你如果能事先就確定

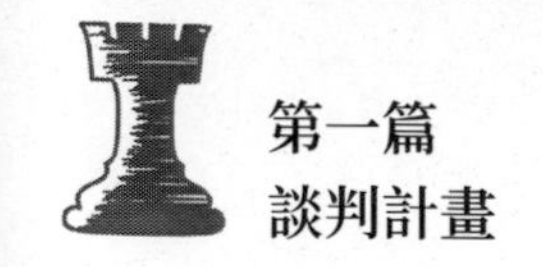

了你的談判極限，那你當然會知道什麼樣的交易，事先就可以肯定那是一筆壞交易。而由於準備達到了那個數目時，你可能反倒止步不前，猶豫不決了。或者你接受了一個比能得到的低價格就滿意地離開會談，心中慶幸著做了筆好買賣，而不知道到底有多少錢被你留在了談判桌上。

最後，事先有所準備也可以幫你避免在談判過程中情緒激動。這可不是件微不足道的事，因為那些老手都知道，怎樣將你的激動當作武器來攻擊你，那就是心理戰術。因此，預先有所準備，你還可以保持你自己不致成為對手勸降的對象或獵物，中了人家旨在迫使你接受不利條件的計。

1.14

何時不應當再進行談判

善於談判在這個競爭日益激烈的世界上，應當認為是一種才華，大概很少有人對此懷疑了。即使如此，有一個事實還是很容易被人們所忽略，那就是最好的交易，是你不做那筆交易的交易。忽略了這樣一個事實，正是協定達成後交易轉而成為一方或雙方都不利的結局的原因之一。

因此，留意那些能夠使你預知不應當開始和你將不能獲得成功的談判的種種跡象，是非常重要的。至少，它可以為你節省時間和人力、物力，免得在你費了九牛二虎之力之後，仍然未能達成協定。這可以避免使你處於不得不在那次未達成協定的談判之後，在晚些時候又得和同一個對手重開談判的不利地位。還有更壞的一個方面是，本不應當做而硬要做，其結果將是一筆你方大虧特虧的交易。

放棄某些談判到底是為什麼，有很多理由可以作為解釋。其中之一就是你作了談判前的計畫之後所得出的結論。因為你據此已經知道，如果談判一開，對方將占有絕對的優勢，人家可以隨心所欲地確定協定條款。

單有上述一個弱點，並不就意味著你不應當開始談判，進入談判後再看看會發生什麼。以後很可能是由於你富有談判技巧，或者因為對方缺少的正是這個，而將局面翻轉過來。情況也可能是你僅僅在猜想對手的談判優勢時，有點過於悲觀。但不論怎樣，有時候在初步檢視了「地形」之後，確實就可以放棄談判——至少是暫時不進行了。

也有的時候，是談判日期不適合。有很多舉例可以說明這一點。例如，有很多理由可以證明，從沒有大量產品貯備的供應商買進貨物的想法是不明智的。首先是因為對方可能無法按期交貨。而且，這樣的廠商還可能處於可以向你要高價的有利地位，簡言之，有很多理由可以說明等一等再開始談判是有利的。因此，在制定你的談判計畫時，千萬別忘了選在什麼時候為好的重要性。

有些人之所以在談判上浪費了許多精力，最常見的原因之一，就是你與之談判的人，沒有是否可以達成協定的決定權。這就是那種：「這事我覺得不錯，可我還得跟我的老闆商量商量」的人，而實際上他也完全可能是在耍花招，試圖從經驗不足的談判對手那裡獲得更多的讓步。更不用說，你必須確知你的對手到底有多大的決定權，才能免於吃到這樣的苦頭。

另一個放棄談判對你方有利的情況是，你另有一個長期的貿易關係是你不想破壞的。也許你能夠以後再重開談判，並從對手那裡獲得更有利的條件。但從長遠的觀點看，這樣做很可能並不明智。因為除合約條款本身之外，還有很多別的因素能決定就已經存在的協定，重開談判是否算得上審慎。可靠性、合作的誠意、所供產品的品質，以及其他一些無形的因素，都是你在決定是否應當和你的現有供應方，就一些新的條款進行談判之前所應加以權衡的。

當然，如果在談判桌上你將是賣方時，這一普遍原則也同樣適用。因此，在你重審已有的合約時，一定別忘了把這些因素都考慮進去。

注意：在你決定提議對已有的協定進行某些改變之前，你必須審慎地評估此舉的利弊。不論如何，一旦你提議就某一合約重新談判，你的對手也同樣會想使這些將出現的改變，使你根本得不到什麼便宜。

第二章
確定你的談判目標

談判之前，應當做的最重要的事是確定你要達到什麼樣的目標。如果這件事沒做好，談判時就可能手足無措，不知道怎樣去反擊對手的談判策略。

制定談判計畫時，即使對於最老練的談判人員來說，易被忽略的一個方面是，一份協定的長期影響。頑強地進行討價還價，以求做一筆對於今天來說可能是好買賣，可能會使你在以後受損。因此，考慮一份對於現在和將來都有其重要性的各種可能的協定，是至關重要的。

既然談判也是一場戰鬥，那麼除了制定戰鬥計畫之外，確定誰將在這次戰鬥中支持你或者是否真有人支持你，也是一個同等重要的任務。組成一個怎樣的談判小組或代表團，絕不是可以輕率從事的工作。因為選人不當可能鑄成使你所制定的所有策略戰術都被公諸於眾的那種大錯。最後一件事但也許並不是最不重要的，就是如要進行多邊談判——這可是你一個人所絕對應付不了的。本章所要討論的就是有關上述這些問題各個方面。

2.1
瞄準你的談判目標

如果你不能將有關談判的各個部分都歸攏到一起，那麼，為達到你的談判目標來花時間訂計畫也將沒多大價值。當然，如果你談的只是個

買什麼或賣什麼的事，你所要操心的一般也僅僅是價格和交貨日期罷了。特別是當這種買或賣是在正規的基礎上進行時，就更是這樣。

但是，當你要談的這筆交易比較複雜，或者當你要和一位從前你並沒有和他打過交道的人員進行談判時，事先定出你要達到的都是些怎樣的目標，就是很值得做的事了。

這樣做的好處是：

▷ 要使自己能把自己的談判目標看得很清楚，將迫使你必須想一想你要的是什麼？為什麼你要它，以及為得到它可以給出什麼。

▷ 這將有助於你在談判中做出正確而得當的讓步和妥協。

▷ 可防止你由於疏忽而匆忙地簽訂了不利於已的協定。

▷ 一個精心制定的策略，可避免你遇事不清醒和因而被你的對手所利用。

▷ 這也可以加快談判的程序。

▷ 這有助於避免失敗，因為談判遇到的困難，常常就是準備不足的結果。

最重要的是，這可以使你達成一筆對你有利的交易。如果你能從談判一開始就向對方表明了你確知你要的是什麼，那麼你的對手也就不會有什麼非分之想了。

總而言之，你在確立你的談判目標上所花費的時間，必將成為在談判桌上獲利的本錢。

2.2

談判目標中應包括的 10 項內容

每一種談判都有其自己的特殊條款，這些都應當包括在你的談判目標之內。一般地講，下列這些慣例性的東西是必須有的：

1. 確定為獲得你所要的東西而應付出的目標，或者說目標價格。這一價格應當是為獲得你所要的東西，你能合理付給的那個價格。

注意，這裡的價格一詞用的是它的通義，即用以換回一物的物。更不用說，許多種談判的內容是根本與錢無關的。

2. 確定你的談判極限。正如我們在第一章裡所討論過的那樣，你首先應當確定哪個是你可以接受的、對方利益最少的報價。若是超過了它，你就可以甩手走開了。與此同時，你還應當對你所可能獲得的最佳報價做到心中有數。

3. 確定為達成協定你可以做出哪些讓步，並盡量按先後順序把它們排列起來。

4. 如有可能，確定為獲得對方的讓步，你可以放棄些什麼。放棄些什麼並不真的是讓步，那只是你可以置於你方的報價中，並當作讓步來對待的那些內容。

5. 指示達成協定應有怎樣的時間限制。這包括你應當想想對方可能有怎樣的時間限制。

6. 找出有哪些來自外界的影響，足以決定你這次談判的成敗（與這次談判有關的銀行家、政府代理機構、工會等都可以視為雖然並未直接參與談判，但卻對你這次談判感興趣的外來因素）。

7. 猜想對方可能提出哪些虛假話題，並算計如何來克服這些障礙。

8. 考慮當談判陷入僵局時，你可以提出哪些有創造性的建議（例如，是否可暗示給對方一些次要的東西，來使你方的報價更令人喜歡）。

9. 決定應當有哪些人參與談判。這不僅僅指談判小組或代表團成員，也包括那些顧問人員，如會計師、律師，因為談及某些專業性強的內容時，你可以向他們提出諮詢。

10. 確定初談不成時，你可以提出哪些不同方案。

顯然，不是每次談判都要制定個詳細的談判計畫。但事前做些準備，總會防止你在遇到意外情況時出錯。總之，事前多想想總要比你不看樂譜瞎彈，從而使談判「跑調」要強得多。

2.3 將劣勢變為優勢的幾種方法

寬厚而仁慈確是人人都想繼承的美德，但它卻不能使你在談判桌上獲利。因為一旦你的對手發現你有這樣的弱點，你就可能成為對手促使你接受一個「要就要，不要拉倒」式報價的種種花招的攻擊目標。因此，你在談判桌上表現得越是堅定而不留情，你就越可能取得成功。

順便說一句，給對方造成一個在談判中你占有優勢的印象，並不意味著你那些氣勢洶洶、虛張聲勢和蠻橫無理等做法就是適當的了。相反，人們很快就會發現你那是在試圖用大話來掩蓋事實和數字，以求矇混過關。儘管如此，硬裝出一種待宰羔羊的樣子，也不會給你帶來什麼好處。因此，如果開始談判時你就對取得成功缺乏自信，那大概就表明你根本就不應到那兒去。

談判人員所最怕的就是去與一個看起來占居絕對優勢地位的對手談判。當一家小公司要跟一家大商號較量時，常常就是這樣，而當一家公司（不論是大是小）向銀行申請貸款或有求於其他金融機構時，謙卑就更是一種普遍採取的態度。此外，在許多情況下，談判中的一方確是處在明顯劣勢的情況下走向談判桌的。

這樣一種態度，常常是因為某些人自己給自己造成了一些錯誤的想法，從而使他們希求獲得本以為不可能得到的東西而自覺採取的。確實，如果你是在請求一筆貸款來挽救你那即將有滅頂之災的事業，要想把自己看成在談判桌上和人家處於同等地位是很不容易的。但是，一味地向人家脫帽致敬，卻只能使事情變得更糟。因此，要將你的劣勢轉化為優勢的始發點，無論這個多麼難於做到，還是要保持你的自信心。之所以如此的根本原因，是由於「人們相信那些有自信心的人」。所以，不論你對自己的談判地位是怎麼看，如果你連自己都不相信，那你乾脆在家待著好了。

例如，有兩家小廠商在流動資金上有了困難，於是這兩家就都提出了貸款申請，一家公司的態度是：制定了一個常規的談判計畫和表示願意透過正常步驟獲得這筆款；而另一家公司卻懇求說：「如果我們得不到這筆貸款，我們就只好倒閉了！」假設這兩家公司的其他方面都完全相同，哪一家能得到貸款呢？很可能是前一家公司。道理很簡單，是他們的自信使他們占了上風。

通俗一點說，不時也會發生這樣的情況：某一位總是獲得巨大成功的奇才，會因為他突然被別人一下子大大占了上風，讓別人從他手裡挖去了一大筆錢而成為轟動一時的新聞。這以後就有人寫了很多故事，說什麼某某一個根本沒多大實力的傢伙如何在撞倒南牆之前，竟想出辦法來使他的債臺達到了一個驚人的高度，等等。這些故事儘管有些情節上的變化，但講的內容總不過是某一敢拚敢闖的傢伙竟能憑著他的派頭和氣勢說服了一個神智健全、至少和他一樣聰明的人借錢給他。而這可絕不是由於他溫順才做到的。

但這裡我絕不是在暗示，僅僅憑著自信就可以保證獲得成功。與成功更有直接關係的還是精心制定的談判策略和談判所需的那些基本技巧。但是，如果談判還沒開始之前你就是一副鬥敗的公雞樣子，那麼計畫和技巧作為工具或手段也就沒多大價值了。

還要說一句，談判中所應當有的這種自信心，並不是與生俱來的。這是一種你可以學得和應用的真正技藝。

現在讓我們來談談，你可以用哪些方法來增強你在談判中的自信心吧！

首先，你應當知道你給對方的印象應當是強而有力，而絕不是軟弱無能。但要做到這一點，你切不可大談特談你的優勢。因為優勢基本上可分為真的優勢和對方覺得是優勢的兩種。就是說，有些優勢是你確實擁有的，而一些則只是對方認為你有的。區別這兩種優勢或者說權威我們有個很好的例子，那就是一家大公司的總經理的權威和優勢，絕不同於他的私人祕書的權威和優勢。總經理的權勢在於他可以在很大的範圍內決定僱用誰，炒誰的魷魚，以及做出其他一些大的決定。而他的祕書卻只能因為他有能力為這樣一位大人物工作而使人覺得他可以行使許多許可權。實際上，由於祕書坐得離實權人物很近，他就可以比那些職位和薪水都更高的許多分部的經理們更能影響決策的做出。

之所以要說這些，其用意就在於使你知道，只要對方認為你有優勢，談判中你真有優勢並不是必需的。事先有準備，知道初談不成功，你還能提出哪些不同的方案和保持自信，這一切都將使對方覺得你有優勢。

克服你談判中占居劣勢這一弱點的另一種方法是，恰當地選擇談判時間。當然，這不是永遠都可能的，但如果你有可能進行選擇，談判最好是在對你方十分有利或對對方不那麼有利的時候進行。相反，如果你在時間上被迫接受某項交易，那麼給你造成了一項本來能更好些的、實際卻並不那麼好的協定的種種因素中就又多了一個。在許多種談判中，例如重複購買同一種貨物，預先制定談判計畫就有助於利用恰當選擇談判時間這一因素。

改變劣勢的另一種戰術，是迫使你的對手處於防禦地位。要做到這一點有許多辦法，例如：

▷ 根本不聽對手說了些什麼，只講你方的各種強項。

▷ 抓住對手的薄弱點進攻。

▷ 提出一些新穎的玩意兒，想一想哪些東西是你競爭者報不出來的。例如長期合約，售後服務的保證，等等。

▷ 如果沒新玩意兒就編造一個出來，吹噓的東西只要沒遇到挑戰者就一直管用。但這麼做你可得當心，因為一旦對方要你拿出來的話，你可得預先準備些能代替它的東西。

▷ 製造一種你確有優勢的幻覺。例如，如果你想從銀行得到一筆貸款，並假設在這個問題上你還有個競爭者，你可以這樣說：「另一家銀行也想跟我們合作，但我很懷疑一旦我們的企業再擴大一些時，它是否有能力滿足我們的需求！」

要點：即使對手強烈要求，你也切不可說出這另一家銀行的名字。相反，你應當說：「由於我對這家銀行的感覺不怎麼好，我看說出它的名字不是那麼適當吧！」這樣，你的談判對手就得去猜測。當然，人家也可能根本不信這個，但能在肥沃的土地中投下一粒懷疑有可能的種子，總還有希望獲得收成的。

2.4 怎樣才能吃小虧而占大便宜

之所以要進行談判，主要目的就是要做成一筆你所能夠做成的最佳交易。為成功地做到這一點，你要的是盡可能少地給予對方。正如我們剛剛討論過的那樣，你先應當努力使你的對手處於防禦地位。為達到這一目的，方法之一就是使對方拿出初始報價。

然後，你就可以一點一點地挑對方所報方案的毛病，從而使對方後退，並一個接一個地做出讓步。這一點常常並不像你想像的那麼難於做到，特別是當你的對手比你更想做成這筆交易的時候。

使用這一方法時，還應注意地聽對方在講些什麼。這樣你就有可能一下子「抓住」關鍵所在，知道了什麼是對對方至關重要的。而一旦你知道了對對方來說什麼是重要的、不太重要的和次要的，你就可以在對方的議事日程中不占主要地位的那些部分上做文章，從而在協定中從那裡收取巨大的利益。

不幸的是，除非你與之進行談判的是個初出茅廬的新手，而且還有點神經質，你千萬可不能期望這會是白撿的便宜。就是說，為達成協定，你也得做出某些讓步。竅門就在於在初次報價時，你應當慢慢地、十分勉強地讓。

但是，你也可以做得再過一點，做出一些真正的讓步。如果真要這麼做，那你一定得把每一個讓步都當件大事，並要求對方為此有所回報。在這方面獲得成功的真正的鑰匙，不單是你的聰明，更重要的是你有耐心和堅持你的要求。努力貫徹始終，別讓你的對手把你弄得倉惶失措。

2.5
展望協定達成後的未來

談判中確實有那麼一種傾向，就是對當前的事斤斤計較，而很少或根本不考慮將來。當然，有些談判只是一樁買賣，將來不大有可能跟同一對手再有什麼別的交易了。但是，儘管談的是只進行一次的交易，你還是應當表現得公正而彬彬有禮。因為，一旦有了個好占人家便宜的壞名聲，那可是很快就會傳出去的。

另一方面，有很多交易的壽命，要比已簽訂的合約長得多。因此，在你制定談判計畫時，首先要考慮的一件事是簽了協定之後是否有什麼長遠的利益牽連在內，或者是否可能還有別的方案應當加進去，以延長合約的執行期。如果確實有，那你就應當考慮未來的勞動力、材料、金融等在費用上可能發生的變化。

還有一件應當考慮的事是，是否存在再跟對方進行交易可能性。很可能你現在接受一筆不那麼太有利的交易，卻成了你將來跟他做高效益交易的準備。

有關「買進」這個問題，牽涉到兩種情況，那就是：(1) 現在接受一個低價是希望以後可以提價和更大量地做交易；(2) 一旦你站穩腳跟之後，會出現價格上漲。但請你當心，因為虛報低價（所報價格等於成本或小於成本）也可能得到適得其反的後果，特別是當你的買方沒多大理由在以後繼續跟你打交道的時候。

順便說一句，如果你是買方而不是賣方，你更應當當心。因為接受一個最低價格並不像表面看起來那麼划算。你可以最後發現你的這位賣主在以後簽訂的合約中迫使你接受了高價。在涉及研究和開發（R & D）的專案的合約時，上了這個當的人就更加多了。因為 R & D 合約專案的報價都是先報低價，然後再在批次投產時撈回這筆損失。因此，在簽任何合約時都必須有一些適當的條款來防備這一招。

2.6 關於組團問題

一般地講，談判的內容越複雜，應當參與談判的人數就越多。而其必然結果就是談判過程越長。儘管有此弊病，當談判所涉及的問題很多，需要多種專門知識時，組成一個談判代表團顯然是必要的。

另一方面，不管你進行的是哪種談判，你都有必要將代表團的人數限制在絕對必需的範圍之內。因為你團的成員越多，你就越難於遵循已經制定好的談判策略。這個問題的確十分複雜，因為你若是想往你的團裡增加人，你的對手很可能也這麼做。

除了參加談判會議人數太多並沒有實效之外，組團太大也還有其他一些隱患。例如，雙方所帶帶去的各種專家可能包攬了許多談判課題，在那裡各持己見，使談判的進展十分緩慢，並使解決問題的道路變得越來越窄。

而且，這裡還存在著你團裡的某些人在會上說了錯話，從而打亂你們所預先制定的談判計畫。簡言之，在談判中可能出錯的數目與參加會議的人數有密切關係。因此，正確選擇該有多少人參加談判和參加者需要具備哪些特質是同等重要的。

2.7 選擇代表團成員

挑選代表團成員時，請將下列標準牢記心中：

1. 你要求他具備哪些技能。
2. 未來代表團成員個人特質和性格。
3. 是否存在足以影響你選擇的團隊上的考量。
4. 是否與你的整個談判策略相適應。
5. 是否你已經就代表團的大小和某些方面達成了協定。

現在，讓我們逐條地詳細討論一下。

1. 你要求他具備哪些技能

你的代表團應具備哪些專業知識，取決於你將要和人家進行商談的是什麼。一般來說，許多種談判都需要會計、法律以及不同技術領域的特殊技能。此外，在談判要涉及的某些小課題上，也還需要一些其他方面的人才。選人的一般原則是，根據談判的主要功能，即必須完成哪些任務才能使談判獲得成功，來限制你的選擇過程。只要有可能，選一些先在後面待命，一旦會談開始可「隨叫隨到」的專家。這樣，你既將所需的專業知識掌握在手中，又不必增加你方代表團正式成員的人數，因為那些專家雖然也有專責，但它只限於在某個方面。

2. 未來代表團成員個人特質和性格

選擇代表團成員時，通常會被忽略的一個問題是，儘管某人被公認為「行為古怪」，也常常因為他是某一方面的專家，他特質和性格上的這一面就被人忽略了。這實際上是因為人們沒有理解到談判這一事物，是一種針對人的活動，選錯人會造成巨大的損失。

因此，作為一般的原則，你所選的代表團成員，必須敏銳地知道何時應當說話，而何時卻只應當聽別人講。出於同樣的原因，不要選那種說起話來喋喋不休、非常自負，而又有他自己的企圖的人。

要點：對於這樣的人，如果你確實需要他的專業知識，而又不希望他參加會談，你可以在會談的前後或中間休息時，再徵求他的意見。

3. 是否存在足以影響你選擇的團隊上的考量

選擇代表團成員時的另一個不能完全避免的方面就是談判將涉及到不同的組織原則，或者說政策。在代表團所代表的團隊機構龐大，它的各個部門都各負其責，談判結果將對這些部門具有不同影響時，就更是如此。在此情況下，針對某一部門的直接利益，你就必須在選人時徵求人家的意見，或者讓該部門派出一名或多名代表參加談判，就是自然的了。

但是，你這樣做了之後，可能又會出現幾個其他的部門或小組，它們也要求保護它們的真實或想像出來的利益。它們的真正動機，也許只不過是爭得一席之地，或者是因它們被排出在談判之外而感到憤懣。儘管如此，這種事有時候還真會變成一個棘手的難題。總之一句話，所有那些因為占居著實權地位，而有能力給你的道路上設定絆腳石的人物，你都得認真考慮。

4. 你的總的談判策略

組成一個什麼樣的代表團，是由你有什麼樣的談判計畫決定的。這裡面不僅包括你要和人家談判的是什麼，還要考慮到你的談判對手是哪位。例如，你可能知道在一對一或小組對小組的談判時，這位對手是容易應付的。如果情況確是如此，你就可以將代表團的規模限制得小一些。

但這枚硬幣的另一面，是你還可能認為擁有大批隨員對你更有利。比如，一個有相當規模的代表團可能給對方造成你方強大的印象。但你千萬可別因此而過於高興、樂觀，因為隨後你的對手可能會帶出由專家組成的一個軍來。而且，代表團的規模大也有其自身的難題，那就是它可能不僅僅抵銷了你方的任何心理優勢。

除了對方針對你方代表團的規模所相應採取的態度之外，更重要的還是你自己對此的感覺。你如果覺得帶個小團更舒服一些，只要不至於損及你的談判威勢，你儘管這麼做好了。

最後，還有一些談判，其性質要求保密。在這種情況下，你必須將代表團的人數限制到最小的程度。

5. 關於代表團的規模，你是否已經和某些方面達成了協定

談判雙方就參加談判的人數事先達成協定，並不是件少見的事。實際上，事先就知道將坐在談判桌對面的是誰有好處。這樣還可以使你能根據要對付的都是些什麼人，來選擇你的代表團成員。除了談判雙方的急需之外，後勤問題本身也可能影響與會者的人數。將要在那裡舉行談判的地點的設施如何，也應當加以考慮。此外，如果談判還要在很遠的地方進行，因此而多出的花費也得算個值得討論的因素。

建議：按常理來選擇談判代表團時，顯然你應當將人數限制在為完成任務所需的最少人數上。但是，談判是件很複雜的事，很可能會涉及到一些你集合隊伍時未曾考慮過的技術問題，這可能使你不得不中止談判，重新組團以求得到有關專家的指導。如果你能在討論談判計畫的會議上，就將這些專家請了來，即使他們將來不參加談判，你也會最大限度地避免為上述難題所困擾。這樣做就等於你為你的談判策略請到了一旦有需要就可以動用的顧問，從而為你節省大量的時間和免去很多因為問題搞不清楚而造成的困難。

2.8 代表團團長應具備的特質

如果談判不必由你親自指揮，你只是保證談判成功的幕後負責人，那就得由你來指定一位代表團的負責人。而這一位就必須具備當一名領導人的所有特質。此外，他還得有作為一名談判人員來說，所有那些有助於談判取得成功的特殊才能，例如：

- 在極大的壓力下仍應能做出正確決定的能力。
- 有辦法將分歧的觀點轉化為共識。
- 辦事公正。
- 具有是賦予條件變化時能進行重新調整的應變能力，或稱靈活性。
- 具有使對方感到可以信賴的天才。
- 具有區分事實和虛構的本領。

此外，被指定為負責人的這位，還得享有對談判結果有接受或否定大權的上級領導者的絕對信任。如果不是這樣一個人，那你就等於給各式各樣的事後諸葛亮敞開了大門，從而招來無數惱人的麻煩。

更進一步說，你選的這個人還必須同意這次談判要達到的目的。除非談判日程中就有這個硬性規定，將談判任務交給一位不想看到它成功的人去指揮，顯然是不明智的。例如，在在國與國之間進行的外交談判，有時候雙方即使都無意達成什麼協定，也照樣舉行。但在絕大多數情況下，作為舉行談判的目的，總還是要在最後達成某種協定。既然如此，身為參與談判的人，就必須對談判結果有興趣。

當然，如果能選一位在性格和氣質上，都能和他與之談判的人合得來的人那就更好了。但要找到一位能全部地滿足上述要求的人，是相當困難的。因此，能不能和對手在性格上合不合得來，還是任它去吧。真正重要的，還是別選和未來對手的性格正好相反的人。

要點：最使談判人員感到不舒服的是，事後被別人指指點點。但更加使他氣惱的則是他的上級或權威人員丟開談判代表團，中途插手，直接找對方打交道。這麼做的結果，常常就是最後胡亂地簽了一份雙方都得長期忍受的協定。重要的是，你既然相信人家，把談判權委託了他，那你就應當放手讓人家去做。否則，如果他覺得他做出的什麼決定，都可能被個婆婆所否決，他就不會盡全力去做了。而且，一旦你方談判的對手，知道了能越過參加談判的人員的頭，也易於獲得成功時，你方談判人員將一直處於軟弱無力的地位。所以，談判代表團團長一經選定，他的上級就必須完全支持他。

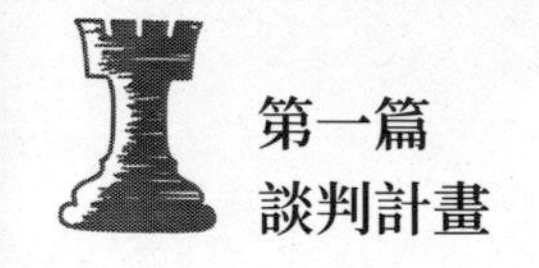

2.9
針對不同情況選擇最佳的談判人員

在某些情況下，某人會是為達成某一特殊協定的最佳人選，儘管他並不具備你可能選擇別的一些人的談判技能。其原因之一就是，當所有其他策略和手段都告失敗之後，個人之間的關係倒成了成功與否的關鍵。這種情況也還並不少見，人人都可以講出一兩件關於有人在別的一些人都失敗了之後，他卻說服了對方來買或給他貨物的故事。

只要你好好想一想，認識到這還完全合乎邏輯，並不困難。任何決定的做出，都有感情的因素在裡面，而且，即使表面上看起來似乎並不是那樣，實際上並不是每個人都會被金錢所誘惑。在某些情況下，某些交易之所以能談成，實際上除了為獲得對方的信任之外，就沒有別的更好的理由了。當某人並不真正需要或喜歡某物時，情況就更是如此。如果真的是這樣，那麼使他改變想法的唯一實用方法，就是透過個人關係來贏得他的高興。

之所以要選一位特殊的談判人員的另一理由是，這個人以前有與對方談成交易的好幾份紀錄。有經驗的談判人員都知道，這時他已經掌握了對手的許多特點，那他就能比不熟悉這些情況的人更快地談成。但有一點你可得當心，那就是某一長期和同一對手打交道的談判人員，可能變成粗心大意的人。由於他太了解對手了，他就可能不像在其他情況下那麼認真和賣力。因此，在重複進行談判的條件下，不時地更換一下談判人員是有好處的。

綜上所述，針對某一任務選擇你負責的這次談判的談判人員時，最最重要的還是你個人對他感覺如何。歸根結柢，既然談判結果總還是由你負責，那麼與你選的這個代理人相處起來很舒服不是更好麼？

2.10

使代表團小而精幹

舉行本代表團的談判前會議，以整理談判課題、分派任務和制定談判策略，當然是十分必要的。但除了與所要談判的內容有關的課題之外，還有另外一些事要做，例如：

- 指定一位代言人（一般就是代表團的頭），只有他負有做出報價或接受報價之責。
- 確定每個代表團成員應負的不同責任。
- 制定完成談判前報告的時間表。

注意：許多種談判，都需要一個很長的準備過程。許多有關金融、技術和行政事務的資訊，都需要重新審查。當談判時要提出正式建議書，也包括在日程中時，代表團的內部會議更應當在持續幾週或幾個月的時間內定期舉行。會上應討論的內容包括：

- 使成員們都理解在談判會上不要隨便插話、發表意見。
- 內部協商一下，當須進行本團的祕密會議時，應採取怎樣的步驟使談判暫停。
- 指定一名成員就談及的內容作非正式記錄。
- 確定哪些成員應參加全部會議，哪些人只參加討論特殊課題的會議，哪些人只能在會外待命。
- 確立談判策略，包括談判目標以及為達到這個目標應採取哪些策略和戰術。

- ▷ 猜想對方可能有哪些談判目標、採取何種策略。
- ▷ 告訴本團成員不得與對方成員進行私下會談，因為這可能因疏忽而導致洩密，從而破壞談判程序。

順便說一句，每個成員都應被告知，不得在內部與那些不應當知道的人討論談判內容。這樣做倒不是出於對那些人的不信任，主要還是為了防止這些人不小心說了一些不必要的話和評論。總之，如果發生了下面的情況，那將是很尷尬的：有人對我方的客戶說，「我在咖啡廳裡聽說我們正在計劃著把貴公司買下來。」而將被收買的那家公司的總裁，卻根本不知道你方正計劃著就此收購報價。

要點：當然，有意洩露某些祕密，以求獲得優勢，也是一種談判技術，有時這也是可以和必須採用的。

2.11 如何協調多邊談判

有時候談判需要有多方面的人員參加。這樣可以提高某一價格，特別是當買主不只一家，他們之間又在互相進行競爭的時候（這種情況在運動員、教練等的轉會費問題的經紀人談判中是常有的事）。相反，有時這種談判，所爭的是一個最低的價格（這在商家和政府間的談判中最為普遍）。

多邊談判與雙邊談判主要差別，是多邊談判特別注重形式和禮節。但是，就是這一點也各有很大的不同，政府代理人或代表之間，就表現得比較生硬和不容忽視，而商家代理人之間是一般不大使用那些拘泥於形式的技術。

舉行多邊談判有一些顯著的好處。那就是它可以比舉行雙邊談判，做成一筆更為有利的生意。但是，和世間的其他事物一樣，它也有它的壞處。

比如說，當有許多方為同一筆生意競相報價時，可能就會有一個或更多的投標方提出一個不切實際的低盤以求得到這份合約。為防備這一手，要求你具有更為精明的細察能力，來比較不同的提議，這可比雙邊談判的要求高得多了。這還要求精心地監視所報出的主要內容，別讓價格損及品質。多邊談判的另一弊病是你必須動用更多的財力和物力，來審查多份不同的建議書。而且，多邊談判會更加耗時間則是當然的事了。

多邊談判的另一種不太明顯（可它卻是真正的）的危險是，沒有任何一方報價。如果真發生了這樣的情況，那你若是主動地和其中的某一方開始談判，你的談判地位可就不是那麼強了。這是因為沒有誰對你的提議特別感興趣。而到了細談交易的條款和條件時，就只有他一家在掌握著主動權了。如果你是在賣什麼，那你一定會聽到這樣的陳腔濫調：「沒有別的人再對此感興趣了，因此，請你別希望我會給您出個高價格。」相反，如果你身為買主而又拙劣地要求多方報價時，那也就不會出現一個報價人會願意壓低他的價格。

抵銷多邊談判的弊病，就是你在競爭中所獲得的真正利益。如果你能夠做到使多家廠商競相向你兜售他們的產品，你得到更合適的價錢的可能性就增大了。當你站在賣方一邊而能獲得高價的例子很多，最明顯的就是那些關於職業運動員轉會的交易，如果有很多俱樂部都想讓某個運動員去效力時，那轉會費當然就會高了。

一般情況下，當你有某種專案或產品，能由許多家廠商或其他什麼方面提供時，你最好建議舉行多邊談判。如果你可以提供的是一種別人熱切希望和到的獨家產品或服務時，身為賣主舉行多邊談判當然就是最有利的了。

注意：切不可將多邊談判與誰出的價高就賣給誰的拍賣大會，和那種誰的標價最低合約就歸誰，而無需進一步談判的情況混淆起來。這後一種做法是那些政府代理商們，在替政府購買商品類專案時才常用的。那樣的交易一般都沒有多大靈活性。因此，交易透過怎樣一種程序進行的，並沒有多大區別。總之，區分多邊談判與其他談判的基本標準，並不是你如何來稱呼它，也不在於反覆的討價還價是否發生。

忠告：無論何時舉行多邊談判，你必須能肯定與會各方都遵循著同樣的規則。不管你是在正式提出報價邀請，還是不那麼正式地透過電話和人家討論，每一位可能的應答者都必須遵守相同的慣例。不論你到底是怎麼做的，每一個參與人員都應當得到同樣的資訊，知道同樣的不可超越的界限，和有同等的機會來重新審查他的報價。如果你對某一方或某幾方有所優待，這必將損害你方的信譽，從而使任何一方來參加進一步的談判，都變得十分困難。

第三章
分析談判對手的實力

確定你方的談判目標，就是為開始談判打基礎。但是，這基礎之上的建築如何進行，卻要取決於你方的對於要達到怎樣的目的。做到知彼是不容忽視的，因為它決定你在談判中是取得成功，還是遭到失敗。

而且，對方的談判目標，很多是你不能根據表面現象就知道的。人家還可通用著隱蔽的目的。如果你不了解這些藏在暗處的目的，你就會冒使談判陷入僵局的危險。當然，談判認真地開始了，你仍然還可以多知道一些你的對手想要的是什麼。儘管如此，事先花些時間來分析你的對手所可能採取的策略，這至少可以算是在為達到你的談判目標方面，你已領先了一步。

為做好這件事，你先應當分析和測出對方的談判目標，然後再將它們與你方的目標進行比較和權衡。這以後就是思索對手可能採用怎樣的策略，來獲得他所要的東西。這就涉及到分析對手的強項和弱項的問題。只有做到了這一點，你才能在談判桌上有效地反擊對手的論點。同時，這還可以使你在談判開始以後，少遇到些由於沒有心理準備，而使你吃驚的問題。

想一想你將與之談判的是什麼人，也是審慎的表現。你的對手，是否有權決定能不能簽訂協定？是否大的決定都將由非正式談判人員做出？而且，如果將要進行的談判比較複雜，或者你感到對手可能不易對

付，你不妨要求和你方內部人員進行空彈學習。別的不說，這至少可以證實一下你是否有了適當的準備。本章的下列幾節談的，就是如何評估你的對手將會涉及到的一些課題。

3.1 思索談判對手的作戰計畫

之所以要分析你的對手，在談判中將要怎麼做的基本理由是，使你能對任何意外情況的發生有所準備。儘管從表面上看起來，每一事物都可能讓人覺得相當重要，但你的對手一定會有被隱藏起來、不願透露給人的目標。如果你能預先知道了這些，那麼在談判過程中如何根據情況的變化來做調整，就會容易多了。否則，你將會在達成協定上遇到困難，因為你報出去的只建立在表面現象的基礎之上，針對的並不是被對手隱藏起來的那些目的，而那些目的才是對手談判目標的真正組成部分。

顯然，如果雙方都把牌攤在桌子上，協定就很容易達成了。而且，在絕大多數情況下，也確是如此，因為許多交易後面並沒藏著很多複雜的東西。但也有的時候，一個人說的和實際並不相符。實踐中，即使是普通的買和賣這樣的交易，也有一些位於表面之後的因素，會影響談判的程序。因此，對任何一個談判，至少要先做個粗略的分析，還是值得的。

例如，假設 A 公司在向 B 公司出售某些東西，而 B 公司又是 A 公司的老主顧。A 公司的談判人員驚奇地發現，B 公司居然要求 A 公司在價格上做出非同尋常的讓步，而從前的幾次談判卻並沒有這種異常現象。而且，儘管 A 方認認真真地想說服 B 方不要出格，B 方仍然不肯降低要求。於是這筆交易就破裂了，因為A方如果按B方出的價格賣出，那就無利可圖了。

後來，A公司發現，原來B公司那以後又向「X」公司訂了類似的貨物，只是品質較差，而所出的價格就是那個A公司沒能答應的。A方還知道了，「X」公司在付款條件方面給了B方特別的優待。A公司在上次談判時不知道的東西（如果事先調查研究一下，是可以弄清的），原來是B公司在回收資金。就是說，B方是想找一個低價賣方，並在付款期限等方面有所照顧。

如果A公司知道B公司這個老主顧，為什麼非得求個低價不可的原因，那他在上次談判中，完全可以按低價賣給B方一種類似的、但品質稍差的東西。但B公司又不願意讓別人知道他們在財政上所受到的限制，於是A方就簡單地以為B方是在利用兩家長期合作過的這一層關係，來提出不合情理的要求。

這表明，即使你和對手已經建立了相當長的商業關係，情況不同了，也會使你的對手發生變化。你可以知道那些已有過的合作關係，或者，像B公司的情況那樣，那些關係都未曾透露。因此，即使有過多次的交易關係，不以假設為依據進行談判，還是明智的。否則，你在談判桌上，就可能面對未曾預想到的困難。

當然，對於任何一種談判都可能出於策略上的考慮，而使談判人員必須小心謹慎。例如，人家可能並不想你知道某些事實，以避免因此而不願把交易談到底。舉個例子，一位想購買土地的人，可能知道他要買的這塊地附近有開一條公路的計畫，從而使這塊地的價值升高。不可透露某些資訊的另一理由是，這些資訊有助於加強你的談判地位。例如，一位急需現金的賣方，可能提出願意早點交貨，如果買方知道了這件事，他將利用這一點來壓低價格。實際上，有很多理由，使談判的一方不願意透露某些有價值的資訊。因此，談判開始之前，盡量多收集一些這樣的消息，是你必須做的。

成功地分析了對手的作戰計畫，還不僅僅在於挖掘出盡可能多的消息。當然，這是為了達到知彼所必須做的工作的一部分。實際上，在談判開始後，從對方的談判觀點也可以看出些能透露其有意隱藏的那些資訊的蛛絲馬跡。例如，有一筆交易談的是出售一家公司的分部是因為那個分部不賺錢？或者賣方僅僅是為了將資金集中於別的領域？別人買你的產品是因為價格低？品質高？交貨及時？還是有什麼別的有利條件？知道對方之所以買此產品的理由是很重要的，因為這可以影響到你的談判中可以同意哪些條件。總之，談判開始前，就知道你的對手的談判立場，必將有助於你取得成功。

3.2
調整自己的目標

為達到你的不同目標而制定談判計畫時，比較一下你自己的總目標和對手可能希望達到的目標是值得的。這樣做有助於在你方和對方的目的之間，找到促成協定的共同點。在一般的交易中，這方面問題不多，因為許多生意談判的目的，不過是在用某一價格買某種產品上達成協定即可，再無更複雜的問題了。

但是，即使是普通的買或賣，也可能有一些其他的考慮，而使一方為達成協定所能接受的價格受到影響。總而言之，雙方這之所以在價格上陷入僵局，常常需要由一方在另一領域做出讓步，才能最後達成協定。那麼，這一讓步或者說讓步的那個領域，到底是什麼則完全取決於談判的內容是什麼，以及談判雙方的不同的需求。

實際上，這很可能更是感情上而不是物質上的東西。例如，甲老闆最初對於那塊將蓋建築物的土地拒絕接受某一價格，但當 A 方答應以甲老闆姓名為那個建築物命名時，他就接受了那個價格。自然，你不可能在談判前就把對手的所有目標都掌握在手中，有些是在談判過程中才逐漸顯露出來的。當然，雙方也還可能有一些目的，是在整個談判過程中永未透露的。

儘管如此，至少想一想對方可能的不同目標，還是很重要的。這有助於你根據對方要達到的都是哪些目的，來決定你方如何報價。而且，一旦你發現談判難於進展，還可以使你便於透過用滿足對方未曾明說的某種要求，而打破談判的僵局。

實踐中，只要你稍有點創造性，就會想出某些主意，從而有助於你賣出你的對手從未曾想到要買的東西。

無論進行哪種談判，你都應當把你要達到的各種目的分一分主次，這包括為達成協定，哪些東西是你可以接受的，以及為此你可能得到對方的哪些條件。然後就是先將你對手的主要目標列表和確定哪些因素也可能在談判中發揮作用這件事了。

這樣做了之後，尋找那些對雙方利益都有幫助的那些東西（例如，在某個日期達成協定，對雙方都有利）。你能找到的共同利益越多，盡快達成協定的可能性就越大。當然，你離開將要談判的課題越遠，那麼，為獲得你所要的東西，你在談判桌上要作的就越難。

注意：當你大概地將對手的真正的，或想起來可能的目的列出個清

單時，你切不可在開始談判時就提出能滿足對方所有這些要求的一個報價。之所以不能這麼做的理由，我們將在有關如何進行談判的幾章裡再討論。總之，你必須永遠牢記，當你在談判桌前坐下並確知對方所要談判的是什麼時，你就把你的牌都亮開，那是不聰明的。

3.3 猜想對手實力

進行談判準備常常被忽略的一個方面是，對你將要與之談判的對手沒有一個評估的結論。對此想一想，不僅有助於你知道對方都有哪些強項和弱項，還有助於你確立你自己的談判策略。這些應當想一想的問題包括：

- 這次談判，對你的對手有多大的重要性？
- 如果達不成協定，對方將有何損失？
- 本次交易，對對方的整個經濟狀況有何影響？
- 對方所經營的事業的現狀和近期的發展如何？
- 在對方的經營領域中，他們有著怎樣的聲譽？
- 如果有的話，你在上次與對方打交道時覺得他們怎麼樣？如果沒打過交道，那麼你知道他們對於所要談判的有哪些經驗？

如果你能得到這六個指標，以及其他一些問題的滿意答案，那就不會輕易被對手所算計，因為成功與否，並不僅取決於所談的生意本身，它還取決於參加談判的是些什麼人，或哪個團隊。而且，直到所達成的協定被完全長度地執行之前，這個協定還有沒有什麼意義。因此，你首先應當確知的是對方的信譽。他們是否真有談判的誠意？他們是否有能力履行協定達成後他們所承擔的義務？

當有跡象表明一筆好生意，已在你的視野之內時，這種對對手的評估就可能被忽略。但事實上，對於看起來越好的生意，你就越應當看看那背後還有些什麼，以確知你的對手為什麼同意跟你做生意。你永遠要記住，如果一筆生意看起來好得都不像真的了，那它可能確實不是真的。

關於這個問題的另一個極易被你注意不到的方面是，這筆生意對雙方的現有交易關係的發展有什麼影響。當雙方已經有了多次交易的時候，有時人們就會認為，事情將會永遠這麼順利。但是，情況是隨時會發生變化的，你們今天的這位最佳客戶，明天也可能會破產！因此，不要認為任何東西是絕對的。

如果你真能做到這些，那你就可以不必擔心因為做了筆不利的生意，而受責難的事了。

3.4 尋查陷藏目標的必要性

有時候，你的談判對手之所以要談判，其理由並不見得是放在表面上的那些。當然，有些時候，這些被隱藏起來的動機，不會妨礙你去同他談一筆交易。那些可能只是與另一方有關的幾個目標。

儘管如此，有時對手未說出來的目的會對你有影響，這種影響可能發生於談判過程中，也可能發生於以後的某個時期。顯然，你買東西能得到個低價格，確是一筆好交易，但另一方面，它也會給你造成許多困難。比如，不能按期交貨，或者品質上差一些。或者還要壞，在你收到這批貨之前，你在別的交易上可能出了問題。

不幸的是，除非你的腦袋像水晶球那麼清楚透明，要想知道別人心裡是怎麼想的可不是件容易事。因此，在某種程度上，你必須為此進行一些推理性思維。這意味著，你得尋找那些足以說明你的談判對手未予透露的動機的線索。為成功地做這件事，你可以先找找看，是否有些能說明某一現象不是真的的訊號。

例如，某人急於達成協定而你卻覺得似乎他沒理由著急，或者某人對你所要求的一切未免答應得太快了。不管是一種什麼訊號，你千萬不可輕視，一定要想一想，或至少問自己一下，對方的這一不同尋常的舉動，到底是出於何種原因。

顯然，猜測別人的動機，並不是一般情況下都需要的，也不是什麼時候都能猜得到的。就是說，你沒必要對什麼樣的談判都多疑多慮。但是，當你的本能告訴你有些東西不對勁時，千萬別對此不予理睬。

儘管你不能明確地知道，隱藏在一位狡猾對手的微笑後面的是什麼，但如果你覺得有什麼東西不是那麼可靠，你至少應針對那東西，在協定中加上幾條保護你方的利益。實際上，如果你在協定中加上了這些防備性的東西，而對方又拒絕了，那麼，即使你不知道對方的真正動機，至少你的懷疑已經有了證實。總之一句話，如果你覺得某筆生意不對勁，那乾脆就別去做。

3.5
確定談判對手的許可權

為達成某筆交易而最後握手言歡，常常會被皺眉所代替，這是因為握手的一方，聽到對手說了這樣的話：「我還得就這件事請上級審核，一旦核准了，我們就算交易達成！」但也有些時候，和你握了手的那位又回來跟你說：「我的上級不同意這個協定！」結果是，看起來本來是一筆已經達成的交易，到後來卻只能算是頭一輪談判。

為盡可能避免得到這樣的結局，談判前你一定要先搞清楚你的對手，到底有多大的決策權。否則，你將只能達成一份需要告訴另外一位而由那位加以批准的協定。當然，在許多情況下，談判結果須由上級批准。但是，任何時候你若是跟一個需待上級批准的對手談判時，你永遠記住要給自己保留同樣的權利，即使你能夠自己決定時，也是如此。

之所以要給你自己也保留交由上級批准的權利，是因為這可以反擊你的對手，把等待上級批准用作迫使你做出更多讓步的花招。這還真是常見的事呢！其形式多半是你聽到對手在說：「我看我們老闆大概不會同意你們的這個報價，你如果稍稍做點讓步，大概還能行。」

最重要的一點是，事先就要知道，你的對手是否有最後決定權。如果你沒有（這是參加任何一種談判之前，都應當先得出的結論），那麼，把這個因素也作為制定談判計畫時，應當考慮的一條。

3.6
找到幕後決策人

如果你與之談判的這位，並不是最後決定的決策者，那麼，若想達成協定你就又多一份工作。就是說，你不但要說服你的談判對手，你還得獲取這次談判的幕後決策人的滿意。

就是在你已經確信你的談判對手，有最後決定權時，也可能面對這樣的一個事實。實際上，如果你在談判過程中，聽到某人對你說，你的對手如果得不到他上級的批准，是不會接受你的條件的。儘管談判開始他就說過，他有全權，你大可以不必吃驚。

這種情況的發生過程，大概是這樣的：

你的談判對手說：「我不能按原樣接受你的報價，我得跟我的老闆商量。」

你說：「請等一等，喬先生，談判開始時，您不是說過您有權決定是否簽這個協定嗎？」

對手說：「我是說過，但如果我們這筆交易的金額僅僅是200萬元，那我現在就可以同意！」

你說：「哎喲，我的天！你所說過的一切不都表明，如果我們接受你們的條件，你就有權決定一切麼？」

對手說：「不，我可沒這麼說過，您可別不講道理！這筆交易的金額不能比200萬元多一塊錢，而您卻要了250萬！如果你堅持要這樣，那麼現在我可以答應您220萬，怎麼樣，簽字？」

你說：「您看，我們先報出的可是300萬，為了表示我們希望達成協定的誠意，我們已經把這個價降到250萬啦！您這不是在欺負我嗎！您如果沒權簽這個協定，那您應當從一開始就說出來嘛！」

對手說：「好吧，好吧！您說我沒權，而又不敢按220萬這個價簽約，這不正說明您才是真的沒權嗎？」

你說：「這簡直是一派胡言！您是想搶劫我嗎？」

對手說：「這麼的吧，你能否同意讓我就250萬元這個價，跟我們老闆商量下？」

上面所述是談判中常見的一幕。這等於人家綁了根胡蘿蔔在你眼前晃，暗示你他們的老闆有可能接受250萬這個價。如在你的談判姿態已經使你的對手相信，你再也不會降低你方報價，這事還真可能發生。但是，問題的另一面是，你的對手將帶回來（這也很可能真就是這樣）一個總要低於 250 萬的報價。

到了這個地步，你能做的還有三種選擇，即接受或拒絕這個報價，繼續再跟他們談判，或者直接去找他們的老闆。

但是，最重要的，即使對方表面看上去似乎有權談判，也還是有比你的對手地位高的人，會直接或間接地參與做出最後決定。所以，談判開始前，你永遠都應當先搞清楚此人或這些人是誰，並且如果可能，指定出抵制這些人影響的策略。

同樣，你的談判對手也會試圖越過你的頭頂，去跟你的上級打交道。這麼做是有很多理由的，其中包括：

- 對方認為你無決斷能力，或在談判方面沒有經驗。
- 對方認為你是個過於精明的談判人員，並試圖抵消你的談判技巧。
- 他們認為，他們的主力選手強於你方更高層次的人物。
- 對方的談判人員經驗不足，或他們想使他擺脫必須做出決定的困境。
- 他們只是想嚇唬嚇唬你，使你做出些讓步。
- 他們希望你的上級能對你施加壓力，從而促成協定的簽訂。
- 是使你認為自己的要求，是不合乎情理的一種花招。
- 對方認為談判已進入一條真正的死胡同，決定此問題只有和你上司談判才能解決。

如果你方內部合作得很好，那麼反對和駁斥對方的這些花招和錯誤的看法，使談判人員不上這種圈套就並不困難。你公司首先要做的事

是，你的上司立即把對方投過來的球送回到你這裡，仍由你進行反擊。當然，這一點也要禮貌地進行，但給向對方的信號應當十分明確，以免對方仍試圖採取別的陰謀手段，從你這裡獲得他們想要的東西。

對手的這一招，只有在你的上司想露一手，想親自出馬的欲望占了上風時才能奏效。換句話說，這時人家就已經決定他們可以越過你這個談判人員，去完成你無法完成的簽訂協定的任務。

這一來，達成的交易常常是很糟糕的。而你這位老闆卻仍在吹噓他為什麼出馬，如何英明地指揮了這個戰役，並取得了別人不可能取得的戰果。之所以如此，是因為人們常常忽略了這樣一個事實，那就是任何人都可能做一筆壞生意，做筆好生意才真正是不容易的。

應最大限度地減小其他決策人對談判人員施加不利影響的另一理由是，這些人之所以要參與進來，不過是試圖取得你在談判桌上得不到的一些讓步。因此，即使你不知道有哪些幕後決策人，已經在你前面和對手開始談判了，你仍應時刻準備好抵制他們的介入。

注意：如果對方突然將高層人士插進來參與談判，不必為此害怕。你可以用向對方暗示，說你的上司也要插進來的辦法使他洩氣。這樣你就可以使談判仍在原來的軌道上進行，就像你仍在和你原來的談判對手在談一樣。可是，如果插進高層人物這一招一旦獲得成功，你的決定權即被削弱，你也就被排出在協定決策人的行列之外了。當然，是否應當仍由你取捨這次談判，就要由你方決定，而決不可屈服於對方的暗示，或堅持要求。

3.7
研究談判對手的幾種方法

你永遠不可能對你將要與之談判的對手有過多的了解。根據情況的不同，關於你的對手，有下列幾種消息，對你將是有用的。即：

▷ 你的對手所屬公司和部門的情況。

▷ 該公司經營範圍內的全行業的交易活動趨勢。

▷ 該公司所處地區內報價的定點性數據。

▷ 該人所屬公司、部門及他個人的經濟狀況。

▷ 你的對手在以前與其他方面進行談判的表現。

▷ 你與之談判的這個對手，個人有些什麼特點。

首先，你應當知道對手些什麼，要取決於你將要進行的是哪種談判。重要的是，在這方面你知道的越多，你就對談判中可能出現的任何難題越有準備。你應當獲取的消息可包括從簡單的（例如，你的對手性情急躁這樣的小事），直到那些足以表明對方離破產只差一步了那麼重要和機密的財政數據。顯然，研究對手是要花費時間的。因此，花多大力氣去做這件事，還要取決於這次談判有多大的重要性。

把為獲得這些消息所花費的時間，與這次談判的重要性對比起來加以權衡時，那你為取得這些消息，就可以使用多種多樣的方法。有些消息是在公共消息來源中就可以找到的。你可以接觸些對你和你的對手都有所了解的人。

說也奇怪，兩個顯然是很方便的消息來源，卻常常被人們所忽略。

第一個存在於你方的內部團隊。這種未能從己方內部獲得消息的情況，常見於政府間和大型聯合公司間的談判。

實際上，對於一個規模龐大的大企業，有幾個小組的人馬派出去與同一對方談判的事，是屢見不鮮的，而己方的各個談判組之間，又互不知各自小組的行動。這不僅有害於己方互通情報和消息，還可能造成針對同樣的消息來源的內部競爭。更不用說，為獲取有價值的資訊，首先要找的地方，還是你們這一實體的內部。

另一個易被忽略的消息來源，當然就是對手那一方的內部了。談判人員一般都不樂意向對手要求提供消息，特別是那些經驗豐富的談判人員，不管談判之前還是談判過程中，都是如此。實際上，這也並不像乍看起來那麼奇怪，因為絕大多數人都有厭惡介入或窺探別人事務的習性。但是，當你即將進入談判時，那可是你應該把任何內疚感都置之度外的時候。揭密也是談判工作的一部分和一種手段。因此，你可以毫不猶豫地向對方要求提供你所需要的資訊，以確知所談交易的真相。

當然，你的對手很可能不願意提供那些將會加強你的談判地位的任何數據。對此你必須有心理準備。但是，如果你方對一些基本數據的提供要求都被拒絕，那你可就要當心了。這很可能是因為某些情況之所以被隱瞞了起來，是因為怕你一旦知道了它們，你就會變卦，不想和他們達成任何協定了。總之，要使用你所掌握的一切辦法，來獲得有助於你進行談判的那些資訊。而且，在談判開始之後，你還得隨談隨尋找不時出現的問題的答案。

3.8
評價整個談判的氣氛

對談判具有最大影響的因素，是談判對手之間的相互態度。在絕大多數的談判中，雙方人員大都對對方人員懷有或多或少的、屬於中性、即不喜歡也無所謂厭惡的感情。當然，一旦討價還價達到了非常激烈的程度，這些感情就會迅速發生變化。

在另外一些談判中，更大的或者說徹頭徹尾的敵意態度也是存在的。這種情況在有關勞資關係的談判中最為常見。儘管如此，在任何一種談判中都可能由於企業與企業或個人與個人之間關係緊張，而相互抱有敵意。考慮到這樣的談判氣氛，可能造成談判失敗，在談判開始之前先猜想一下談判將可能在怎樣的氣氛中進行是值得的。

自然，你之所以這樣做的目的，應該是盡可能促成對談判有利的氣氛。你常常可以只是透過保持你的冷靜的方法，達到這一目的，即使對方已變得氣勢洶洶。這一招很有用，要知道在許多情況下，對方的敵意表現很可能只不過是他故意擺出來的一種姿態。有時說不定對方早已指定由哪個人應當唱紅臉呢！了解有這種可能性存在，有助於保持冷靜，從而更有力地朝達成最後協定的方向邁進。

在某些情況下，採取一點防範措施，來消除談判氣氛不良所造成的困難，也是應當的。因此，謹慎的做法是了解一下代表你方的這位談判人員，在過去是否在談判時有過什麼令人不愉快的事沒有，如果確曾互有敵意，那麼你儘可以決定是否換一位談判人，會有助於消除這種可能導致交易不成的積怨更好些。自然，你總想請你的最佳談判手出現，談判某項交易，但在某些情況下，如果個人之間的恩怨，可能給某位談判人員的談判前景罩上陰影時，選一位技術上稍差一些的人去談判會更有利些。

也有的時候，一些外來的影響可能會使談判的前景黯淡。例如，新聞媒介的注意或政府的審查，都可能使談判桌兩邊的任何一方採取與其所需相悖的公共立場。這一領域中的主要危險，還在於一方或另一方，將開始公開地與你方進行談判。一旦發生了這種情況，即使是最終達成了協定，其長期後果可能會不那麼令人滿意。因為有一方會因此而覺得是另一方占了他們的便宜。

一般地講，進行公開的談判是一種抵制來自另一方的不利所用的訣竅。用了這一招的結果，一般不是達不成交易，就是做成一筆壞買賣。即使你在短期內占了點便宜，它仍可能轉變成一種從長期的觀點看，是一個非常糟糕的結局。這就是為什麼當一位談判人員屈服於外來影響，而達成某種交易時的根本原因，就很可能在於他是這麼想的：「千萬別犯傻，打個平手就行了！」

因此，對於你方來說，應避免在進行私底下的談判中，把你們的資訊公開。如果你發現對方有這麼做的動向，應避免自己被捲入一場躲躲閃閃的對峙之中。相反，你應當向對方強調，你仍希望談判繼續進行，希望在談判桌上解除雙方的分歧，並且是友好地。

3.9
準備與對手對峙

如果你將去參加一個十分複雜的談判，或者你對這種談判需要何種技巧沒多少經驗時，你可以要求在你同對手真槍實幹之前，進行一次內部的空彈演習。為簡單地做完這件事，你可以將談判代表團的成員們召集在一起，然後針對談判可能涉及到的各種內容和課題，集體討論出應提出的問題和做出的回答。這以後，選出一個充當你方的談判對手，讓他坐在你對面來進行一次談判演習。再讓代表團的其他成員，身為觀察員，在一旁對你們的表演提出批評。

但你千萬別據此寫出一個實際談判中，一定要照著去演的固定戲碼。首先這是因為，不論你是多麼仔細地制定了談判計畫，若想預先就知道談判將沿著哪條路進展，是不可能的。而且，談判中的討價還價，還要求你得不時地變換談判焦點和保持一定的靈活性。如果你制定出一個硬性的計畫，那麼，當機會來了時，你就無法接受或做出合理的妥協。

但是，不管進不進行這種空彈演習，至少想一想對方有可能採取的策略，總是有用的。然後，你可以據此制定一個針對對方可能採取的戰術和策略的作戰方案。這麼做的目的在於，使你能有適當的準備，而又不必花去太多的時間去進行排練。如果你已經花了時間，來確立你的談判目標和分析了對方的談判優勢或劣勢，那所剩下的準備工作就不多了。但如果你連這點家庭作業都沒做，那麼縱使世界上所有高超的演技加起來，也不會改善你的談判地位。

第二篇

談判的基本技術

第四章
談判人員的交流技巧

有效地與對方進行交流的能力，是使談判取得成功的一個基本技術。你不僅應當說服你的對手，使其相信你的立場是合情合理的，通常，為了反擊那位試圖說服你、讓你相信他才是合理立場的對手，你必須這麼做。

但是，具有說服人的能力，還只是一個方程式的一部分。除此之外，你還得在受到壓力時，仍能控制自己的情緒，聽懂並破譯你對手的詭辯，以及知道什麼時候應當說，什麼時候你只能聽。最重要的還是你應當利用你的交流技巧，來達到你的談判目標，並抵制你的對手的大力推銷之辭，因為他也在想方設法達到他的目的。

所說的這一切，並不意味著談判這種活動，只是那些因為他巧舌如簧和生來就有本事、有辦法，在熱帶地區把雪地靴推銷出去，因而很有名氣的那些人的專利。儘管不是這樣，知道在談判中，應當怎樣進行交流，還是能大大提高人在討價還價方面的技巧的。

4.1
清楚地說明你的觀點

參加談判後，對你來說最最重要的，還是說話清楚，表達準確。因此，說話之前，切記先自己搞清楚，你要說的是什麼。若是你說的話，意思含混不清會使許多事情變得複雜化。何況，說話時疏忽大意還可能出大錯，從而造成嚴重的經濟損失呢！

而且，由於疏忽而出錯的事，最容易發生在你根本想不到的時候。具有諷刺意味的是，儘管為保守談判祕密已採取了十分嚴密的措施，這些祕密卻常常被一位能說會道的談判人員給捅了出去。所以，你必須永遠記住，在談判中你說的每一句話都將被對手嚴格審查和掂量，以求找出你方談判立場的細微之處。

順便說一句，你沒有說出來的東西，也很可能和你說出去的一樣出錯。這一點在你的隨員與對方人員間交談，由於他未能搞清楚你的立場，而你又未能及時糾正時，就更是如此。當然，這種不清楚你的立場的事，可能是無意的，但它也可能是有意的。不管有意或無意，對於談判本身來說，它們並沒有差別。總之，即使你為此採取些對付措施，你的對手就此所做出的回答，仍可能類似於：「您能肯定麼？我好像聽您在十來天前說過那個折扣是15%嘛！」

未能糾正一個錯誤的會意，可能意味著談判會在下一個問題上發生激烈的爭執。當它涉及到談判的要點時，就更是如此。

當然，如果這種錯誤的理解，直到談判已經結束時還未被發現，那問題可就更嚴重了。就是說，永遠別讓一個錯誤的理解得不到糾正。

還要說一句，注意你的交流的準確性，在會前和會後的交談中，也是非常重要的。故意放出煙幕是談判中常用的一種手法。當你和人家隨便聊點什麼的時候，除非出於為達到你的談判目的而故意那麼做，應盡可能避免涉及談判所涉及的交易。

注意：不要把說話清楚而精確，與作為一種談判技巧的有意含糊兩者混淆起來。重要的是，應當知道你正在說的是什麼和為什麼你要說它。肯定有那麼一些時候，你說話還真得含糊點，但這只能是有意的，絕不能是出乎粗心大意。

4.2
傾聽中有學問

一般來說，沒有哪個話題是人們只願聽，而不願說的。只要是智商稍高於正常，很少有人會認為自己不善於聽別人講，或聽不懂別人所講。不幸的是，說的人大概並不能真的做得到使聽的人全明白，不然的話，日常生活中就不會有那麼多的聽錯和誤解了。

儘管不善於聽別人講，對於絕大多數人來說都不會造成很多惡果，但對於談判可絕不能這麼看。對於談判人員來講，聽別人講並不是個社交修養問題，這是個必需，因為當你討價還價時，你聽到的話裡，很少有只為了應酬的空談。

在談判中，除了你說的事情要毫不含糊之外，聽別人怎麼說也有它的好處。例如，放手讓對手講而你人是聽，你會有機會發現對方立場中的前後矛盾之處。這還可以使你找到對方是否確有真情實意的線索。下面就來談談，能提高你在談判桌上聽的技巧的幾種簡單的方法，或者叫步驟：

- ▷ 永遠注意地聽。任何時候都能保持警覺可不是件容易事，特別是當談判會議拖得很長時。但是，如果你總是走神，那麼有很多重要的問題就可能被漏聽了。
- ▷ 不時地向對方送個眼神，點點頭，或微笑什麼的，表示你正在聽著。

- 不以威脅的口吻提出問題，力圖使你的口氣保持中性，而不是對對方所說表示懷疑。
- 注意對方非語言表達出的訊號，例如，他如果表現出緊張而不安，這很可能是他對他所說的沒有什麼把握的訊號。
- 不要打斷對方。人們常犯的錯誤，就是一發現人家話裡有矛盾，就一下跳起來抓住。你要記住，你的目的並不是說：「哈，哈！我可抓住你了！」相反，你應當從中了解到更多的東西以便證明你方的談判立場，才是最切合實際的。
- 要有耐心。當你的對手難於說明某一問題時，忍著點，千萬別急著去幫他的忙。這首先是因為，你的幫忙會引起人家反感。而且，你永遠也不會知道能有什麼有價值的東西，會被他一時疏忽而脫口說了出來。
- 要表現出有同情心。表現出對與你相反的觀點的尊重，有助於贏得人家對你的尊重。這將使解決談判過程中所遇到的難點，變得更容易一些。
- 對於你未弄懂的任何東西，都要求對方講清楚。當對方說完了的時候，總結一下他說的都是些什麼。對於他未提到的那些應當提及的內容，可以提出問題。記住，他未提及的東西，可能與他所提及的東西同樣重要。
- 在對方成員介紹他們的立場時，注意找出與你方立場相一致的東西。這將減少有待於你解決的問題的數目。

注意：儘管注意聽別人講，是一個很好的一般談判規則，但這裡也有些例外的情況。例如，在談判過程中，有時你確有必要，讓對方知道他所講的是毫無意義的。這時，你可以裝著查閱資料或者朝窗外看看，來表示這一訊息。

4.3 應用沉默的威力

當對方停了下來，想讓你說的時候，將發生什麼情況呢？你將說點什麼，提出幾個疑問，駁回對方的論點和說明你方的是正確的立場，等等。這是很自然的，因為一般的傾向是，都認為沉默是一個應予填補的空白 —— 甚至不惜講一些廢話來打破這種沉悶。但不幸的，這導致的常常是在洽談會上，聽到一些很有點欠妥的論調。

很少有人能認識到沉默本身，也可以是一件有力的工具。實際上，如果你用得恰當，沉默可以勝過你為維護你方利益所做的長篇大論。它可以用來表示你的不滿意，強調某一點，或者迫使對方繼續講下去。當人們不想說而又必須說時，就會發生許多奇怪的事，那就是不小心招了供或作了什麼懺悔，從而使你可以藉機得到他的讓步。

當然，作為一種談判工具，沉默只能在少用和慎用時才有效。因此，你必須把知道什麼時候使用它才最管用，作為一種技能來培養。下面所列的，就是幾個沉默可以奏效的例子：

1. 使對手繼續講下去

賣方：「185 元的單價，是我方所能接受的最低價了！」

買方：「這太高了……。」（然後，買方就說出了種種理由，來證明這個價太高）。這樣，買方就處在了防禦地位。因為他必須解釋，為什麼他認為那是個太高的價格。如果你不說「太高了」而是沉默不語，那情況就可能有所變化。

賣方：「185 元的單價，是我方所能接受的最低價了！」

買方：沉默不語。這時，賣方就可能為了打破你的沉默，而繼續說些什麼，來證明他們這個價格是合理的。但是，一旦他把支持這個 185 元的價格的理由都說完了，他就會像一個彈盡糧絕而又爬到山頂的士兵，他會看到敵人坐在最下面，正舉著裝有子彈的槍準備朝他開火呢。這時留給他的就只有兩種選擇，那就是或者投降或者死。當然，如果賣方還沒有面臨如此悲慘的境地，他還是不會投降的。但是，既然他能說的都已經說了，這時你就有機會得到那個真正合理的價格了。

2. 表露你的不滿意

沉默，也可以成為表示你沒得到滿意的一種有力武器。例如，當你的對手結束了他講話後，又加了這麼一句：「怎麼樣，您怎麼想？」而你只是沉默地搖了搖頭。這表示的意思可就多了。如果你還將這個令人困惑不解的沉默延續那麼幾秒鐘，你的對手很可能將被迫想辦法來填補這個空白。

3. 強調你將要講出的東西

當你即將道出一個重要論點時，先沉默一會，可能對強調你所要講的東西有所幫助。例如，假設你要說的是拒絕一個報價吧。你可以這麼做：「我真不知道怎麼說好（稍稍停頓一下），但是你們的價格未免高得不合情理了！」你在講這句話時中間停了那麼一下，這就引起了對方對你下面要講的話的注意。那個停頓還可以表明，你希望你已經說出去的並不是你願意說的。這表明你是有同情心的，這將鼓舞對方繼續跟你談下去，以尋求達成協定。

牢記：這裡只能舉出很少幾個例子，來說明你用沉默做工具有助於你談判。但是，對於你的這些停頓，你可得小心點，你必須把每次談判的環境和態勢這個因素考慮在內。就是說，有時候，沉默是有作用的，而在另外一些時候，它就可能毫無意義。什麼時候可以使用這一工具，在哪個節骨眼上用它才算恰當，那可得由你自己來決定。

4.4 理解對方的意思

每個談判人員，都希望能成為看到別人腦袋裡的東西的人，以便知道人家在想什麼。總之，如果你能知道對方是不是能有你這樣的水準或者他只是在用說大話來支持的他的能耐，那談判就是件極其容易的事了。但是，很遺憾，由於還不存在萬無一失的方法，來區別什麼是事實，什麼是虛假，你還必須盡可能去找能證明是真是假的線索。有一種好的方法是，找出能證明對方是否可信或不可信的，被他說出和沒說出來的資訊。這些資訊包括：

- 態度。
- 表現，或者說外表。
- 面部表情。
- 手勢。
- 腔調和口氣。

下邊讓我們逐個地來討論它們。

1. 態度

對方是咄咄逼人呢？還是友好而直率呢？儘管隨著談判的進行，任何一種態度都可能變化，但他最初採取的那種咄咄逼人的態度，很可能就是這次談判要在敵對的情緒下進行的一個訊號。另一方面，某人的態度瀟灑而友好，則可能表示他有共同解決難題，以圓滿完成談判的願望。不管是哪一種情況，千萬別匆忙地做出假設，一定要在進入談判時，就悟出對手的態度表示的是什麼意思。

進一步說，儘管第一印象是十分重要的，憑這個就下結論也是很危險的。你很可能發現，這位初見時溫順而又文質彬彬的人，在你頭一次不同意他的看法時，他就跳了起來，掐住你的喉嚨。

2. 表現，或者說外表

有許多人的外表，可能是令人失望的。那些可以將一個小鎮的預算全包下來的，有點怪裡怪氣的富豪們，一般都沒有能給人深刻印象的外表。總之，如果某人表現得有點非同尋常，你還是再找別的什麼佐證，來確定他是否真的有毛病。

3. 面部表情

微笑、皺眉或一個怪臉，都是你的對手，對你所說的有了什麼反應的一個無聲訊號。但在這方面你可得小心，因為一個狡猾的老手，很可能是故意地在向你傳遞錯誤的訊號。例如，當你說你們只能給 11 萬元時，薩米‧施魯德先生皺了皺眉，他希望這能使你認為，你給的價太低了，而實際上，他完全知道你出的價是合理的。

4. 手勢

有些人在講話時，會打一些與別人不同的手勢。實際上，還有少數人因為總是把雙手背在身後，而使你懷疑他是否能說些什麼。不管是什麼手勢吧，問題在於你得據此知道它告訴你些什麼。你的對手坐在椅子上僵直不動，並不就意味著此人沒什麼靈活性，難於和他打交道。那還很可能是因為他昨天打網球的時間太長了點，現在腰還有點疼呢！

5. 腔調和口氣

談判時，一個人的語言和非語言線索，對於你藉以發現什麼有價值的東西來說，一般情況下都還是次要的。特別是當你的對手是位很有經驗的談判人員時，就更是如此。他們不但有足夠的精明，不給你傳遞可表露他們的意圖的明顯訊號還會故意送給你一些錯誤的線索。最常見的作法就是裝著發怒，來支持他們的要求和索取。

由於很難（如果不說不可能的話）破譯這些高明的對手的真意，不把你對手的種種行為當真，才是聰明的。當然，有時某些人也確是用行動來表示他們的意圖的。所以，最佳的應付對策，還是考慮各種可能性，而不必過多地浪費精力去充當業餘的心理學家。

4.5
控制你輸出的訊號

和你要對談判對手所輸出的、可能透露他方真實的談判目標的訊號，保持警覺一樣，你也得當心別由於粗心大意，而將你方的目標洩露給人家。相反，你應當輸出一些旨在有助於貫徹你方談判策略的消息。

對此應採用的最有效的方法，就是用非語言交流手段來傳遞談判資訊。例如，當你想讓對手知道你對他所說的那一套並未當真時，你就可以諸如在紙上亂塗亂畫呀，朝窗外看看呀，或者和己方的代表團成員耳語呀，等等。這都是很有效的招數。為什麼要這麼做？直截了當地跟對手說，他的論點沒給你留下什麼印象，不是更簡單些麼？

實際上，稍微表現得有點失禮，是有很多理由的。你的目的（最好這些是你對手的），不過是為了達成一個雙方都可以接受的協定。對於這份協定中應當有些怎樣的條款，你們自然是各有各的想法，而且雙方的立場還可能相距甚遠。儘管如此，在談判過程中，你還是應當將這條溝填起來，直到達成了最後協定。你和你的對手越有辦法來填平這條溝，而又不至於因此造成一個有敵意的環境，你們就越有可能完成這個使命。

當然，有時候談判確實可以達到白熱的程度，但一般地講，談判發生的熱量越小，快速達成（不是晚些或永遠達不成）協定的可能性就越大。因此，當你輸出一些表示你不滿意的微弱訊號時，來表示你感到心煩，比你一下子把這種情緒說出來要委婉得多。實際上，即使對方從你發出的訊號中，已經得知他所說的內容對你沒產生什麼影響，但他仍然不知道這是為什麼。他很可能將這歸咎於他的表達能力，或者，他得出了他們的要求不合理，以致成了你們分歧的結論。

這就使我想談一談發出委婉的訊號的理由了。許多談判都是有起有伏的，如果真有個旁觀者，他會認為這樣的談判達不到任何目的。但相對的雙方仍在不斷地審查自己一方的談判立場（至少是在代表團內部），不讓對方知道這件事。

與些同時，人們還在不斷地分析對方的立場，以尋找消除分歧的可能性。為利用這一點，輸出一些足以影響對手對你的立場的評價的訊號，對你是有益的。總之，如果你這些訊號能使對方相信你在某些問題上絕不會屈服，那麼當時機來到時，加強你的談判地位就比較容易了。

例如，當對手正在談他們的要價時，你的臉幾乎是未被人覺察地抽搐了一下。後來，在對方代表團的內部討論會上有人道出了這一現象，他可能要這麼說：「您沒看見每當您提到我們這個2,500萬元的價格時，查利·奇普先生就有點退縮的樣子嗎？我想他能接受的恐怕離我們這個大價錢太遠了。」如果真發生了這事，那你就是成功地降低了你對手期望。其結果就會是，當到了討價還價階段時，對方已為接受低一些的報價有了準備。

除了這些非語言訊號和線索之外，有時候，只要你變一下你說話的腔調，也可以輸出諸如表示憤怒、不耐煩、不信，以及其他可以想像得出來的情緒訊息。

上面我所說的這一切，可絕不是說你得趕緊去上什麼表演課。語言和非語言訊息的暗遞，只不過是談判時用得著的許許多多的手法的一小部分。

如果你善於利用它們，那就一定對你有好處。如果你還不善於利用它們，你也不必為此擔心。談判中你在哪一領域中弱一點，完全可以被你在其他領域中更強所抵消。重要的是，控制你所輸出的訊號，能做到這一點，你就不會因粗心大意而給你的對手幫忙了。

4.6
失去冷靜使你破財受損

在談判過程中，你必須控制自己的情緒，以免由於一時衝動和發怒而犯錯誤。此外，一種充滿敵意的氣氛，也會使問題難於朝著達成協定的方向發展。實踐中，如果討論變得過於激烈，很可能會使談判中止，而且難於恢復。

人們都承認，永遠控制住自己的脾氣，可不是什麼時候都容易做到的，特別是當你力圖達成協定，而你的對手卻並不是一位那麼友好的人。更惡劣的是，某些談判人員還會故意激怒對方，以求使他犯錯誤。

有很多原因，可以使你的對手懷有敵意。在某些情況下，這是為了掩蓋他的談判立場不能由事實來支持的劣勢。為消除這一弱點，你的對手就可能謀略用怒吼和氣勢洶洶，來使對方屈服。如果你遇到這樣的花招，最簡單的應付方法就是不予理睬。如果你也跟著他發怒，那你就正中了他的圈套。相反，你應當平靜地反覆重申你的立場，等著你的對手冷靜下來。

你的對手有時也可能裝得很暴躁，希望這會使你疏忽大意而犯錯。如果你也跟著失去耐性，那你犯錯的事很可能就變成了現實。最後，經驗不足的談判人員，有時會因為受到點小挫折而變得易怒，他也會因為談判太長和受到太重的壓力而如此。儘管誘使對手犯錯，是有些談判人員所使用的一種手段，但我認為你最好別用。有意裝著發怒來折磨對手，恐怕是弊多利少。至少有一件事是肯定的，那就是當你想讓你的對手發火而失去控制時，你實際上是在公開邀請對方用同樣辦法來對付你。所有這一切，都不過是導致談判條件更加惡化，沒什麼希望能找到那可作為協定基礎的妥協。

即使你真的能鑽到了對手的空子，使他由於疏忽而犯了對你有利的錯誤，但遠期的後果也將不會好，或甚至適得其反。因為一旦人家發現上了你的當，他是不會忘的。這很可能導致你們以後的交易泡湯。總之，在談判中佯裝發怒和懷有敵意，並無多大價值，不管這是你故意在耍花招，還是無力控制自己，都是如此。

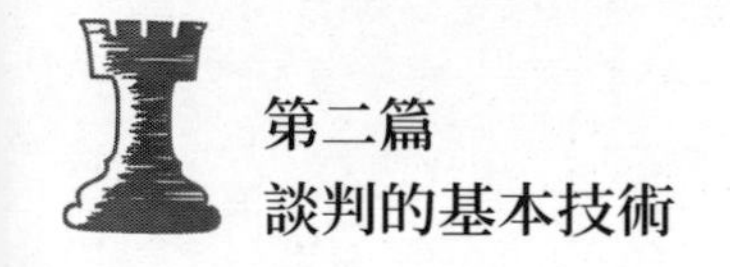

4.7

消滅那些將導致你失敗的行為

妨礙你在談判桌上取得成功的最大弱點，就是你不知道哪些是將導致你自己失敗的行為和不能控制它們。怎樣掌握你自己對於你的說服對方接受你所提條款和條件的能力，有直接的影響。其實這並沒有什麼神祕的地方。因為，人們都是願意接受你喜歡或你尊敬的人的要求。但是，現在的傾向是越來越認為人際關係中的人情味與生意是不相干的。

之所以有這種傾向，來源於人們的這樣一種態度：「我注意的只是我的利益，至於別人，讓他們注意他們的利益好了！」從表面上看，這種態度並不是不合情理的。因為，從本質上說，談判中人們注意的焦點，畢竟是你自己或你代表的那一方或團隊的利益。

但是，這裡被忽略的事是，要達到你的不同目的，你還得爭取對方同意你的要求。當談判開始，雙方的立場相差很遠時，要想達到這些目的就得為說服對手付出巨大的辛勞。而說服若是不能成功，為使雙方都能達到滿意，你還得開始尋求可以妥協之處。因此，你的行為如何將對你是否能得到令人滿意的結果有直接關係。

一種應予避免的傾向是，過分堅持要達到你的目標，毫無通融餘地。在談判桌上，取和捨都是必要的。而且任何內容或課題，也並非不是黑就是白。因此，當你去談判時，你不妨先把那看成是灰色的，然後再尋找為達成協定，雙方都可以接受的中間色。

這意味著，對於對手的談判目標，你必須抱一種虛心、願意接受的態度。某些談判人員不肯接受任何一個不同於他自己的觀點，其結果是，他們必須忽略應在為達到一種合理的妥協上努力這件事。這將導致在任何問題上，你的論點都沒有支柱，而一旦你的對手發現你是個不通情理的傢伙時，說服人家的任何可能性，就被你消除了。

另一個應當注意的問題是，針對對手的論點提出意見時，該怎樣措詞。如果你措詞不當，對手將會想：「我得給他點顏色看看！」其最終結果便是使他越發地要固執已見，從而給協定的達成造成了更多的困難。

從你個人的角度講，你喜歡或者不喜歡某人，不應當成為在談判過程中，你應當怎樣控制你自己的行為的幫助或妨礙，這不是你應當考慮的東西。還有，應避免雙方各針對其人的那種對抗或比賽。就是說，雙方已不再為達成協定尋找路徑，而是在爭著決定誰才是最好的談判人員。談判中最重要的一個戰術就是在向你的目標邁進的過程中，永遠使你的情緒保持中性，就是說既不冷也不熱，平平靜靜。

4.8
排除交流障礙的方法

如果你能努力做到消除談判過程中，不時出現的交流上的絆腳石，或者說障礙，那你就可以使談判更容易取得進展。在這一領域中，最常出現的問題，就是雙方都只顧說自己的，而完全不注意對方在說些什麼。當某人認為自己的立場是那麼地正確，不容置辯時，他往往就會無意地關閉了他聽別人說些什麼的耳朵。這麼做有兩種危險：不注意別人在說什麼（不管是有意還是無意地），會妨礙收集到能使你：（1）改變你的立場的消息；（2）有助於用來反駁對方論點的資訊。

消滅這種不利行為的方法，就是永遠對別人所說的保持警覺。特別是談判會議拖得很長時，疲勞就常常會變成你注意力集中的一種障礙。因此，必須想著你是否已經累了，如果有必要的話，不妨去喝杯咖啡，要求休會去進午餐，甚至休會一天。

當你覺得很累，無法說清自己的觀點時，有許多簡單的方法，可以用來消除疲勞，這其中包括：

- ▷ 用幽默 —— 說些幽默的話可以使人放鬆，並使談判氣氛更加親切。這有助於建立友好的相互關係，從而使一些難題的解決變得更容易。但你的幽默必須盡可能地適當。你也別怕成為別人發揮其幽默感的對象，這傷不著你什麼，因為這能使人覺得你很和氣，並不是那麼高高在上，不可侵犯的。
- ▷ 改換話題 —— 如果你發現人家並不注意你在講些什麼，那你就換個話題。長篇大論地談一些財政、金融方面的細節，常常會使聽的人昏昏欲睡。因此，這樣的細節應盡可能少講。
- ▷ 別太專業化 —— 不管是你還是你團的某一成員在講話，避免談及技術細節，因為那不是對方都能理解的。
- ▷ 將含混不清的論點解釋清楚 —— 如果你覺得人家聽不懂你的解釋，換一種方法來講它。

切記：偶而也會有那麼一位談判人員，在有意地將談判會議拖得又悶又長，目的只在於使對手厭倦。他追求的是對手會由於想忙結束會議而做出讓步。如果你要求延期，你的對手很可能為使你打消這種念頭而這麼說：「那麼，您到底是想談判還是不想？您如果想，那就沒有理由現在休會。」

別被這一招嚇住，你只須簡單地說：「我和您同樣急於達成這筆交易，要求暫時休會一天，不過是為了評估一下我們今天所談的內容。」不用說，如果你成了迫使對方得繼續談判的那一位，放心好了，你一定能好好休息一下。

有最後期限的規定時，談判會議也可能拖得很長，不管這個期限是真的，還是想像出來的，如果你覺得有可能是這樣，你可得先有準備。談判前你得充分休息，如有可能，找一位可以臨時代替你與會的人。這樣，你就可以不時地歇一會，以增強你的把談判堅持到底的能力。

4.9
獲取對手的信賴

建立起信賴，一般都得經過一段時間。因為雙方得達到相互了解才行。但是，絕大多數的談判都不會拖得那麼長，讓你們能相互了解。因此，有必要想一些辦法來縮短這個相互了解的過程。通常，使自己的立場有詳細的事實依據，與對手平等相待和對他的談判目標表示理解，可以建立促進協定達成的良好關係。

應採用的一種方法是，自己先想想能對對方的談判立場提出哪些不同意見。這麼做了之後，你就可以先這麼開場：「我知道我方的談判目標還不夠明確，我也願意承認這一點。」這麼說會給對方造成什麼印象呢？那就是你的對手將相信你並無意隱瞞什麼。這是使對方很快就信賴你的最有效的方法。它的更大的優點是，這種做法可以成為一種額外的給予，從而使對方也樂意回報。就是說，既然你自己主動承認了自己的不足，你就有機會將對方可能提出的不同意的意見給擋回去。如果你還能把這個方法用得十分巧妙，你還可以把那個最容易引起爭議的課題先放在一邊，以免對方一下子就針對那個問題展開攻擊。

另一個有效方法是，同意對方早些時候向你建議或暗示的某事。還有哪種方法能比你向對方保證你不會企圖使他輸個精光，更使他放心的呢？順便說一句，許多談判新手都怕這麼做，認為這是在向人家示弱，說那等於是向對手舉白旗投降。這是錯誤的看法。事實是你可以用這種方法取得你的優勢。這麼做你既可以把對方希求的給了他，又可以把你要的東西裝入袋中。

例如，你可說：「如果能把我提的付款條件寫入合約，我們可以快一點交貨。這是必需的，因為我們把錢已經用在買原材料和加工件上了，我們也要求人家快點交貨。您知道，要人家快交貨可是也得花錢的。」如果你能成功地演完這一幕，那你就是把你要的東西和對方所要的東西拴在一起了。更重要的還是，你能把對方的希求和你的要求連在一起，就使你的要求有了正當的理由。

再順便說一句，如果你與之談判的是一位你曾和他多次打過交道的人，那麼你過去和他打交道時的表現，就更有助於建立信賴了。如果你過去的表現是異乎尋常的好，請一定提提這件事，儘管對方也很清楚這一點。當然，如果你想和某人在將來再做幾筆交易，那麼本次交易的協定是怎麼簽的，將決定下一次他將對你有多大的信賴 —— 或者是否還能有下一次。

4.10
如何提出關鍵性問題

談判人員不會把他的牌都攤在桌上，然後任你挑選的，這也是常理。他們想的是盡可能少的告訴你你想知道的東西，他們只給一些能支持他的談判立場的回答。因此，在絕大多數情況下，你必須花費很大精力來收集那些你可以用來區分事實和虛假的消息。所以，你不但要知道該提出哪些問題，你還得知道怎麼問、怎麼提。這裡面有很多種你可以用來迫使對方詳盡地回答你所問的方法。其中，最基本的技術就是注意聽人家說的每一件事。這樣，你就可以抓住對手說話的內容細節和前後矛盾之處，然後再找個適當的時機來就此提問。作為一個一般的規則，不要在對方代表團成員在談及某一課題時用提問來打斷人家。他說話的時間越是長，他就越有可能說出對你有價值的東西。請永遠記住，沒有人會在他沉默時洩漏祕密。因此，即使你對他說的已經感到厭煩，你還得耐著性子聽下去。這就是感到厭煩也可能是對你有利的少有幾個例子中的一個。

當然，你應當提出哪種類型的問題，要取決於這次談判都有些怎樣的特點。但一般地講，你提問的目的都是為了探察對手的談判立場，以求確知他預定了怎樣的談判目標，以及他的報價的有效性。換句話說你是想知道他要的是什麼，為什麼他要它，以及他得到了哪些才能使協定最後達成。

下面所列的這些技術，對你如何提出問題都是有幫助的：

- 你在收集資訊，除非那是你所要的，別問那些用「是」和「不」就得以回答得了的問題。
- 問題的答案需要事實為佐證，光說些看法算不得回答。
- 使用中性的腔調，語氣平靜。聲音太高或質問式的舉動，不會引出正面的回答。
- 如果你得到「難以得到」的資訊，先提出一連串的「軟」問題。這會使對方覺得你問的都太簡單了，從而自動地對答如流，然後你再問那個中心問題。

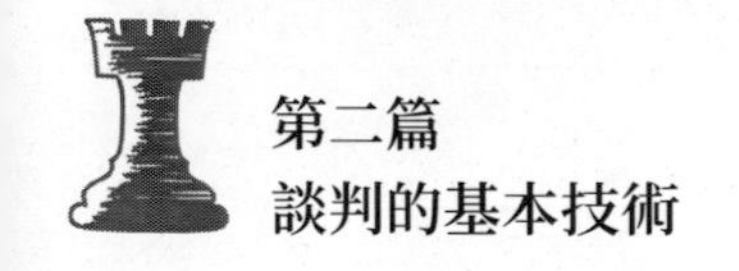

▷ 如果你覺得獲得資訊很困難，可以向對方提一個要答得長或談及一些技術細節的問題。要做出長長的回答，常常使人無意中使裡面包含一些有價值的資訊。

切記：當人家不想提供資訊給你，而又沒有站得住腳的理由加以拒絕時，他常常會說出這樣的話:「我得先就此考慮一下，然後再答覆您！」其實，他毫無回答你的願望，他只是希望你隨著談判的進行而把它忘了。這時你就得讓他做出個承諾，保證什麼時候可以提供這些消息，然後你就可以用此承諾為依據，緊追不捨，直到得到了那些消息為止。實際上，如果你要知道的是個祕密，或者是對他們是至關重要的，你可以使談判程序減慢下來，直到得到了回覆再恢復談判的步伐。你可以這麼說:「說實在的，如果這個問題得不到回答，我看不出再往下談還有多大用處。」

4.11
使含混的回答得以明確

含糊的回答比沒給回答強不了多少。這樣的回答所能告訴你的，只不過是出於某種原因使你與之談判的這位並不那麼坦率。他這麼做一般是源於兩個理由，或者是由於你問的問題不合拍，或者更可能是你問的問題實在太妙了 —— 至少是從你的對手的角度看。

不管是出於什麼原因，含糊不清的回答出現在談判過程中，一般都得算是個冰冷的、使人生氣的回答。對此你除了可以放任你的輕蔑之外，可千萬別讓它就這麼溜過去。如果你還希望得到進展，你得抓住它不放，直到你得到了你所要的回答為止。這裡可採用的方法有：

1. 重複這個回答，然後要求對方就此進行澄清。例如，你可以這麼說：「喬先生，您說材料費大約是 5 萬元左右。那麼左是多少，右又是多少呢？是好萊塢影星高級住宅區呢？還是加爾各答的偏僻小巷呢？我希望您能就原料費問題做出個分項報價。」

2. 先對不適當的回答不予理睬，然後再次提出相同的問題，因為使他覺得這樣再問會使他不能再給出千篇一律的回答。如果對方說他們已經回答過這個問題，你只須說你未能理解那個回答就行。那麼，如果你得到的還是那個回答，你該怎麼辦呢？你可以這麼說：「這個回答第一次我覺得沒什麼意思，這一次也一樣。」然後你再對準你所要的東西，用另一種方式或措詞提出同一個問題。

3. 提出與之相關的下幾個問題，以使對方不得不詳細而具體地回答。

4. 要堅持。不斷地提問直到獲得一個回答為止。如果對方因此而發火，別被他嚇住。這是一個人不願意回答某一問題所常採用的策略。

4.12 使你的論點更據說服力

在談判桌上，想在說話方面占上風，需要比辯論會上更多的技巧。總之，不管你須用多少論點來支持你的立場，如果對方根本不買你的帳，那你等於白費唇舌。因此，要永遠從與對方所想的是否相吻合的這個角度，來談你要說的東西，尋找那些足以使你所提的東西，能被對方所接受的證明性線索。然後，就盡可能利用它們。下面這些方法，可能有助於使你的論點更有說服力：

1. 如有可能，盡量使你的論點有資料作為佐證。什麼東西一旦印到了紙上，就更像那麼回事。如果你還能找到第三方的某些證實資料，那就更好了。

2. 帶幾位專家去支持你的立場。這些專家越是權威越好。當然，有時你會發現人家也請了專家，來支持他們的立場，或是用以反駁你方的專家。

3. 避免那些過分的大話或無理要求。對方更喜歡注意那些合乎實際的論點。

4. 即使是不想強調你方建議的那些弱的方面，你如果故意略去它們可算不得聰明。如果可能而你又不至於被人認為太愚蠢，還是由你自己說出來為好。然後再用你方的強項來抵消你方的這些弱項。

例如，你可以這麼說：「正如貴方所知道的那樣，我方的價格比多方的競爭對手的高些，但這是因為我們必須多花一些錢來保證更高的品質。現在請允許我談談我們的品質，就是……。」這裡你所做的，等於你在對方有機會提出異議之前就有了防備。這麼做還等於問題將按你方（而不是對方）的條件解決。你能夠主動提出可能對你方不利的問題，還有助於建立對方對你的信賴。這會使你的論點更具有可信性。如果那是由對方先提出來的，情況可就不是這樣了。

實踐中，如果對方後來想利用你主動提出來的這個弱項來對你進行攻擊，那麼，反擊它時，你可以這麼說：「如果我認為我方的價格偏高是沒道理的，那我根本就不會提這個問題！」

5. 注意使你的言語與你的行為相一致。避免送出那些容易引起爭執的語言和非語言訊息。例如，你不能說：「弗雷德先生，我們願意討論這個問題，花多少時間都不在乎。」而你正在做的卻是向掛鐘瞟了一眼，或開始把資料往資料包裡塞。同樣，談你自己的想法時不能結結巴巴。

例如，你想反駁對方所說的某件事，卻又覺得不能駁得有效果時，那你就把焦點移到別的問題上去。

6. 選擇有利時機。例如，努力使交易在對方情緒好的時候得以做成，而絕不能是對方在用他的鞋子敲桌子的時候。

4.13 找出你不被人家注意的真正原因

如果你的談判對手並沒有聽你在說些什麼的時候，那你的所有大道理就都毫無用處。因此，這時你應當做的比什麼都有用的事，就是搞清楚為什麼人家對你不注意。很可能這不過是由於對方累了，所以，當談判延續了一段時間，你發現對方已開始心不在焉時，你可以立即要求暫時休息一下。

但人家不注意你說什麼也有別的一些原因，這包括：

- 有意地表明人家對你所說的沒留下什麼印象。
- 迫使你由於不滿意而犯錯。
- 迫使你停下來好讓他們說。
- 你的講話有些過長了，人家不得不把你這話匣子關上。
- 談判會議室環境惡劣（太熱或太冷，太吵或其他等等）。

不管是出於什麼原因，一旦你發現你的訊息傳遞不過去時，就有必要做點什麼，以使對手重新注意你在說。下面談談這時候可以做些什麼。

4.14
引起對方注意的方法

不論什麼時候，一旦你發現談判程序已經脫離你的控制，做出下面所列的幾件事，就可以引起對方注意：

1. 說話認真而坦率。在絕大多數的談判中，都有一些內容比其他的更重要些。這當然常常是有關錢的問題。但由於談判性質的不同，這也可能是別的什麼。但不管它是什麼，突然把話題轉到那上面去，一定會很快引起對方的注意。

注意：在你提出報價或想做出某種讓步時，你無需這麼做。

引起對方注意的最好方法，是把你說的打扮成是個向對方提出的問題。例如，你這樣說：「先生，我們這筆交易你到底肯出多少錢？」

2. 試探不同的水溫。對方永遠會注意聽你講那些與他們的立場相一致的東西。例如，你說了這麼一句：「好，我們好像是在技術條件問題上意見一致了。如果確是如此，那麼下邊我們來談談價錢吧，這兩者顯然是有關係的。」在此情況下，他們必須先表明是接受或是不接受你說的那些技術條件，然後才能討論價錢。這種辦法使對方必須就你所說做出回答。

但是，你得當心要把這一招用成這樣子，即無論對方怎麼回答都是對你有利的。就拿剛才舉的那個例子來說吧。你的目的在於先把關於技術的事定下來，然後再討論價錢。所以，即使是對方要求繼續就技術條件問題談下去，你的第一個目的還是達到了，那就是引起對方的注意，這就朝達成協定又進了一步。

3. 極端措施。如果你想保證你能很快引起對方注意，大叫大嚷好了。如果你覺得這與你的性格不符，你也可以採用其他一些較為溫和的方法。比較簡單的是你可以站起來，脫掉你的上衣，捲起袖子並同時說：「我們來談談正經的！」這一招肯定管用。實際上，只要你勇於直接或間接地問：「喂，幹嘛不注意聽啊？」你肯定會很容易使別人的眼睛都盯著你。

另一種引起別人注意的方法是，說點幽默的，這可以消除由於會議太長而造成的精神緊張。可這麼做你也得小心，因為有些人總是受不了人家跟他開玩笑。因此，如果幽默並不是你所擅長的，乾脆別硬裝。否則，你要消除的那種心不在焉反而會變本加厲。

4. 最後，保證你說話時別人一定注意的最佳方法，是聽別人講時你也非常注意。就是說如果你想讓人家注意聽你的，你得首先做到注意聽人家的。此外，你還得當心你的話是否有效地傳遞了過去，別逼著人家把你的話匣子關掉。就是說，你講的應當清楚而明確，並且每一句都以你的立場為中心。

4.15 說服對方的關鍵因素

你的談判立場的合理性，當然就是說服對方和你達成協定的決定性因素。儘管如此，這種合理性很少是不說自明的。要想使對方認定你要跟他們做的是筆好生意，你還必須得先說服人家。當你的這筆徵稅生意並不像你想讓人家認為的那麼好時，說服工作就更具關鍵性了。下列方法，有助於使你與之談判的人相信你的立場是公平合理的：

1. 說話肯定。如果你自己都不能肯定你說出的觀點，那根本談不到說服人。你的行、看、想、說四種活動，都得使對方認為你自己完全相信你能夠達到你的談判目標。如果你連這一點都做不到，那你就別指望別人會同意你的看法。
2. 深知你要說的是些什麼，並以能讓人理解的方式介紹給人家。為在談判中取得成功，你不必說得讓人家喜歡你，但你必須得到人家的尊敬。
3. 確信你的話已被人家聽懂了。應在對方能聽得懂的水準上講話。常有這樣的情況，你方代表團中的「專家」們淨用些他們那一行的專業術語，來表達他們的觀點，或甚至因此而離了題。如果某人說了話無助於使你方獲得進展，那他根本就不應該說。因此你得限定任何人所講的技術專用詞句，都不得超過對方所能理解的水準。反覆說明一些難於理解的思想和詞句，也是必要的。
4. 有話跟決策人去說。不管是誰向你提的部下，你的回答都得是說給決策人的。那才是你必須說服的人。
5. 不管是直接或間接的，永遠不能對對手進行個人攻擊。這裡面不僅包括你與之談判的人，也包括他的上級、下級和他所屬的那個團隊。
6. 如果可能，用第三方的參考數據來支持你的論點。因為這將提高你的論點的可信性。例如，「X 公司由於買了我們的機器，產量已經提高了 20%。」當然，如果你還能提供第三方的書面證明，那就更好了。
7. 向對方表明你能夠解決他們感到棘手的難題。如果談判所涉及的正是你所能做的，那就沒有什麼比這個更能說服人了。
8. 形象的重要性。無論是一份精心準備的建議書，還是衣冠楚楚的談判人員，形象和外表總會對人有影響的。

第五章
談判成功所需的幾個其本要素

最後達成協定的路上，有許多障礙需要你跨過去。許多人最討厭的障礙，可能就是對方對你方的價格提出的異議。不管什麼時候，只要你是在賣什麼，對方總要說要價太高。如果偶然他們並沒這麼說，那你可得想一想這裡面是不是有什麼值得懷疑，是不是你要價太低了。

對於許多種談判來說，價格總是人們最關心的事。而當價格並不是主要因素時（或者它甚至不是你們談判的內容），一旦涉及協定是否有可能令人滿意地執行這個問題，它還會變得至關重要。因此，對於協定中所涉及的每一條、每一款，都得十分注意。

除了上述幾個基本因素之外，還應當知道在談判的哪個當口該說「不！」怎樣對付對手所採用的花招，以及想出如何解決難題。本章的內容就是討論這樣一些使人手足無措的課題，以及如何使談判風格與個性相一致。

5.1
談判風格與個性一致

許多缺乏經驗的新手都認為，要想當個好的談判人員，必得扮成一個非比尋常的角色。其實，他們想盡力模仿的英雄，不過是個有勇無謀、容不得別人說「不」的傢伙。

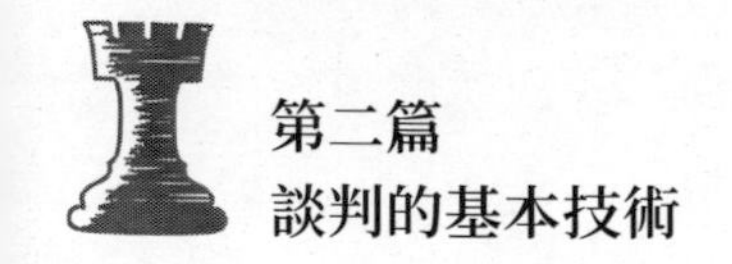

抱著這樣的打算去談判就像傳說中所描述的那頭闖入瓷器店裡的公牛。其結果很可能就像那個在浴場邊上橫行霸道的惡棍。膽小的人見了他溜走了，而那些老謀深算或比他還強壯的人，則最終把他打翻在地。這種事在談判中也同樣會發生。你一味地猛攻不過是使一些新手走開，不跟你談了，而那些老手則可能讓你把內衣都輸掉。

與常人所想像的相反，嚇唬人可絕不是談判的必需手段。你應當做的是事先充分的準備當然，你可能要想：為什麼不為能在談判中勇猛進攻而進行準備呢？這個問題的回答是很簡單的。要想使談判達成協定，非得談判雙方都得到滿意。因此，除非某人真的看出了某筆生意的大便宜，不然他幹嘛要跟一個最讓人討厭的傢伙打交道呢？

實際上，試圖用欺負人的辦法來使別人屈從，結果一般是做成一筆壞生意，或者是什麼交易也沒做成。有些人之所以認為好的談判人員就應當是個沒頭腦的猛士，是因為他們相信了只憑印象一廂情願，再以勢壓倒別人即可取勝的神話。因此，要想當個好的談判人員，既不可過於魯鈍耿直，也絕不能飛揚跋扈。

所謂談判風格，經常表現為有些人很願意深入到極微小的細節中去，而有些人則希望一下子看出「全貌」。有人生來有耐性，而有些人則不然。談判中人家看重的不是你的個性。而對於你自己來說，最重要的還是有自知之明，知道自己有哪些長處，哪些弱點。這有助於你根據自己的長相來「化妝」，以達到最佳的談判效果，而不是去扮演根本不熟悉的角色。例如，如果你生性沒多大耐心，那麼，制定談判計畫時就把這個因素考慮進去。

再如，你可能認為自己並不那麼善於說服別人，但你卻很能評價一些消息的真偽，如果能牢記這一長和短，你的談判手法就應當是集中精力去駁斥對方的論點，而不是一味地談你方的優勢之處。總之，首先應當考慮的是怎樣才能自由自在地去談判，而不是以一些先入為主的概念為基礎，去採取行動。

5.2 思索談判對手的風格

試圖把別人一成不變地歸入哪一類，是在做一件冒險的事。如果你能根據你的談判經驗，來判斷他的性格，那就更不可靠。這是因為，你很難知道他是在公開他的本來面目，還是在扮演一個專為談判設計的角色來掩蓋他的真實感受。不管他的行動是自然的，還是裝出來的，區別都不大。因此你針對他的行動所應採取的反行動或者說反應，還應當根據他當時表露出的個性。

實踐中，不管面對的是怎樣稀奇古怪的行為，都應保持鎮定，奮力貫徹始終，不管有什麼困難，都堅定地沿著預定的路線前進。正確地評價出因此對手是怎樣的一個人，還是有用處的。當然，可能性多得無盡無休，試圖把別人分門別類，對他的性格了解得甚至知道他喜歡穿什麼顏色的襪子，那可是在犯傻。

大體上知道對手的談判風格，還是有用的。絕大多數的談判人員，在以何種方式來促使協定達成方面，大致都屬於下列三種類型中的一個。

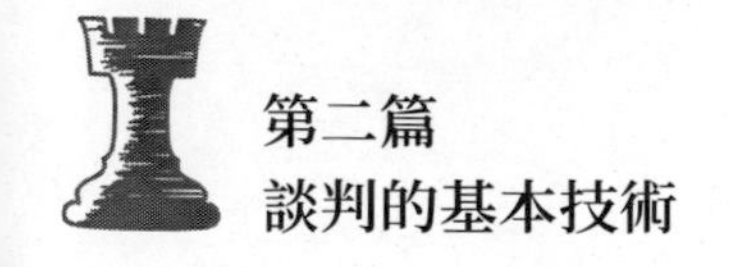

1.「快點成交」型

這種談判人員主要興趣在於盡可能快地把一筆生意做成。他們很快就能提出多種報價，然後就催著你快點簽協定。他們總是勸說「折中吧！折中吧！」總之，是想盡一切辦法來消除有關快速成交的異議。

儘管這種「快點成交」型的談判人員，看起似乎不注意細節，你可別一下子就把他歸入粗心大意的人那一類。他們很可能十分清楚自己在做些什麼 —— 這大概就是希望在你發現他們哪方面有什麼空子可鑽之前，就把合約簽了。不用說，跟這種人打交道時，千萬別忙於簽協定。

2.「注意細節型」談判人員

這種類型的人，在談判結束之前總想讓你談談自己。「注意細節型」談判人員總是對你方建議書吹毛求疵。他們出牌非常慢，目的就在於使你失去耐性。對付這種談判人員的最好辦法就是加強你的耐性，或者反過來對他也吹毛求疵。

3.中間型

絕大多數的談判人員，都介於上述兩種類型之間，他們不走極端，他們總是目的清楚地穩步向最後協定邁進，既不匆匆忙忙，也不拖拖拉拉。

當心：別太費神去分析這種人的性格和風格。人們都傾向於把人們歸入幾個小格子裡，這是很危險的，在談判桌上就更是如此。一個老練的談判人員，能夠很快地把自己的風格換成另一種。當你正忙於對他的談判方法進行心理分析時，人家可正忙著從你的錢包裡掏出更多的錢哩！

5.3 知己知彼

在 3.1 和 3.4 節中，已經詳細討論過如何在談判開始之前了解對方的談判目標和作戰計畫的各個方面。這是對談判準備工作很有價值。但更為重要的是在談判桌前坐下來時，如何再獲取資訊。這時收集到的資訊有兩大好處：一方面可以使你能正確地評估出對方的立場是否有道理，另一方面猜想這資訊會對你方談判方案的每個內容有怎樣的影響。

透過仔細審查對方提案的細節和權衡與你們的方案相對抗的因素，你就會清楚地知道了在哪些領域可以達成協定，哪些不能。這有助於對方對你的方案做出某些調整，以消除達成協定道路上的障礙。下面談談怎樣才能做到這一切：

背景

A 是一個很大的製造廠家，他想從 B 這個中等供貨商那裡購買電子部件，而這些部件正是 B 的專利產品。A 透過談判前的研究工作發現，還有另外兩家可以提供類似的部件，但這些部件須經過某些改造才能滿足 A 的要求——品質也較 B 廠新產品略差於是 B 就成了 A 所需貨物的最佳來源。

難題

談到價格時，雙方陷入了僵局。A 要求 B 提供一份詳細的分項報價，A 對此報價進行了細緻的費用分析，發現所得數據基本上都在支持 B 的報價。但是，按 A 的願望，部件的單價仍然太高。

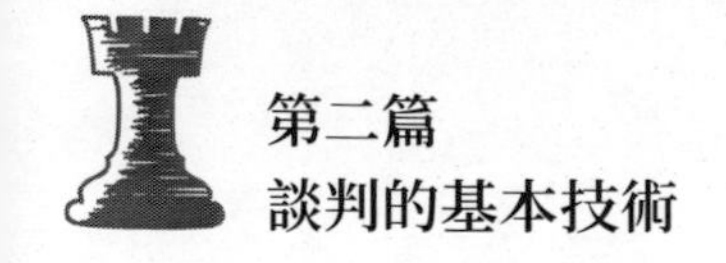

不同的解決辦法

A 方的談判代表團開了一個內部會議，討論了幾個不同的方案。其中之一就是以大量購進來換取 B 方單價的降低。這當然是可行的，因為 A 在將來也、還需要這種部件。另一個方案是，改變 A 方的技術要求，使之不那麼太嚴格。A 方代表團中的技術專家認為可以這麼辦。猜想這將使 B 方的費用減少 10%左右，從而使部件的單價降到一個 A 方可以接受的水準。

決定

A 方決定向 B 方建議以改變技術條件，換取 B 方降價。A 還決定提出一個不定價格的合約的另一種選擇（如果 B 同意這種選擇，價格可以單獨談）。A 不願按一定的購買數量接受 B 堅持的價格，因為 A 以前沒和 B 這個供貨商打過交道。但是 A 感覺到如果在合約中加進這麼一個不定價格的選擇方案，B 就可能願意試一試，看看是否能將成本降下來。因為 B 已經知道，如果價格合理，A 就會要求採用這一選擇方案。

結果

A 和 B 同意簽這份合約，貨物的價格將按修改後的技術要求確定。這一成功的談判，使 A 了解了有關 B 的價格的一些數據，分析過後認為這個價格適當。確知這個價格合理使 A 立即決定採用這一方案。

注意：許多談判之所以難於進展，正是由於一方或雙方沒有充分利用從另一方獲得的資訊。人們都傾向於只採用那些用來反駁對方論點的資訊。如果從解決問題的角度來審查這這些資訊，也有同等的價值。或許這些是可以告訴你如果雙方都改變一下立場，就可以達成使雙方都滿意的協定的資訊。正如上面所舉的例子的那樣，如能得到這樣的資訊，就可以解決難題。

5.4 為你所報的高價辯護

不管認為你方的價格是多麼合理，當談判開始時，對方一定要千方百計地指明你方要價過高。這主要出於兩種原因：

1. 人人都想做筆好買賣，接受人家一開始就提出的報價，不符合這樣的心理。人們都喜歡討價還價，都想買便宜貨，如果有人放掉了使價錢降下來的機會，他一定會真的認為他買的不便宜。

2. 認為你報的價裡有水分是很自然的一種看法。人人都會想到，要盡可能提高自己從中所能獲得的利潤，所以你開始時報的價，必定是過高的價。

由於人們都懷疑初始報價裡一定摻有水分談判前就準備好另外的方案很有必要。如果有了這樣的準備，那就掌握了降低價格的靈活性。當然，如果你真的無需大幅度降價，那就更好了。

儘管如此，不是哪個初次報價都應當摻點水分在裡面。例如，如果你賣的是一種常見的貨物，它在市場上差不多已有了確定的價格，你報的價如果大大超過這個標準的定價，人家一定會認為你對談生意並無誠意。當然，如果能說明為什麼差那麼多的道理，那就不同了。

因此，如果面臨的是這麼一種困境，必須採用其他的手段來說服對方，使對方知道你報的這個價確實是合理的。這樣的困境，是那些價錢比其競爭對手高的賣主們常常陷入的。

如果到了這個地步，可千萬不能洩氣，因為人家訂貨總要比一比價

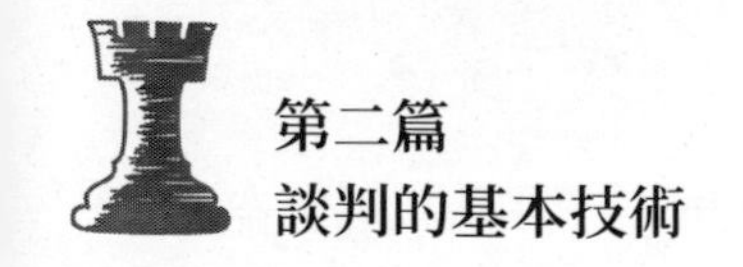

錢，一定歡迎一些價錢比你報得低的競爭者。因此，不管是想把生意做得更好些，還是不得不為報出的不能降低的高價辯護，都得使用一些專門的技術來使對方覺得你要價合理。在下面的幾節裡，就討論一下如何你才能做到這一點。

5.5 駁回對方就價格問題所提出的異議

沒有比去參加談判時就認為自己報價太高的人處於更糟糕的地位了。我們經常看見有人在談判桌上，就價錢問題與別人爭論不休，儘管他自己也並不確信他報的價格是合理的。不用說，這種人必將失敗。

當然，人人都知道一些關於某人能按某價把某物賣給任何人的故事。如果一個人看得遠些，他就不會認為有哪個傻瓜願意拿錢去打水漂，高明的賣家是極為稀少的，因此要想成功地為報出的高價辯護，你必須是有見識的，絕不能想碰運氣。

任何想使人接受他的高價的人，工作的起始點都要比實際談判早得多。

你首先要知道的是價格策略。就是你的價格以什麼為基礎，有什麼站得住腳的理由，能說明你家產品的成本比你的競爭者們高呢？品質、可靠性、售後服務等就是你可以從中找到能說明為什麼你們價格高的理由的領域。

另一方面，一個高價的基礎可能是更加微妙的，例如有的新產品外觀或擺放起來看著時髦。因為，那些時速可達 140 英里的跑車畢竟不是因為買主想達到這麼高的車速才買的，除非是他想創造一個高速開車的世界紀錄，又不怕罰款。

這個道理適用於很多奢侈品，買它們的人並未在它們的價格與價值之間的關係上多加考慮。有一句古老諺語說：「如果你還得問問價錢，那你一定捨不得買！」這句話對於那些由於外觀惹人愛就被買了去的東西很適合。但有一點可不那麼合理，那就是「只有當買主認為它高時，它才算是高價。」只要能使買方認為值得，可以用高價賣出絕大多數的東西。

再說一遍，要想使別人認為你的價格合理，得先知道自己的價格建立在什麼基礎之上。不知道這個基礎，就等於為保護這個價格的武器不夠。因此，如果是在賣什麼東西，還是穩穩當當地坐下來跟買主說清楚，為什麼你這東西的要價還算公允。

賣方能說出的道理，可包括下列這一些：

▷ 你賣的是好處 —— 你能說明買主買了你的產品可以得到哪些好處

▷ 你賣的是價值 —— 你能使買主認為，儘管價格高了一些，但從產品的效能看，它比同類產品更便宜。

▷ 你賣的是優越 —— 說服買主，使他認識到買了你的新產品將有助於他同別人競爭。例如，你可以說：「喬先生，你買了我的將有助於賣出你的。您知道，在我們這一行裡，人人都知道我們的產品品質高，所以，我們的高品質將有助於提高你們的產品的品質。」

▷ 你賣的東西可以使買主引以為榮 —— 你可以說：「這個建築物的位置可以使你家商號顯得更氣派，從而提高你們的貿易額。」

▷ 你賣的是獨一無二 —— 「這可是同類產品中獨一無二的。」許多平常又平常的東西，就是以這句話為而高價賣了出去。

▷ 你賣的是服務 —— 「當你需要我們的時候，我們隨叫隨到。」

實際上，你在談判中為你方價格作辯護的方法，多得跟你所能想像的一樣豐富。但是，除了你駁倒對方針對你方價格所提出的異議外，同等重要的還是知道你方的價格，使對方能提出異議的是什麼。常見的情況是，當由於其他原因，某人不願意做某筆生意時，價格就成了他的藉口。其實，買主所說的「你們這價格也太高了」這句話，這就跟那有確鑿證據證明，他已經犯了罪的人所說的「我沒做！」一樣。

但是，除非獲得了證據證明了一個人有罪，這之前，那個人還是清白的。你的價格也是一樣，除非能證明它並不高。所以，當你聽到有關你方價格的第一個異議時，你要想一想為什麼對方會認為你們的價格太高。這一點你一定要追究到底，直到你確知它是什麼時為止。例如：（1）是因為對方把你方的價格與你的競爭對手的價格作了比較？還是（2）同類產品的價格都比你們提的價格低？（例如，在本市賣不動產，這個價太高。）

盡可能多地從談判對手那裡時隨收集資訊，然後根據真正的原因來解釋價格。只有到這個時候，你才會搞清楚他們說你的價格高，是不是由於其他別的原因。除非能做到這一點，否則你是不會知道真相的。

要點：如果還有競爭對手在賣相同或類似的東西，除了充分了解自己的產品之外，你還得了解你的競爭對手的產品。實際上，如果可能，把它買進來，試一試，就是說要摸清楚人家的東西是比你的差，還是好。如果你不知道競爭對手能給你與之談判的那一方提供什麼，你想知道你和你競爭對手的差別在哪裡，是非常困難的。

5.6

將一個大價格分解

克服價格高這一障礙的另一種方法，是將大的價格抽成若干個小價格。這裡你應當做的是，向買方說明你方的總價若是進行了逐項分析之後，是非常合理的。例如，如果你賣的是某種產品，那麼你賣的也是品質。這時就可以大講特講你方產品的技術條件，以證明為什麼你們的產品在品質上勝過你的競爭對手。用數據來支持你的論點，用它們來證明你方產品是多麼地可靠。加那麼一點點詳細的數據，可能比世界上任何的修辭技巧都更能說服人。是你提出的數字，幫你說明了為什麼你方要價合理。

這種方法適用於多種談判。例如，如果你賣的是一座建築物，向買方說明除了建築物本身之外的，可以提價的別的因素如建築物的位置、交通是否方便、建築物設計、低的房地產稅、該建築物所處地區的人口狀況，以及其他一些使你的未來房主相信你們的價格是合理的因素。

為自己的價格進行辯護時，人們所遇到的最大困難之一就是只能防禦。如果真的陷於這種境地，那你就必須會聽到人家這麼說：「是的，可是……」，然後就又開始說明為什麼價格不算太高。就算他開始時提的價格並不高，然後就說明他的價格實際上比他的競爭對手還低些，這不妥。若是你的話，你應當做的只是說明為什麼說你方價格合理的那些充足的理由。

如果你好好想一想，人家之所以對你方的價格提出異議，還不只是作為還價的一種手段，也許他們出於某些原因而不想做這筆生意，或者對你方做出某種承諾。他們不同意的，實際上是你方產品的表現出來的

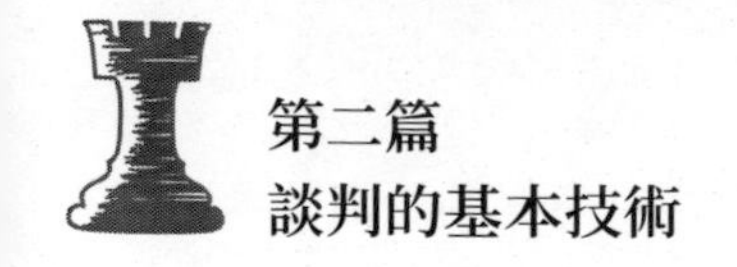

價值，不如同類產品或服務。因此，你得給他們補上這些方面的知識，方法就是說明將許多小價格加起來之後，為什麼就成了一個合理的價格整體。

5.7
把高價轉為廉價

使價格問題離開談判桌的一個最聰明的方法，就是採取能表明你方價格過低的態度。我承認，這麼做可並不容易，但在許多情況下，這種方法是可行的。你要記住，人都垂涎於買到便宜貨。閒談中人們經常提到的話題，就是比一比誰做了一筆好買賣，在宴會上這可是個熱門話題。因此，如果你能說服對方，使他相信他買的是廉價品，你就算克服了價格這一障礙。為成功地做到這一點，你可以大肆宣傳你們這是在「大拋售」。關於銷售的書中所鼓吹的最古老的方法之一，就是說服顧客用現在就買來對付即將到來的漲價。你可能覺得這太老套了，可人們對於漲價常有像是條件反射的反應。因此，如果他們被你的明天的價會更高的宣傳所說服，他們很可能會按今天的價把它買下來。

為在這方面具有說服力，你要設法找到一些能支持你的廉潔的證據。你可以說原材料的價格越來越高，或者是這種貨的最大供應商和你的競爭對手，最近可都把價錢提上去了。如果你找不到這些，你還可以說一說通貨膨脹的一般經濟趨勢 —— 使這一趨勢能支持你所說的那一套。說實在的，為說明某些價格將有所上漲並不是像想像的那麼難於找到證明。關鍵在於你能找到一些背景數據，來證明你向買方說的是真的，而不只是為支持你的價格耍個小花招。

為說明你提出的價是個廉價的另一種方法，是和你競爭對手的似乎價錢便宜的貨進行比較。在人們為買什麼而進行價格比較時，很少有人能看到基本價格之外去。他們考慮的畢竟還是以最低的價錢買到他們所要的東西。但是，人們在經過了把蘋果和橘子比較了一番之後，常常會找到一個較低的價格。可你的競爭對手的低價，也常常是來源於那貨物的價值本身與你們的不同。

因此，永遠要記住，一位買主在大肆宣揚別處的低價時，他真正的目的是什麼。你可以想一想你方的貨物與競爭對手的貨物，是不是在任何方面都是可比的。如果你花點時間深入地挖掘一下，你常常會發現兩者間有很大的差別。例如品質、交貨時間或者付款條件。只要你能努一把力，說明你方的價格實際上是最低的價格，也並不就那麼困難，不管你競爭對手的價格多麼低。

5.8
按「負淨價」出售

另一種能完全消除雙方在價格問題上的爭吵的辦法是，集中精力向買主說明你方貨物的「負淨價」。這時你應當做的是，買方買了你們的貨物後會增加多少收入，或買了你們的貨物或服務後，他家的成本或費用能夠有多大的降低或減少。關鍵在於你應當逐漸地說明按你要的價，買了貨物後能省下多少錢。

只要有可能，直接與買方所知道的競爭對手的貨物進行比較。例如，你賣的是單價 100 元的不能再修理的貨物，而你的競爭對手的同樣貨品只要價 80 元。兩者的關鍵性區別在於你方貨物的使用壽命 1 年，而對手的貨物只能用 6 個月。設你可能的買主，每年使用這種東西 50 個，用完後就得買新的。就是說，花在你方貨物上的年費用為 5,000 元

（50×100），而按年費用計算，你的競爭對手的貨物，就需要 8,000 元了（100×80）。

既然你方貨物的使用壽命為你競爭對手的兩倍，那麼，買了你們的貨買主每年就可以節省 3,000 元，就是說，按年計算，買主買你們一件可以省 60 元。顯然，這與你在真實生活中所遇到的要簡單得多。但是，有很多機會可以使你用得著這樣一種辯護。當然，有些專案是很難計算的，但如果你真能說出數字來，你一下子就可以把一個高價貨，說成是廉價商店賣的東西。

注意：與價格有關的最後一點是，在談判中，你每次降低都得保證會取得對方的大讓步。如果你壓了價而得不到對方的任何回報，你實際上是在承認你報的價本來就有水分。這樣就會使對方跟著想你到底摻了多少水，從而鼓勵人家追求你方的進一步壓價。儘管人人都想用賣主降低來作為他們買得便宜的證據，但如果他們輕易地就得到了你方降低，這反而會引起他們的懷疑。在談判中你越是表現得難於在價格上做出讓步，對方就越會認為你方降價是由於他在談判中多方努力的結果，而不是由於你們報的價格裡摻了水分。

5.9 把許多小難題彙總

對於多種談判來說，普遍的難題是，日程中包含著多個雙方都無意退讓的專案，或者說內容。為脫離這一困境最有效果的方法是，努力達成一個套案，從而使任何一方都無需在那些有爭議的小專案上讓步。下面用個例子來說明：

背景

製造試驗用裝置的「X」公司，與「D」就客戶送回「X」公司修理的裝置簽了份合約。根據合約規定，每次修理的費用都得單獨商定。「X」和「D」在許多次修理的費用問題上，都未能達成協定，其結果是許多次修理費都壓著未付，以致給「D」在流動資金上造成了困難。由於有了這樣的難處，「D」特請了一位有經驗的談判人員，想一塊解決這些問題。

解決辦法

「D」請來的艾先生與「X」公司的費先生坐在了談判桌兩邊。艾先生發現費先生之所以不接受就幾次修理費提出的「D」的要價，是因為這些要價比以前作過的同樣修理的要價高。與此同時，艾先生和費先生對於其他許多次的修理費問題卻有了共識。經過一番計算，艾先生發現「D」在幾個專案上已經得到了比預想的還高些的修理費，而這些費先生還表示了可以接受。據此，他向費先生建議、與其我們一項一項地討論這些價格，還不如就所有的這些未付費用達成只涉及總價的協定。於是，他向費先生提出了報價，費先生也就接受了。

理由

由於達成了一個總價格協定，「D」所得到的比一項一項地計算起來所得到的略少些，但少得到的這些肯定比把這些小專案一筆一筆都付清將花費的人力物力值得還少。而且，由於許多次未付費用得以一下子清帳，「D」在流動資金上靈活多了。

使達成一個套案，克服了這些有爭議並可能危及最後協定達成的許多小專案所設障礙的情況，可並不少見。當然，情況不同，解決的辦法也應當不同。一般都不會像例中所述那麼簡單而明顯。但有創造性地避開一些有爭議的小專案，儘管在某些區域性上你承認還有不同意之處，從總體上說，協定還是達成了。

5.10 什麼時候說「不！」

在談判過程中，你將會收到各式各樣的建議、報價、反報價及其他許許多多的提案。其中，有些可能是你同意的，有些則須進一步討論，而有些則使你不得不說「不！」。但是，有許多肯定的理由，都要求你避免說這個「不！」時的副作用。

如果你一味地對對方的談判人員所提出的建議投否決票，用不了多長時間，對方就會開始想：(1) 你這個人不講道理；(2) 你不想達成什麼協定；(3) 你之所以否定別人不過是想做筆好生意。關於這最後一點，他想的可能很對，但你還是別讓人家這麼想，因為人家將想辦法跟你玩同樣的把戲。一旦談判雙方都除了說「不」之外，再也說不出別的什麼，那可就到了拎起皮包回家的時候了。

儘管如此，只要說得恰到好處，這個「不」字卻完全可以對你的談判策略有利。例如，在談判過程中的許多個小聲說出的「不」字，會使對方習慣了這樣的回答。這時候，一旦你對他的某個建議說了個「同意！」時，這個回答對他的影響可就大了。因為他已經認定你是個難對付的傢伙，這一聲恰到好處的「同意！」將可能使你獲得不應當成為現實的讓步。換句話說，最後終於聽到了你說了「同意」所給他造成心理上的輕鬆，會使他接受一些換個圓滑一點的對手，他將不會接受的條件。

但是，為使否定的回答不至於帶有很大的威脅性，努力用肯定的話講出來。因為，說「不」這個意思，畢竟還有許多別的方式。最便當的就是把你這個「不」說成「是」。例如：「是呀，但……」或者「如果……這當然是可以的了」，再或者「我很喜歡您這個想法，但……」。換句話說，根據不同情況，你的同意完全可以變成一個對方可以接受的回報。

即使你不得不說「不」，而又不附帶任何條件，你仍然可以這麼說：「我實在弄不懂為什麼您的提議是合理的。」這樣來表達你的不同意，可比你說：「喬斯先生，這可沒門！」要委婉得多了。

5.11
先輸而後贏

不幸的是，透過談判，雙方很少在每件事上都能得到滿意。但是，如果談得很好，雙方在不同程度上得到滿意也是可能的。儘管如此，在談判過程中有時也得給對方一些他要的東西，以免毀了整個一筆交易。

有的時候，在談判會上雙方中任一方都可能被逼得沒退路，而只好做出一些他本想避免的某種形式的讓步。其結果常常就是一種進退兩難的境地，就是要不就讓步，要不就把達成協定的事忘了算了。這也常常會導致談判人員形成對立，從而對自己的情緒失去控制和使雙方人員都動了肝火。可是，這只能使已經十分緊張的態勢更加惡化，雙方誰也不肯退後一步。

顯然，誰也不想投降。但是，這種情況之所以發生卻多半是由於人們的自尊心在作怪而不是讓步本身有多大損失。因此，老練的談判人員就努力想辦法做出點讓步，而又不損失任何有價值的東西，從而使談判能繼續前進。就是說，與其舉起白旗，還不如給你的讓步附加點條件。

例如，你可以說：「關於這一點，我可以同意，但條件是我們在那個問題上得取得一致……。」你說你這讓步是損失了呢？還是得到了呢？是輸了，還是贏了？

實際上你是贏了。理由是，儘管由於你在某一點退讓了一下，使對方覺得很開心，你實際上並沒有給他任何東西。你只是用一件小東西換來了以後你們在某一問題上達成一致。而且，當到了要談那個問題的時候，如果對方表示勉強，你還占了優勢，你可以說：「嘿，在那一點上我已經讓您一步，現在該輪到您了！」誠然，這時雙方也有可能還要堅守陣地，但即使他們這樣做，心理上的優勢仍然在你這一邊，因為這時對方將自知有點理虧。如果不是這樣，即使是從最壞處著想，你至少還跟如果你上次沒退讓時那樣的處境一樣。

但是，最可能發生的還是對方做了他答應過的讓步，理由有二：第一，他由於在頭一次在某一點上得到了滿足，而陷入了一種承諾；第二，這時談判已越來越靠近最後協定，那麼討價還價時間拖得越長，雙方投到裡面的利益就會越多。

順便說一句，用這一招時可得謹慎些，因為它也可能帶來不利，如果你做出的讓步是以以後你所附帶的條件得以實現為基礎，對方至少也會想到針對人家的目的達到意向上一致，而這時你的目的是否能達到，還有待於你的進一步努力。這樣的局面會導致對方更加固執己見，以求你做出更多的讓步。

為消除談判進展中出現的這種障礙，一個比較簡單的辦法，就是先把難題擱到一邊，暫不討論。你可以說：「我們以後再討論這個問題吧。」這將使談判仍可以繼續下去，而且，常常會發生的情況是，當該討論以了把擱置起來的問題提到日程之上時，你的談判工作已經基本完成，從而使那個問題已經算不上是什麼了不起的障礙了。

5.12 應付意外情況的幾種方法

在談判過程中，最令人苦惱的，莫過於發現對方採取了一種與你的預想完全相反的談判立場或態度。下列幾法可使你免於被這種局面所窘迫：

- 降低你的期望。不要認為什麼事都會按你所計劃的那樣發展。採取這樣一種態度你就不會因為事態的發展偏離了你的預想而感到心煩。
- 做到事先有所準備。預先多想想對方可能採取的多種立場和態度。
- 請幾位專家隨時待命。有時候，談判中會突然出現一塊絆腳石，使最後協定的達成受到威脅。如有可能，請幾位財政、法律和技術專家處於備用狀態，以便就這些問題聽取他們的意見。如果你不能隨時向專家諮詢，你就很可能不得不接受對方的提議。

除了應對談判中可能出現的意外情況有所準備之外，明智的做法還應當包括一些如何來促進協定的執行，或協定達成後不能執行時應採取的保護措施。不用說，不到協定執行完畢的時候，談判到底取得了怎樣的結果，還得不到肯定的認識。不幸的是，當談判所達成的協定，表面上看起來似乎方方面面都顯示你是做了筆好生意時，由於心滿意足就把上述的重要事項都給忘了。應當知道，不管是國家經濟，還是個人的事業，總是會有起有伏的。今天你覺得是好的一筆交易，如果協定的另一

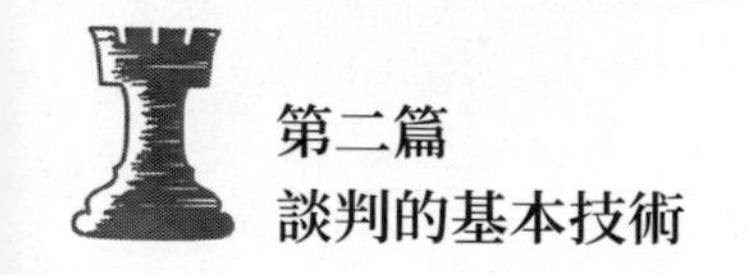

方不能將協定貫徹執行到底，也會在以後變成一個大的失敗。

因此，採取應付協定不能執行時的保護措施，應當受到重視。這些措施可以包括諸如支付保證、品質控制條件，以及能按規定執行合約時，可以得到哪些獎勵等。但是，採用哪些措施應按談判性質的不同而有所變化，你主要應當關心的還是你在保護你方利益上得到滿意。

5.13
可保證談判成功或將損失降到最低點的條款

應將談判桌上的許諾，變成有約束力的承諾，否則你得到的只不過是口惠而已。因此，書面協定中應詳細註明雙方的權利和義務。除了常規買賣之外，絕大多數談判都須在不止一個內容上達成協定。可是，常常是一個看起來似乎無足輕重的小問題，由於它被你忽略了，而在以後構成了大麻煩。特別是當談判的一方，認為某一問題雙方已經達成協定，而實際上並非如此時，這種情況就更容易發生。

有時，這來源於把口頭的東西當成了協定，而實際上那不過是與接受另外一些條件相連的一種提議。例如，人家對你說：「如果能做到那一點，我就能做這一點。」這實際上等於什麼協定都沒有，隨後又討論了別的問題。這以後，當談判已經結束時，雙方中的一方錯誤地認為先前講過的那個問題已經包括在協定之內，或成了它的一部分。下面就讓我們用個例子來說明一下為什麼這樣的誤解會把水攪渾。

「A」和「B」正在為一筆 1 萬件小玩意兒的交易進行談判。在討論過程中，「A」隨口說了這麼一句：「如果能在 30 天內付款，我將給您打個 10%的折扣。」隨後，討論就轉入了其他問題。經過了長時間談判之後，「B」同意先付 4,000 件的款。這回關於折扣的事誰也沒說什麼。於是「B」就寫了一份 4,000 件的訂單，並註明：如果快些付款將得到 10% 的折扣。「A」在收到這份訂單時表示拒絕，因為該公司規定訂貨在 5,000 件以下時不給任何折扣。於是，雙方都動了肝火，訂單了就永遠未能執行。這是誰的錯呢？我看雙方都有責任，因為他們直到談判結束都忘了確認有關這次購貨的所有條款。「B」認為折扣適用於任何數量；「A」則認為「B」已經理解了那折扣針對的是他買 10,000 件。

為避免發生這樣的誤會，每次談判會議結束後，都要對談到的每一條、每一款進行審查。永遠不能懈怠，不要以為先前說過的某些話就適用於最後談成的這筆交易。這很簡單，但由於未能把每條每款都定死，也許還未等你們舉杯慶賀交易達成時，麻煩就出來了。

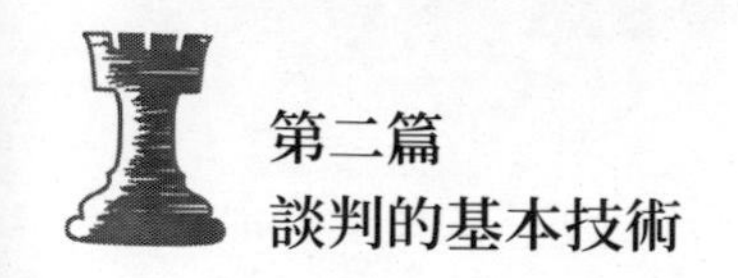

第六章
幾種標準的談判策略

不同的談判人員，會使用許許多多不同的方法，來達到他們的目的。知道怎樣使用和應付這些方法，是在談判桌上取得成功的基本要素。當然，事先有充分的準備，應當是成功的起點，而達到你的談判目標則是終點。但是，要想到達終點所需要的工具，就在於談判時採取什麼策略。錯誤的策略會阻礙你的進展，而正確的策略，則有助於快速前進，並最終獲取成功的結局。

因此，不管你個人是否使用某種特別的策略，至少你得知道別的任何人都可能採用某種策略來攻擊你。只有知道了這一點，你才算有排除你前進道路上的任何障礙的能力。本章所討論的就是，為達到談判目的，談判人員所常用的幾種標準策略。

6.1 合作式策略的利與弊

談判中常用的策略，一般可分為兩類，即合作式，共同解決難題的策略或做法，和嚴格的敵對式策略。合作式策略主張談判雙方共同尋求並解決妨礙協定達成的做法，以求雙方都能得到最佳結局。而敵對式策略，則強調各方只顧己方的利益，對方的利益由他們自己去維護。

但是，和生活中的其他許多事物一樣，把談判策略塞入個小格子中，不許它有所變化，可不是那麼容易的。如果談判雙方都能把牌攤在桌上，然後在友好的氣氛中攜手向達成協定的方向邁進，那當然是再好不過的了。可要想真的演出這麼一幕，真實的障礙確也不會少的。第一個絆腳石，就是要求雙方都得對自己所要得到的採取一種坦誠而正直的態度的必需性，不用我說，如果只是一方把牌攤了開來，而另一方卻不肯這麼做，那就等於攤牌的那一方，先把子彈交給了人家之後，再去參加未來的戰鬥。

而且，在許多種談判中，並不存在什麼難於解決的問題。雙方意見上的唯一分歧，只是能對什麼才算是一筆好交易有個共識就行了。這實際只是（除少數不尋常的情況外）談判過程的一個構成部分而已。常常發生的是，特別是當涉及到價格問題時，對雙方來說，只要能接受都滿意的錢數就算大功告成了。

此外，沒有哪個價格，可以算是正中雙方之意的價格。一個人可能覺得用 1,000 萬元買進一個企業是出了個高價，而另一位則可能認為花上 1,500 萬還算是便宜。而且，除了個人的看法之外，還有別的一些站得住腳的理由，可以造成分歧。例如，一位出了高價的買主，可能擠跑了他的競爭對手，這時他多花的那些錢，就成為他這之所以以這麼做的一個理由。不管是什麼理由，事實是沒有任何一個客觀標準，可以用來衡量哪個價格算是最合適的價格，或哪些才是真正對雙方都有利的條款。

實踐中，人人都很想做成他可能做成的最佳交易，但這麼做就成了實行合作式策略的一種障礙，而這卻是對自己有利的。每個參加談判的人，都把己方的利益牢記在心裡，這是正當的，一點錯處也沒有，因為要得到的最終結果，畢竟應當是對雙方都有利，誰也不是到那裡行善、

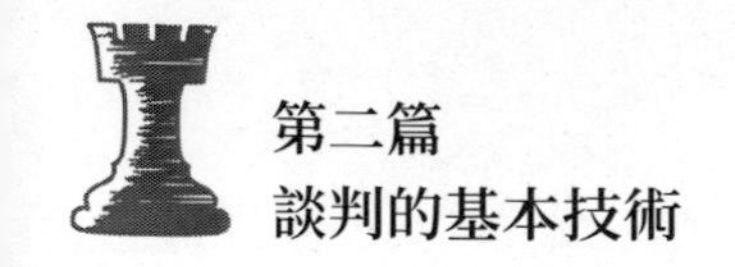

施捨的。於是，必然的結果就是，既然要最大限度地保護自己的利益，那就沒必要去操心對方難題的解決。不管怎麼說，他的唯一的難題，是使你能讓他做成一筆他所能夠做成的好交易。

當然，由於條件的關係，談判雙方能共同致力於排除達到協定的障礙，顯然是對雙方都有利的。在這種情況下，如果雙方都願意相互信賴地一起工作，合作式、共同解決難題的策略就是最佳選擇了。可是，絕大多數的一般性談判，還不能歸於應當採用這種策略的那一類。

更令人不解的是，人們大多都先假設對方將採取的策略，正是雙方互掐喉嚨的那種策略。這種心理傾向還被後來變得十分公開的、充滿敵意的談判的歷史，大大加強了。

某些有關勞資糾紛的談判肯定是得歸於這一類。儘管如此，絕大多數的談判還得按一定的商業規矩進行，至少不能公開表露出敵意或憤恨。所以，事先就認為不能採取合作式共同解決難題的策略，即談判將必然充滿敵意，這往好裡說也是說你太天真了。

而且，儘管你談判時所要著重注意的還是你方自己的利益，但這並不就意味著你就不必努力尋求消除協定達成的障礙的辦法了。如果有談判過程中對方提出一個必須排除的障礙，才可望達成協定，那麼，找出排除這一障礙的辦法既是你應當做的，也是對你有利的。

談判採取哪一種策略合適，其關鍵在於，而且永遠在於，你是否真的維護了你方的利益。在這一前提下，如果和對方攜手共進，達成協定是可行的話，那麼，無論如何你也應當這麼做。另一方面，如果你發現對方只顧自己的利益，想盡可能多地占些便宜，那麼你只好以其人之道還治其人之身了。

6.2

如何避免受挫

在談判桌上，你總能遇到最讓人苦惱的事，就是你碰上了這麼一位對的，他所做的一切都只不過是為給達成協定設定障礙，不管你提出什麼，也不論你做出了多少讓步，他說的還總是那麼一個字：「不！」。

人們採取這樣一種態度時，有多種理由或原因，其中就包括：

- 除非他們能得到不可抗拒的便宜，他們無意達成任何協定。
- 他們打算做交易，之所以故意設定障礙，為的就是讓你反覆多次地報價，而且要一次比一次對他們更有利。
- 想使你失去對自己情緒的控制，從而犯錯誤。
- 試圖向你表明他可是難對付的，從而迫使你不要期望太高。
- 他們不知道什麼才算是合理的協定，但覺得好像是你說要取消談判之前那最後做出的報價，一旦被接受了就行。
- 他們在拖延時間，因為他們知道你方有期限規定，這規定將迫使你不得不做讓步。

雖然你碰到的是這麼一些有意設定障礙的策略，這也確實討厭，但你若是迎頭頂著去跟他們做，那可是在冒險。如果你真這麼做了，那這位設障專家，一定會從你這裡擠出所有你可能做出的讓步，而一點回報也不給。其結果便是或者是對你來說的一筆壞交易，或者就是什麼交易也沒做成。所以，一旦你發現對方無意進行談判，你必須決定怎樣來對付這種策略。但是，在任何情況下，你都不能失去對自己情緒的控制 —— 除非是裝著發脾氣，目的只在於迫使他收起他那一套。

但是，在你決定採取任何一種對付這種故意設定障礙的做法的策略之前，你首先要想清楚，對方這麼做到底出於什麼原因，因為這也可能是由於別的什麼，並不是迫使你做出讓步。例如，很可能談判在前一段進行得十分順利，隨後在某一問題上你突然遇到個障礙，從而再也無法前行。可能有許多原因使對方不願意表明，他們為什麼討厭討論某一問題，或者在某一內容上退讓。如果你能好好想一想，很可能會相當準確地猜到了這塊絆腳石到底是什麼。這時，就可以針對它來繼續你們的談判。

切記：有時這種故意設定障礙的策略，是從談判一開始就採用了的，也有時是在中途才插進來。一開始就用是比較容易識別的，危險的就是他在談判進展很順利，你不可能想到他會用這一手的時候才插進來。這很可能會誘使你做出未經授權的讓步。所以，如果你提出的本來就是個合理的報價，而對方就是不接受，並且還堅持要你做出進一步的讓步時，千萬別再讓步了。否則，你就會落到了人家手裡，他們也就永遠不會按你的要求，收起他們這一套了。

6.3 應付對方故意設定障礙的策略

故意設定障礙策略，是否能取得成功的鑰匙或關鍵，就在於造成懷疑。他設定障礙的目的，就是在你心中播下懷疑的種子，使你認為除了他能跟你和你所能做的好交易之外，他什麼也不接受。如果他得逞了，這將使你做成一筆你所能做成的最壞的交易，因為除此之外，你什麼交易也不會做成。從實踐的觀點看，如果在談判開始之前，你已經很好地完成了準備工作，你就會確知你的報價是否合理。當然，儘管你有了準備，也還可能有些事被你忽略了，或當與對方不一致的時候，你如何辯解。如果如此，你的對手將很快會指出這一點。如果他沒能這麼做，還堅持拒絕討論實質問題，這顯然就說明，他是在故意設定障礙。

如果你想排除這些故意設定的障礙，你首先要做的是，要消除認為你自己所謂不合理的這種懷疑。這一點做完之後，你就有許多辦法來對付這位設障專家了。等一個反擊措施是，當你發現對方確實是設障專家後，立刻給談判過程定下一個期限。你可能直截了當地說，之所以要規定個期限，是因為你覺得對方似乎對談判沒有誠意。這麼做的優點是，使對方知道你不會參與他這種毫無意義的談判活動。

這麼做的不利之處是，對方可能會認為你只是虛張聲勢，從而繼續執行設障策略，直到期限屆滿。換句話說，對方會模仿你也來虛張聲勢。如果發生了這樣的情況，你得對中斷談判有心理準備，你可以說：「這麼做我們達不到任何目的，事情到了這個地步，我看到這筆談判除了破裂是沒有任何別的可能了。但是，如果您決定什麼時候再談，給我打個電話好了。」

注意：不管什麼時候，也不管是出於何種原因，你中止談判後，永遠要將恢復談判的主動權留給對方，就是說，恢復可以，但你得來找我。如果這以後他真的來了電話想邀，那你就在策略方面占了上風。

對付設障專家的另一種辦法是，對他這一套不予理睬，繼續談你的。如果可行，將話題轉向談判的其他方面。如果對方真有意談判，這時他就會聽你還講些什麼，儘管他這時還不想放棄那個設障策略。當然，如果你發現這麼做了之後，事情仍然毫無進展，你可以主動提出個完全不可能實施的報價。有時，一旦對方發現，你也和他們一樣變得不講道理起來時，他們反而認真對待你起來了。

如果這一切都未奏效，那你乾脆攤牌，告訴他們如果還這麼不講道理，那繼續討論下去可毫無意義了。看見雙方離開談判桌，而卻又什麼交易也沒做成，當然不好受。但沒做成交易，總比做成一筆壞交易好。

故意設定障礙策略，之所以能取得成功的另一原因是，人們在談判中花費的時間越長，投入的人力越多，人們就越不願意讓談判有始無終。因此，不管你採用什麼辦法，來對付這種故意障礙的把戲，你都不能讓他長時間演下去。如果你的對手在一定的時間內，仍不肯面具摘下來，你乾脆就拂袖而去好了。

6.4 「老好人」戰術

與那些可以快速地使你熱血沸騰起來的設障專家相反，這種「老好人」是想讓你覺得接受了他們的要求和條件，那是人家給你的一種優待。雖然你對這種人的最初反映可能是覺得有點迷惘，但在談判結束之前，這位精於此道的「老好人」，還真有可能把你逼至絕路。

老好人式談判人員的戰術核心，就在於使你認為，實際是對他們好的事好像是對你好，並且抓住一切機會使你相信是這麼回事，他能取得成功的關鍵就在於用他的好意把他哄睡了，然後再來討論任何一件事。這種人永遠不會攻擊你的談判立場，甚至連表示與你意見不同的事都不做，他們巧就巧在根本不看你攤在桌上的任何一種事實、任何一個數字。

對付這種「最容易與他做生意」式的談判人員的最佳辦法是，迫使他們注意你說出的事實。當你發現他就是說出諸如：「先生，我相信你們的產品是世界上最好的產品，但那可是要付錢才能得到的。我出價『X』元，這可是很可以的了。現在就讓我們集中精力就這個價談談，別的高談闊論，你我之間就用不著了」之類的話時，立即打斷他。可能要做到這一點，你得費點周折，但無論如何你總能做到。而且，在任何情況下，你也絕不能成為「我可是努力在使交易公平合理了，可您卻想占我的便宜！」以及其他類似的話的獵物。一個道地的「老好人」式談判人員將使你相信（甚至是在交易達成很久之後），你跟他做了筆好買賣，他甚至可以發誓。最後，對付這種人是否能成功，關鍵在於對你在談判桌上所得到的任何好處和優惠，你都得特別當心，因為那都會返回來咬你的屁股的。

6.5 應付「同意就做，不同意就算」的策略

在談判桌上，你可能碰到的另一種招數是：「同意就做，不同意就算」工兵策略。這實際上等於在說：「這就是我們的報價，如果您不能以此為基礎談這筆交易，那我們乾脆就忘了這件事吧！」當你陷入如此的困境時，能夠採取的可以是下列三種行動：

1. 繼續說你的，對這種最後通牒式的話，根本不予理睬。如果對方未因此而一下子站了起來，那你馬上就知道了對方那不是認真的。

2. 想想你的其他方案，如果你還有比他所提的更好的報價，你可以說：「那就算了，如果貴方有什麼改變，再給我打電話吧！」這一招常常能使對方變得溫和些，也許他立刻就會說：「請等一下，讓我們再商量商量！」如果他不說這樣的話，那你抬腿就走，只管去執行你的其他方案好了。如果他後來又要求恢復談判，那時候方向盤可就由你握著了。

3. 編一個競爭對手出來，如果可行，編一個競爭對手，說人家的報價可比你的談判對手的強。誠然，這一招很可能被對方識破，那時你只剩下兩種選擇，要不接受那個不合理的報價，要不終止談判。但這至少可以使你知道對方的最後通牒是不是真的。

要戰勝「同意就做，不同意就算」這一手，你常常還得玩一玩「邊緣政策」的把戲。當然，當有生意要做時，會有許多事都比玩把戲重。但是，「同意就做……」這一招，之所以能夠成功，就因為你受不了這種誘惑。而且，看得遠一點的話，用一走了之的辦法避免做成一筆壞交易，總比你戀著不走，最後終於受了人家欺騙要強。而且，一旦你避免了上這個當之後，很可能那些聽到了這一消息的人，在將來和你打交道時，就不再敢用這一招了。

6.6
「打對折」策略

如果你進行多次談判，你不可避免地一定會碰到這樣一些談判人員 —— 他們解決交易中僵局的唯一辦法，就是打對折。不管雙方的談判立場是正相對立，還是相似得難於吹毛求疵，這種打對折的談判人員，總是希望能一塊銅板掰成兩半。

乍看起來，這似乎是一種相當不錯的解決問題的辦法，而且，在某些情況下，它也的確實是如此。例如，如果經過長時間的談判，雙方的分歧已經越來越窄小，以至到了只須取一個介於「X」價和「Y」價之間的一個對折價，即可達成協定的地步。另一方面，打對折的這種策略也常常被用來當作評價與會各方的談判立場誰優誰劣的裁判。這一招，無論是談判老手，還是偶爾參與談判的新手都使用，只是所得的結果大不相同而已。

富有經驗的談判人員用這一招時，為的是當他自知己方的談判立場並不那麼強時，避免去討論差在哪兒的細節。相反，那些談判新手卻只是把它用來代替談判前的準備工作。簡單地說，他們不知道他們是在幹什麼，於是突然地提出了一個讓人笑掉大牙的報價，然後就是敷衍塞責、搪搪塞塞，最後就建議打個對折。因此，當你真的遇到了這種打對折的提議時，你首先應弄清楚這是由一個出類拔萃的專家，還是由一位新手提出來的。

考慮這個問題時，有許多因素是你不能忽略的，這其中就包括：

1. 你的談判終點線在哪裡。就是說，如果你代表買方，打了對折之後不能超過你所能出的最高價；如果你代表的是賣方，打了對折後不能低於你所以接受的最低價。

例如，你是買主，你的拔腿就走（你所出的最高價）的價是 130 萬元。你最後已出到 100 萬，而對方仍堅持 180 萬。這時候出了這麼一位，他提議說都不要再爭了，打個對折算啦！就是將出價、要價之差的 80 萬對半分開，按 140 萬成交。

2. 顯然，你的報價越合理，你對手的報價就比較更不合理，那麼在這種情況下，接受打對折的提議就越對你不利。因此，只有在雙方立場離得不超過某一範圍時才能這麼辦。

例如：對於某一專案來說，220 萬元和 240 萬元之間的某一點才算得上是合理的價格。身為賣方，你要價 240 萬元，買方出價 180 萬元，這已經低於你的生產成本。這時他提議將要價、出價之差的 60 萬元打個對折，結果將是你不能接受的 210 萬元。可是，如果你出的價是 220 萬元，出要價之差則僅為 20 萬元，打個對折後是 230 是萬元，這你就當然可以接受了。

3. 由誰來頭一個報價是很重要的。如果你是頭一個，而你提的又合理，但對方應的卻根本不著邊，這時，除非雙方立場之差縮小了，否則就談不到打對折這個問題。

例如，合理的價格應為 150 萬元左右。你（買方）頭一次出價為 130 萬元，賣方要價卻高達 250 萬。相差已是 120 萬，即使打了對折，你還是得付 190 萬。

4. 避開各種「湊整」。談判中，人們總喜歡湊整。於是，幾百萬呀，就飛過來飛過去的。這樣，人們就容易把介於百萬、十萬之間的那些數據都給忘了。這時，你如果情願不湊整，我保證你能賺一筆。

例如，設打了個對折之後得到的價格是 240 萬元。你（買方）可以說類似這樣的話：「這跟我想的差不多，如果你們同意 237.85 萬元，我們就算成交了。」當然，隨後你還得說些什麼來為 2.15 萬元的降價做辯解。只要這麼做切合實際，這可不是件小事。實踐中，當人們想的淨是些百萬、十萬的大數時，那些小數目（在此例中那可是 2.15 萬元）常常會被認為可以自動讓與的東西。

5. 從「打對折」策略中獲取其他利益。有些特別迷戀打對折這一招的談判人員，有時會因為太想使用這一手，而忽略那些與錢無關的內容。因此你就有可能從其他領域裡得到他一大堆讓步，而這些讓步將能抵消你在接受了打對折的建議後所遭受的損失。所以，切記把你接受他提的有關錢的那一條，同他接受你提的某些條件的事連在一起。

6.7
「斤斤計較」策略

在打對折的「快而髒」的各方面所組成的光譜的相對一端，則是要將談判涉及各種內容，一件一件地加以詳細討論的談判人員。這種策略和別的策略一樣，也是有利有弊的。它的有利的一面是，在每一項內容上都爭取一致，會縮小雙方立場的分歧。

它的不利的一面是，一旦有一方被逼得沒有退路，經將阻礙最後協定的達成。例如，先在價格問題上取得一致，然後就把此問題擱在一邊，會防止對方藉此和你的優惠付款條件、交貨日期提前或其他條件相交換。舉個例子來說明，人們是怎麼由於中了這種逐條取得一致的計，而陷入牢籠的。

背景

「A」、「B」雙方同意先就勞務費問題談判，把差旅費問題放後。雙方先在勞務費用問題上取得了一致，裡面包括提供的人／小時數和總費用為 128 萬元。這以後雙方開始談旅費和按日計算的報酬問題。「A」認為這是件很輕鬆就能取得共識的事。不料這事從一開始就陷入了困境。「A」要求「B」的技術人員，要在服務當地度週末，而「B」則堅持說這是他們公司的政策所不允許的。至於說按日計算的報酬問題，那不一致的地方就更多了。「B」說他們的立場是遵循他們公司的基本政策，說這已經執行一段時間了，因此，這上面沒什麼可談判的。

「A」經過了一番計算之後發現，這樣一來合約總價將達 200 萬元，比預算的數目要多 25 萬元。「A」於是建議雙方再返回來討論關於應提供的服務小時數問題。「B」一聽就不做了，說：「這已是取得了一致的事，那時我們已經同意了你們的條件，現在您又想反悔。看起來您對這次談判毫無誠意！」說完「B」就昂首走出了會場。

「A」的錯誤

「A」在進入談判室時就知道勞務費問題將是很難談的，以為在差旅費問題上不會有什麼麻煩，因為他們公司有現成的政策可循。因此，他們以為「A」不會在那上面做出什麼文章來。於是他們有意（也確實是這麼做了）跟「A」在勞務費問題上取得一致。關於這個問題，「A」以為差旅費問題也可以談得攏的，後來他們也真的談了。這就是為什麼要想達成最終協定必須採取試著先在每個專案上都先取得一致這種方法的最佳理由。例如，你必須這麼說：「我可以同意這一條，但前提是我們在其他問題上也取得共識。」這麼一來，你就不會像「A」那樣被人家用一條的不一致將他鎖進圈套。

逐條一致談判法的主要缺點，是把整個一次交易看成是不能分割的整體。因此，這種談判法有在每個都須取得共識的內容，在取得一致意見之後不至於阻礙未談內容的前提下，才是有效的。

6.8 控制爭論點的位置

不管你處於怎樣有利的談判地位，如果你在談判過程中總是防禦，也將會在最後協定達成的道路上受到阻礙。儘管事前做了充分準備，可有效地幫助你保護你方的談判目的，不至於被對方擊毀，但找出對方建議書中的薄弱環節，以便攻擊還是必需的。否則，雙方則無法縮小雙方在談判目標方面的差距，以達成最後協定。因此，使談判過程由你來控制是很重要的。為此你應採取的行動可以包括：

- 透過選定談判時間和地點的辦法，盡可能將談判後勤人員控制在你手中。
- 如有可能，讓對方頭一個報價。
- 針對對方的薄弱環節提問題。
- 回答對方提出的問題時，將焦點轉向你方提議的強項。
- 抓住長時間討論後暫時休息的時機，挖掘對方建議中的更多弱點。你可說：「現在我們可以歇一會，但我們是不是順便再看看……問題？」
- 用資料來支持你的立場，要求對方也提供他們的資料。例如，你可以這麼說：「我們已把說明我方立場的資料交給了您，我希望貴方也能這麼做。」
- 如果可行，利用客觀證明，如第三方的資料等，來支持你的立場。
- 如果事情的發展不盡如你意，建議暫時休息，比如去喝杯咖啡、進午餐等等。拿什麼當休會的理由並不重要，只要別讓人覺得你是在找藉口就行。趁此機會，重新布置並找出問題到底出在哪裡。

6.9 針對模稜兩可的條件進行談判

作為一個一般的準則，你談判的每一條每一款都應當經過仔細斟酌，以免留下漏洞或造成誤解。但是，實踐中仍有許多理由，使你能夠或者說可以，把某些未定死的條款寫入協定中。這可能是因為雙方都覺得使協定中的某一條有點靈活性，將有助於協定的執行，或者是因為那一條被一方或另一方認為不宜定死。

不管是出於何種原因，這可是你得特別當心的一個領域，因為協定如果得不到認真的執行，會在中途或以後造成巨大損失。當對方堅持把你認為應當定死的某條訂得靈活些時，就更是如此。當然，對你來說，你應當盡量避免這種現象的發生，但你得承認，實踐中這可不是永遠都能做得到的。

例如，可能你會遇到這麼一件事，就是說，如果你堅持某些對方不接受的條件，人家就拒絕簽署協定。顯然，如果你還有更好的生意，乾脆放棄這一筆。但情況也可能是這樣的，雖然你不再堅持某些條件，那還是一筆你不可以放過的好生意。

如果你處在這樣一種境地，你首先要考慮的就是得失比或風險收益比。要知道，風險越大，可能獲得的收益也越多。這可是那些魄力不大的投資者所常常忽略了的一些因素。因此，任何時候如果你被迫在針對某一內容無防範條款的前提下，簽訂協定時，你不用怕，相反你應當以此為武器在其他領域爭取讓步。這麼做了之後，你就不但可以抵消了增大了的風險（在協定的某一部分上），你還可以在其他方面取得更多的利益，儘管由於所談及的內容不同，事情會有千變萬化，用一個例子來說明怎樣才能做到這一切：

背景

「L」和「M」正在就某一合約進行談判。根據這一合約，「M」諮詢集團公司將替「L」這個大跨國公司進行一項研究工作。「L」堅持要委派「X」這家權威公司，來作為老資格的調查一方，並把這一條寫入合約，並且，「L」還堅持要在這一為期 6 個月的研究專案中，由「X」至少提供 500 小時的服務。

「M」有許多理由不願意接受這一條，首先是，「M」在許多工程專案中都承擔著提供諮詢的任務，它絕不會把一半精力花費在這個為期僅 6 個月的專案上。而且，「M」還覺得「L」在提出一些將限制「M」按條件的規定控制這一專案如何進行的自由，而這些條件可能需要也可能不需要「X」提供那麼多小時的服務。「M」還要保留在其他任務中委派「X」出面幫助的靈活性，因為在未來幾個月中這是有可能的。

不幸的是，「L」堅決不同意這一點，而「M」又不肯丟掉另委「X」做其他工作的權利。

用靈活的條款解決這一難題

「M」提議，可以讓「X」成為協定中所涉及任務的主要調查人，但得規定由「X」提供服務的最大和最小時數，最小時數為 250 小時小時，最大為 500 小時。「L」正確地料到「X」為此專案只能提供 250 小時的服務，於是又提議委任「Y」公司這另一個才資格諮詢機構為當「X」只能工作 250 小時而不是 500 小時時的替補。「L」還要求「Y」在由他們提供服務的期間作為研究調查工作的牽頭人，因為那時候「X」已經無法承擔此重任。「M」表示同意，於是協定就簽成了。

「L」在這裡表現得很聰明，因為這未被定死的條款使「X」的服務小時數位於 250 和 500 之間，這是靈活可變的，他又預料到「X」很可能只提供 250 小時的服務。所以他才堅持由「Y」來補上可能缺的這 250 小時服務這一條。

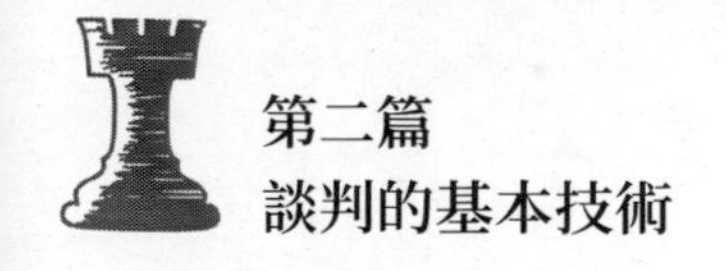

6.10

避免被對手挫敗的辦法

根據你談判對手的稟性和技巧的不同，你將在不同程度上，受到對手用一切可以想像得出的招數，來對你進行輪番轟炸。因此你能了解的這些招數越多，你就越有可能在競賽中領先。雖然沒有什麼可能給你的談判必獲成功打百分之百的保證，但防止你遭受慘敗的基本要素倒還有那麼幾個，其中包括：

- 獲得第三方對你的對手的評價。
- 仔細審思你的對手所提出的任何要求。
- 不能被任何說或做出來的東西所震懾。
- 不要針對對手所說或做的事做任何假設。要看事實並根據它們來決定你的舉措。做出決定之前一定要三思。
- 避免陷入個人攻擊的困境。
- 別怕交易做不成就得走開。
- 吸取每次談判中所犯錯誤的教訓，以便將來取勝。

6.11

選擇你自己的策略方針

為談判作準備時，千萬別忘了想好你對付對手的策略方針是什麼。在某種程度上，你對付的是好是壞，要取決於你對對方知道多少。顯然，如果你以前和他交過手，你當然會比較清楚他將怎麼談和他將怎麼為此做準備、訂計畫。但如果你無緣，或者說不幸的是，沒在以前和人家打過交道，那可有點困難了，因為你只依靠你對對手的有限的了解來對付他，這時你可得小心從事喲！

在為談判進行準備時，你最最應當充分考慮的事，就是當你在談判桌前坐下來時，你應當採用何種辦法來對付你的對手。而對於談判的進行最有影響的，則是談判開始時建立起來的調子。這時你的目標應當在談判初期，就為對方對你的信賴打下基礎，使他覺得你這人還可靠。如果你能完成了這個任務，那你就算是進入了角色，可以開始討論問題和令人滿意地解決一切分歧，順利前進了。

雙方相互建立信賴的最大障礙，就是雙方進入會場都抱有對對方的成見。當然，你可能已經獲得了一些使你認為對手一定會跟你一分一毫地計較，寸土不讓，強迫你屈從或以各種方式來表現他不講道理。自然，這些可能性已在你制定談判計畫時考慮進去了。而且已經想好了一旦這些最壞的猜測成為現實時，你應怎樣去應付。

儘管如此，小心點總不會錯，還是從一開始就把對手看透為好。你在這以前收集的數據和訊息，畢竟有可能是不正確的。因為那得看你的訊息來源是否可靠，以及是否訊息已經走樣。常見的情況是，一個人根據他與另外的人打交道時的經驗，所做出的對某人的評價或看法，當與某人打交道又牽涉到其他人時，就很可能是不確切的。這裡面有時是因為其他人和你想看清的這位做了筆對那位不利的交易，於是就故意地把你想看清的人加以醜化。

其他容易使你得到的訊息發生變形的因素，還有諸如個性上的不協調，以及談判的性質本身等等。不管是出於何種原因，很有可能你並不知道這些因素是什麼，因此，你進入談判會場時必須心懷敞亮，別堅信你和別外一方打交道時所獲得的經驗，肯定適用於這次談判。

當談判開始時，要盡可能表現出合作的態度，並努力猜出對方想如何來進行談判。你的方針應當是友好的，但交易歸交易，直到你發現對方並無意與你開誠布公地談，不願和你攜手朝最後協定達成的方向前進時為止。如果你遇到是這樣的對手，你就得改變策略，採取針鋒相對的做法。

注意：切忌在一些小事上弄僵和偏離你的談判目標。這種情況，在雙方中一方堅持，一定要在一些與談判的最終結果影響極小或毫無意義的小問題上弄個誰是誰非時，是常常會發生的。談判並不是辯論，更不是爭論，儘管有時候某些人想把它弄成這樣，但如果你真的陷入了這樣一種糟糕的局面，你可以輕輕捅他一下，請他收斂些，儘管你還不得不承認這麼做不太妥當。

6.12 優勢地位技術

常常有這樣的情況，一個人之所以在已經談成的協定中吃了大虧，是因為以為王牌都在別人手裡。因為，當他在談判桌前坐下來時，他就像一個端著罐頭盒子的乞丐，而到了散會時，他還奇怪為什麼人家扔給他一個銅板就揚長而去。顯然，談判中雙方的任何一方，都有可能看起比對方強一些，但這種外表看著強大的一方，往往卻並非如此。而更重要的還是，即使對方真有優勢，它也會由於你具備了談判技巧和相當的堅毅而化為零。

就一般的商業來說，談判人員之所以一進會場，就像個鬥敗了的狗，往往是因為他代表的是一家想和本行業大廠做交易的小商號。他實際上是認為人家那麼大的企業，根本用不著他們這樣的小傢伙，因此，協定裡該定些什麼條件得由著人家。你這樣的表現，很可能使這家大公司採用「同意就做，不同意就算」的那一招。

要想克服這種自認處於劣勢的心理，可得需要點勇氣，但這絕不意味你就做不到。如果你能好好想一想，你就會明白，實際上沒有任何人不是想獲得某種利益才去談判的。換句話說，如果談判失敗了，對於雙方都會有點損失。例外的情況也有，那就是去談判的那位根本就沒怎麼想做成那筆生意，他只是想看看是否會有人能給他提出個使他不忍拒絕的報價。即使真如此，那麼他至少也算沒吃到從天上掉下來的一塊餡餅吧？

所以，談判不成，對任何一方都是個損失，至少丟了可能獲得的利益。當你覺得優勢不在你這一邊時，這個道理就更是你應當明白的，否則你如何會有自信？總之，如果你去談判卻又認為你將做筆壞生意，那你首先就不應當去。你應知道你方的極限，別讓對方把你推到那外邊去。為此，你得控制自己的情緒，別讓它控制了你的理智，並在心裡仔細思索思索為什麼一筆交易會比看起來的更好。

不管是企業大、財大也好，受到期限的壓力也好，或者是由於其他什麼因素，你對付這種優勢地位戰術的最好辦法，是知道什麼時候應當說：「不！」。只要你想拂袖而去（並且讓對方知道你會這麼做），你就有能力消滅這種實在的或者是想像出來的優勢。

6.13
「靈活應對」策略是必需的

從談判準備的角度來看，「靈活應對」策略的問題我們已在 1.4 節中討論過了。但是，不論你的準備工作做得多麼仔細，很少有什麼談判是

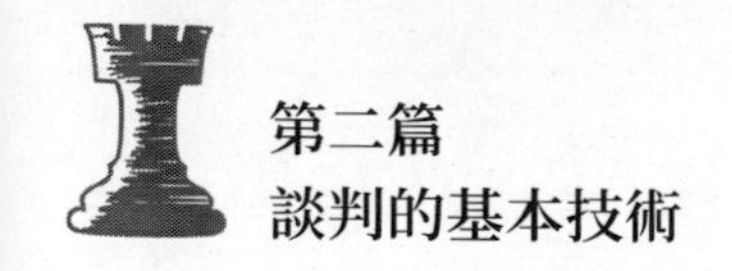

按你選定的路徑進行，並達到你預期的結果的。一旦你在談判桌前坐下來，對方就有可能要你做出各式各樣的調整提出多個不同方案和選擇，而這些卻正是你未能加以準備的。

往往發生這樣的情況，談判的最終結果至少是在幾個方面與你原來所預想的不同。你的對手還很可能突然改變了他的策略，以求使你防不勝防。因此，你也得時刻準備著改變你計畫裡定下的談判目標。

另一方面，你應當保持一定的靈活性，以適應可隨時改變的客觀條件。這可能意味著，你的談判地位發生巨大的變化。如果真是這樣，讓它變好了。對你來說，重要的是抓緊時間調整你的立足點，因為談判中最常見的招數就是迫使對手，由於來不及調整而做出匆忙的決定。如果你能保持無先入之見，並在此基礎上去看待那些尚未被對手道出的各種提議，那麼對手也必將表現出一定的靈活性，給你一定的時間來進行調整。如果他們不這麼做，那你就可以肯定這一點，那就是人家並不想讓你仔細地審視他們的提議和建議。

第七章
通用的談判技術

為取得進展，談判人員所使用的，屬於一般種類的技術是很多的。這裡包括從態度蠻橫到「可憐可憐我！」之間的所有招數。但是，只學會了耍一些小把戲和怎樣對付它們是不足以解決談判中所能遇到的所有難題的。你還得學會諸如如何把劣勢變為優勢、打破僵局以及巧妙地提出交換條件的藝術。

此外，使用不同的選擇方案，也是使你在談判中具有足夠的靈活性的有效工具。這些招數，以及如何對待突發事件，和如何避免陷入個人攻擊的困境，將在本章中予以詳細討論。

7.1
對付一個唱紅臉、一個唱白臉的花招

談判中你可能遇到的最通用的技術，或者說招數，就是有人唱紅臉，有人唱白臉。其實，這不過就是角色分配。這種分配可能是真的，也可能只是扮起來試試。使用這一招時，對方將有一位專演強硬派，而另一位則裝做溫文爾雅，一副很能體諒人的樣子，以求獲得你的信任。不用我說，這二位都是在你的座位底下埋地雷的。由於商業談判，都不是審訊室中和強烈的弧光燈下進行的，因此，作為攻擊目標的人也不會像受審一樣，一會兒有人給一巴掌、一會兒又有人給你顆甜棗。應付這

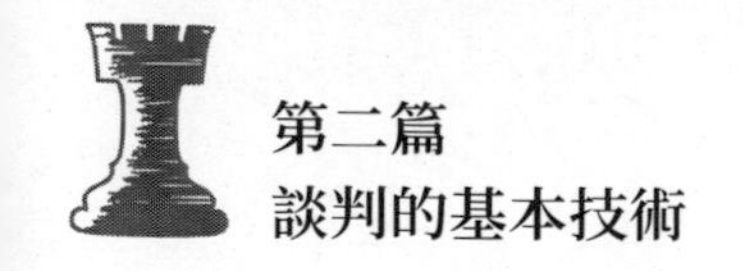

種把戲的最常用的辦法，就是你方派出一位死硬派，他將不會在任何情況下屈服。這時他的老闆就可以充當和事佬的角色了。

這一幕常常是這麼演出的，那位「好人」注意地聽你講，然後安靜地解釋，為什麼他們那一方只能按他們的建議來解決問題。當然，在這中間他還一定會插進一些甜甜蜜蜜的懇求，希望你能理解人家的苦衷。如果你真的鑽了他的圈套，你自然就會給他恐怕比人家要的還多。當然，如果你竟然不領這位「好人」的情，人家也會做出些小小的讓步，以便推著你向最終協定那個方向走。

乍看起來，這種策略似乎既愚蠢又過於簡單，但你得明白，這一招是靠同情和理解維持的，這可是人們最願意給予的。而且，如果你已在很長的一段時間裡，和一個蠻不講理的人在舌戰並毫無進展，一旦發現協定即將像冬天的落日一般迅將泯滅時，你當然會非常高興地終於聽到了一個講道理的聲音。不幸的是，如果說那位蠻橫的傢伙除了試試你有多大脾氣之外，還沒傷著你的別的什麼地方的話，這位「老好人」先生可是直奔你們的錢包來的。

對此，你可以採取的兩個極端立場是，第一，你們也演這一齣戲。他們不是唱白臉的出場了麼，你們也派個人跟他們吹鬍子瞪眼。這回你是在讓他們也嘗嘗做惡夢的滋味。而當他們期望「老好人」先生能夠演得好，從你方掏出些讓步時，他會發現，坐在他對面的不但不是個被凌晨得面色慘白的廢物，相反，那正是個十分了得的硬漢。這時，他們很可能會重新考慮他們的策略，他們內部將會討論討論你到底是真的很難對付的人，還是在演同一劇目。要知道到底是什麼，他們除了試探之外再無別法，這時候他們將請「老好人」先生再次登場，重施美女蛇的故技。

現在可是到了扭轉局面的時候了。這時你們不但不應當平靜下來和他們講道理，相反，還得更橫一些。如果運氣好的話，這將使他們相信他們不過是在演戲，而你們或者說你，卻真的是位道地道地的難對付的人。

到了這個節骨眼，你就可以不顯山不露水地派你們的「老好人」先生上場，讓他充當你們的老闆或幕後策劃人。他這時才會按對你方有利的條件結束這場談判。

所有這一切，看起來都有點過於簡單而不像真的了。但是，如果你在談判中真就遇上了這樣一幫傢伙，他們真還想跟你玩這一套，那你就有能力教他們怎麼才能得分了。

當然，如果你並不喜歡演戲，你還可以用更直接的方法，來對付這種一個唱紅臉一個唱白臉的策略。當經過了一段長時間口舌之爭後，你發現對方無意和你合乎邏輯地討論問題時，你可以要求他們換個人來跟你談。

如果對方拒絕你的要求，你只須說：「看樣子貴方已無意達成什麼協定了。如果今後您改變了主意，通知我一聲好了。」然後你就站起來，告辭。我相信，在很短的時間內你多半會聽到對方說他們已經改變了主意的消息。

注意：一個人之所以接受了一筆壞交易，是因為他特別不願意談判破裂。這是很不明智的，因為一旦對方知道了你捨不得離去，這將是比狼煙還明顯的跡象，說明他們可以從你這裡硬榨出一個對他們有利的協定來。那些沒經驗的談判人員所未能認識到的是，談判中的起伏，以及和起伏中間的許多小插曲，不過是雙方之間小小的或甚至是等於零的溝

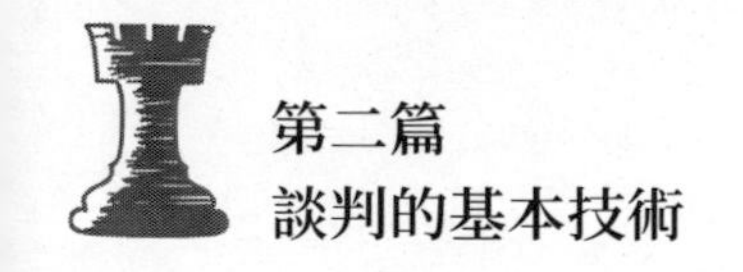

通。因此，你應當牢記在心的重要事情還應當是，談判破裂本身並不就意味著這筆交易是徹底地吹了。如果以後對方又要求與你接觸，恢復談判那當然好，可別忘了還有最壞的事，那就是恢復談判的要求得由你首先提出來。

7.2 用增減方案法改變戰術

雖然並不是每一種談判都得有不只一個方案供選擇，但在某些領域中這可是常見的事，特別是關於尋找長期需要的產品或服務的談判。提出幾個方案供人選擇的目的在於：(1) 保證所需物的來源；(2) 在較長的時期內保持價格穩定。

在某種程度上，準備多種選擇方案的基礎，就是這些方案都有其各自的缺點。例如，如果你方所需產品的供應商只有一家，那麼一旦這家供應商難於執行合約時，就會使你頭疼。再往窄點說，如果你把所有的雞蛋都只放在一個籃子裡，這本身就造成了潛在的危險。

舉個例子，可能你方的需求會暫時地超過這家供應商的產量，如果你並沒有第二個可供選擇的供應商，那你要不得花時間去另開發一個貨源，要不就得花重金從別的地方購進。如果人家買賣做得很精，知道你這是在補缺，那人家就會要求你在你的需求降下來時，也是買他的產品，並以此為前提跟你要價。但是，只要你能事先猜想到這種可能性，你總會有辦法來加以防備的。

提出多種選擇方案，可能造成的另一個困難涉及到價格。正如你不願意只認定一個當條件或市場發生變化時，將顯得太高的價格一樣，你的供應商也不願意被一個低價格永遠纏住。為防這種不測，你可以或者使價格與一個事先商定的標準（比如物價指數）掛鉤，或者在合約中加上「未定價」這麼一條。如果按後者辦，合約中還得規定價格以後再議，以及在指定期間內價格上如達不成協定應當怎麼辦。

儘管商業慣例應當是採納選擇方案的決定因素，但這一條仍可用作談判的工具。在某些情況下，選擇方案可用來打通談判中陷入的死胡同。當雙方在無法商定一個須在很長時期後，才能交貨的專案的價格時，就更是如此。很自然，這裡所說的這個時期越長，以後由於費用、成本的變化可能帶來的經濟風險就越大。如果你遇到的是這樣一個難題，那麼針對以後的交貨加個「未定價」條款，可能是個解決辦法。

當雙方都同意將選擇方案這一條寫進協定時，這種策略反而作用小了。如果在談及其他條款時，雙方僵持不下，用刪去這一條來嚇唬一下對方，倒可能使對方稍微鬆動。

忠告：任何時候，如果你要求對方在談判之前寫出建議書時，你都得規定各選擇方案都要單獨另寫。這樣一個簡單的規定，會使你在對所提交的建議書進行評估時免去許多困難。如果對方在其建議書中，以某種形式把多個選擇方案包括了進去，那麼，即使不是不可能，人基本要求的角度來區分技術的和費用的兩個方面，也將是非常困難的。這可是件使人頭疼的事，因為你可能根本就無意考慮什麼選擇方案，就是說，你可能曾要求他們提供一份不把選擇方案包括在內的，重新審查過的建議書。不管怎麼說，這總是件很花時間的事。

談判桌上還將遇到的一個難題是，在提出的建議書中，把一些選擇方案同基本要求糾纏在一起。當你問及費用或其他問題時，報價人可能回答說，你問的屬於基本要求範疇或者是應歸入選擇方案中，總之是哪

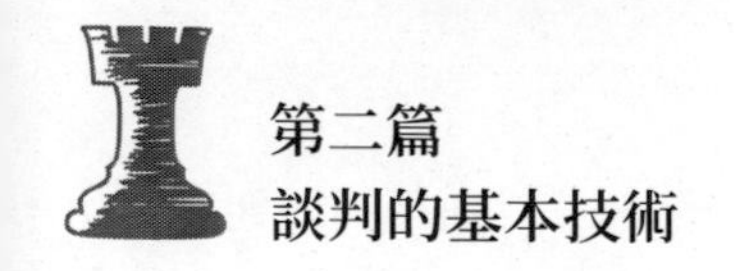

個範疇對他有利，他就說歸於哪個範疇。結果便是，你將處於這樣一種談判地位，你不能指出哪是你的基本要求，哪是選擇方案。避免這種困境的最簡單的辦法，就是堅持要他把選擇方案問題，在建議書另寫一章或一節。

7.3 使對手吃驚

只要用得恰當，出其不意可成為你談判工具庫中的一件特別有威力的武器。但這武器只能使用一次，再用人家可就會早有防備了。因此，在用它的時候一定要謹慎，就是說一定要留著在你絕對需要它時再用。

在談判過程中，有很多方法可用來突襲你的對手，使其由於來不及反應，而改變談判的態勢。這些方法包括：

1. 把一個完全新的內容突然插進談判日程（如，如果我們在勞資糾紛問題上在本月底還達不成協定，那我們將把 4 號工廠關掉）。
2. 增加競爭者（如，我們剛收到「X」公司的報價，人家報的價可比你們低多了）。
3. 給對方陣地埋雷（如，啊，我想起來了，傑克·阿諾德先生最近要來。既然他跟你們多次打過交道，我想他一定會對貴方的建議很熟悉）。
4. 請一位專家來反駁他們的立場（如，希望諸位能和薩米·斯馬特先生見見面，諸位知道，他可是地皮估價問題的權威人士）。
5. 表示你突然改變了想法（如，我知道在江海城的諸位先生知道了，我們要把總部設在該城，他們是經不會再讓步的。但我們還是願意讓諸位知道，陽光縣可給我們提了個比諸位所提的更加吸引人的建議）。

6. 突然提高談判級別（如，厄尼·厄根特先生，我公司的總裁告訴我們說，如果我們到星期五還達不成協定，他就要和貴公司的總裁先生約個時間，直接談變了）。
7. 表現出有急事要辦（如，兩天後我們得趕到遠東去，因此，如果我們這裡還辦不成，那就只好等一等了）。

正如你可以看出的那樣，這一武器的使用方法，可是無盡無休的。儘管如此，我還想告誡你兩件事，請你牢記在心。第一，只有當談判僵持不下時才能用它，而且還必須是進展的前景黯淡的時候；第二，這一點最最重要，千萬不要說你絕不後退。任何一位稱職的談判人員都可能接受你的這一挑戰。因此，當你搖晃著這把刀，想對人家來個出其不意時，你最好先打算好，如果這一招不靈，後邊再用哪些招數。

7.4 使談判劣勢轉為優勢

知道自己的談判極限，懷有用這些極限來擋住對方攻擊的自信心，是在你處於劣勢時使你免於被對手所愚弄的最低要求。但是，如果有了適當的條件，你可以利用你的談判劣勢，來獲得你處於優勢時所得不到的讓步。

當你處於劣勢時，你所能面對的最大困難，就是這會使你喪失自信，使你表現出這樣一種態度：「只要人家願意，我願意和他做任何一筆交易。」這是當一家小商號在與一個財力雄厚的大公司談判時，所持有的典型態度。你會很自然地以為，如果你提的條件被拒絕，人家一定會把這筆生意交給更柔順一點的人去做。

所以，任何時候當你處於這樣一種談判地位時，你都要問問自己為什麼他們會第一個跟你來談這筆生意。是他們可以隨心所欲地提出價格和其他條件呢？還是有什麼別的原因，使他們覺得你更合適呢？例如，你們廠家的位置對他們來說是不是交通更方便些？或者你廠的產品是不是品質更高些？情況是多種多樣的，這些可能性也是數不勝數的。因此，儘管你的地位弱，只要你提出的東西真正有價值，那你就算是在談判中有了堅守陣地的基礎。

但在你自己評價你自己時，可得現實一點，因為畢竟你現在很可能得做一筆不太划算的交易，因為你顯然想跟這家在公司建立起良好的業務關係，以求以後能做成幾筆有利點的。但也很有可能對方與你談的就是一樁買賣，只想讓你在這次合作中讓價，以後就再也沒你們的事了。也可能人家只是把你當作迫使他們的長期供應商降價的工具。不管是什麼原因，客觀地衡量對方之所以跟你來談判，還是大有好處的。如果你真的想冒一下險，那麼至少你已經把各種可能性都考慮了一遍。

這個問題的另一面，就是考慮你跟他們談判到底會得到哪些好處，還是你必須做成這筆生意，不管價錢如何？如果是後者，你最好還是明白「不管價錢如何」可能會給你帶來巨大損失，這一點可是有些人直到破了產才恍然大悟的。總之，你越是表現得不那麼急於達成這筆交易，你就越有可能得到最合理的合約條款 —— 不論你看起來談判中，處於多麼弱的地位。

例如，一家很想成為對方的長期供貨商的公司，不論在談判時他們表現得多麼難於打交道，他們一定會是最講道理的一方。因此，你一定得設法了解對方的業務活動紀錄，因為不這樣，風險就只屬於你。

一旦你決定了和一家有名氣的大公司去談判，即對方同意了和你談判，那你就已經處在可經要求（和得到）對方讓步的地位。令人驚異的是，這些讓步還可能是談判地位比你強的人所不能得到的。

例如，一家小企業本身可能無法籌到足夠的資金，來完成某個工程，可如果他能提出有充分理由的論點，對方就可能就替他籌資問題和他談判，卻偏偏不去和一個更有財力的一方談。舉個例子來討論一下，為什麼這種事是可能發生的。

背景

「L」這家只有 35 名僱員的小公司與「M」有限公司這個工業產品的大生產企業開始談判，內容是由這家小公司為這家大公司提供大公司的產品中所需要的小零件 1,000 萬個。大公司有意把小公司造就成一個這種零件的固定來源，因為大公司要求的是高品質和一個較順從的供貨商。而「L」方面呢，他們當然對此垂涎三尺，因為這將使它的規模擴大一倍。

談判

直到支付這一條提到日程上之前，談判一直很順利。「L」公司的總裁向「M」公司的總裁指出，「L」需要的是逐進式支付條件，以便有足夠的資金來完成這批訂貨。於是雙方共同探討有關支付的各種方案，但最後發現實在沒有更好的方案。雙方最後達成了一致，即「M」公司將按進度付款辦法支付，即按所交貨物的實際花費（成本）的 75％先付款。這樣，「L」公司就有了錢來購買原材料和支付隨生產進度而增加的各種費用，而不必等到貨物交付完畢才能得到錢。

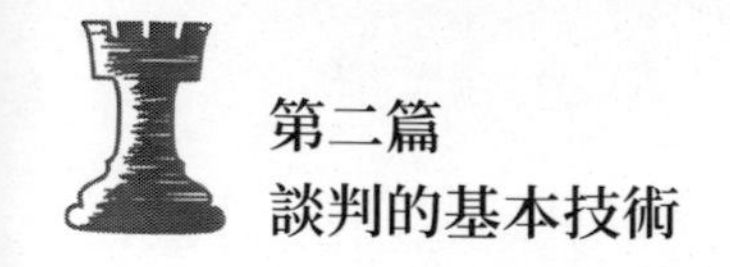

合理性

「M」公司知道「L」公司在交貨之前，如果不能得一筆錢就無法支付工人的薪資和建立必需的生產線。若按交貨後付款的辦法支付，「L」公司得等上 4 個月。對方如果是一家有財力能等這 4 個月的公司，「M」公司就不會同意按進度付款的辦法，但對於「L」公司，他們卻認為這麼做是應該的。「M」公司了解到，一旦有貨開始運來，「L」公司的財政狀況將立即大有改善，因此，以後再訂貨時，他們就不會再要求按進度付款辦法支付了。

儘管你處於劣勢，可能反而使你得到讓步，但你的期望還得現實些。因為畢竟對方不是個慈善機構，人家的任何讓步都將基於：(1) 你能夠證明你是個好資助對象；(2) 這對人家有好處。因此，你應當知道什麼時候提出要求，什麼時候可以接受一個「不！」作為回答。

7.5 避免陷入個人爭執的境地

談判之所以會脫離正軌，有各式各樣的可信理由。但其中一個常見的理由，卻是與雙方談判地位的優劣毫不相干的。正相反，其實不過是由於雙方的談判人員，都很剛愎自用，各執己見不肯退讓，以致陷入了他們之間的個人爭執的境地。作為分歧的開始，大多只是個不同的觀點，然後逐漸發展成雙方或者說兩人，誰都不肯讓出寸土的局面。

這時，兩人所爭的，已不是相互諒解，共同努力，以達成最後協定，他們做的是在拚命想證明誰才是最精明的談判人員。具有諷刺意味的是，一旦出現了這樣的局面，他們所唯一能夠證明的，卻是這二位誰都不是個好的談判人員，因為他們忘記了人家派他們來完成的任務——達成一份協定。

是人就必然有屬於人這種動物的弱點。因此，即使是抱有最善良的願望，誠心誠意地在談判桌前坐下來，不可避免的仍是談判人員之間在個性上發生了衝突，或者其中一個覺得自己是被對方尊重得不夠，或甚至輕視了。當發生了這樣的事時，最有可能就是激動的情緒，戰勝或者說壓倒了理性思維，於是談判就鑽進了一條死胡同。

避免發生這種個人爭執局面的最好方法，就是預防。把你的全部精力都集中於所談判的問題上，而不是談判對手本人。這將有助於你把對手看成是，你為達到你的某種目的的手段，那就是透過他做成你所要做的交易。因此，如果你為此在感情上所做出的退讓，要比你在合約條件上所獲得的對方讓步，要值得多得多。

再從實踐的角度看看這個問題，如果你發現談判的氣氛有點不對勁，明智的辦法就是暫時叫停。這麼辦有兩個好處，第一是，使會談暫時停一下，可使逐漸升溫的敵意緩和下來。就其本身來說，談判本來就是件操心費神的事，因此，氣氛緊張是很容易出現的。這時多花點時間去吃午飯，很可能使人的心情放鬆下來。有時，明智的做法還可能是休會一天，或甚至要求無限期休會。

如果你覺得將談判停那麼幾天比較謹慎，那你就要求停幾天，但切記得找一個讓人信服的理由作為藉口。而且，這時你也無需巧妙地向某人暗示說，是你被對方惹惱了。

除了能使你得到心靈上的休息之外，休會還有第二好處，那就是在暫停期間，可能會有外來的壓力迫使你的對手靜下來，變得更理智些。

如果你走運，還可能發生你談判對手的上級會問為什麼談判至今尚無結果。沒有什麼比他老闆的這麼一句毫不客氣的話：「這到底是他媽怎麼搞的！」更能使你這位張狂至極的對手消火再快的了。

對付這種總愛拍桌子的自負狂的另一種辦法是，請你的上司或某位中間人去與你對手的老闆接觸，告訴他談判遇到了什麼困難。當然，使用這種辦法時，要求去與對方老闆接觸的人，必須是那位老闆所尊重的。否則，人家會以為正是由於你而不是別人才使談判遇到了困難。

如果談判的衝突程度達到了極點，那麼，唯一可能的解決辦法，就是一方或雙方都更換談判人員。但是，只要有一點可能性，這種解決辦法還是應當避免的。因為，這麼辦首先會使談判拖長，已經談過了的問題還得再談一遍。而且，如果只是一方換了人，那就等於告訴對方你們的談判人員做得不好。所以，如果必須換人，還是雙方都換為宜。

7.6
對付強硬戰術的方法

有時，以談判內容為出發點的強硬手段策略和談判人員以自我為中心、只為了滿足自己占上風的虛榮心而表現了的強硬態度，是不太容易區分的。諸如恐嚇（真的或暗含的）和使對手感到可怕等手段，是上述兩種人都會採用的。但是，如果是針對個人的爭執，那就是一方或雙方都有問題，不管談及的是什麼內容。當然，這應當屬於上一節所討論的範圍。

這種情況與談判人員故意蠻不講理，目的只在於從對手那裡爭得一筆最佳交易的行為，是截然不同的。如果你發現情況屬於後者，那麼你巍然不為所動，就一定會使最終協定得以達成。

強硬手段策略的核心，就是採用強制辦法使對方讓步。因此，擊敗這種策略的妙方就是抵抗對方所施加的壓力。和其他許多事物一樣，這也是說起來容易，做起來難。例如，當你坐在談判桌的另一面，當對方向你發出了下列威脅和恐嚇時，你是多麼想表達「滾開！」這個意思呀！下面是一些威脅的表達方式：

▷「如果您不同意於明天下午 3 點以前支付 2,800 萬元，那我們就把這棟房子搬出市場！」

▷「如果到星期五我們還達不成協定，那我們將進行罷工與否的表決。」

▷「如果我們的租金減不下來，那我們將把敝商號遷到另一城的商業街去。」

▷「或者貴方接受 280 元的單價，或者我們把這份獨一貨源的合約，交由其他投標人去競爭。」

▷「請看，這可是一筆為期 5 年，每年保證達 500 萬元的交易，您如果不願意做，那我的當事人可要到錄音公司去唱他的歌，出他的個人專輯了。」

▷「這可是撥款 200 萬元的一份合約，貴方要不現在就接受，要不我們就撤銷這筆撥款。」

面對這樣一些威脅性語言，任何人的本能的反應都會是：「滾吧！」雖然，這樣一種反應就等於公開邀請對方繼續蠻橫下去。並且，即使他不願意這麼做，這種直言不諱的挑戰或者說應戰，也會迫使人家這麼做。否則，人家將處於這樣一種地位，即承認他們的威脅只是騙人的把戲和讓你占上風。因此，除非你喜歡生活在危險之中，否則直接地跟對手硬碰硬簡直就是發瘋。

應付威嚇的最好辦法是先分析分析它。當然，要這麼做你還需要點時間。但最好別因此而宣布希望休會，因為休會過後你就得給人家一個回答。可是你也必須叫停，只是藉口是什麼喝點冷飲呀，等等，與對方的威脅不相干的什麼事就行。

在這期間，你要做的是對此威脅進行評價，而且是從你自己的觀點和如果威脅得逞將會使對方怎樣這兩個角度出發。從你自己的觀點出發，你要先問問自己，如果談判失敗你方有何損失。這以後你的回答將多半是你在制定談判計畫時所確定的不同方案之一。只要你確定己方談判失敗後，準備了幾個不錯的不同方案，那你就不必為怕談判暫時不順利而過分著急。儘管如此，這也並不就意味你應當讓對方繼續他們的強硬手段策略計畫。這是因為，只要他們的威懾策略還未能奏效，你就仍有可能談成一個對你方有利的協定。

此外，你的評價結果，還可能表明對方如果繼續玩這一套，可能是對他們自己的一種潛在的傷害。

在評估對方的強硬派策略的使用原因時，你可向自己提出下列問題：

1. 他們的這種策略是可行的麼？不可行。因為，舉個例子說明，如果給你找不出什麼像樣的競爭對手，那麼嚇唬你說要把這筆生意交給別人去做的威脅，也就發揮不了什麼作用。

2. 即使對方把這一強硬手段策略執行到底，那麼對方將可能付出多大力氣？這種花費可以是觸控得著的，比如他們得付出個高價；也可以是不可觸控的，即從別人手裡得到的是品質較低的產品。

3. 潛在的利弊，哪個大些呢？例如，在一個很容易找到的替補工人的地方，一個工會卻威脅說要舉行罷工，那他們所冒的風險不是比僱不到人、無法進行替補人員的培訓時大得多麼？

4. 是否存在某些幕後因素，能促使對方的威脅有所緩和呢？這位買主能夠隨得了由於另找供貨商，所必然導致的交貨拖遲麼？或這座房子的賣主已陷入極度的財政困難，已經沒有時間去另尋買主了？

一旦你對對方的強硬手段策略的分析，得到了個令人滿意的答案，即看清了他們的威脅到底是真是假，那就到了你可以做出回答的時候了。除非你已經準備了現成的不同方案，或認定對方的威脅不過是在虛張聲勢，否則不要跟他們硬碰硬。實際上，即使你的陣地十分穩固，採取直接硬碰硬的手法也不算明智。因為這將把對方逼至絕路，使他們覺得不使談判破裂已別無出路，雖然他們並不願意這麼做。

對付最後通牒式威嚇的最好辦法，還是不理睬它。顯然，如果對方堅持要你給個回答，那你除了說一句：「那就隨您的便了！」之外，恐怕也就找不出什麼更好的答對了。但是，除非對方的陣地也十分穩固，否則，這樣的結局是不會發生的。因此，你只管讓討論隨便繼續下去好了，就像根本沒接到最後通牒一樣。威脅發出後，你沒反應的時間越長，那它就越不有可能奏效。實際上，如果對方發出了威脅之後，還在繼續跟你談，那時策略上的優勢已經轉給你。肯定會是這樣的，因為他們已經取出了他們的最後一件武器，而這件卻恰好就是威脅說要停止談判。這一危險期一旦被你闖過，那麼對方十有八九就得繼續坐在你的對面，直到最後協定達成了。

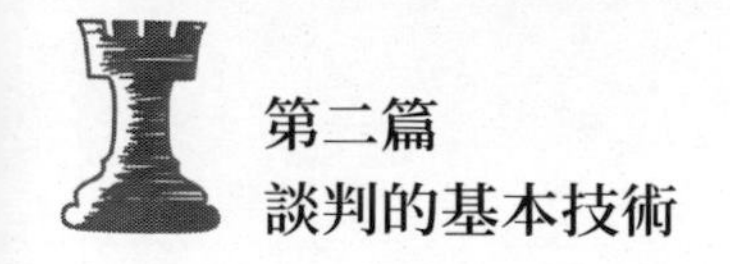

7.7 對付「可憐可憐我！」

與強硬手段策略想要嚇唬你相反，另一種比較不那麼常用的花招，卻是盡量滿足你要別人覺得你公正、大度的需求，或者說欲望。這種可以稱之為「可憐可憐我！」策略，一旦被一位談判老手採用，那他就可以利用別人的感情來獲取最大的效果。這一招的成功要素有二：（1）騙子的創造性；（2）其犧牲品是對公正和大度這些概念的敏感程度。

這裡我們所談的可不是我們在談判桌上所常常聽到的「錢數這麼大，可不是我這種人所能做得了的」這種非常普通的哭窮。正相反，人家說出來的可都是些非常聰明的歉意，用以勾起你的同情心，從而讓你善待人家。這種策略在就協定進行談判和協定已經開始執行之後，人家有意改變協定內容時也都會使用。

當你難於走開和把生意交給別人去做時的特殊情況下，這是最有效的。特別是當你和人家已經有了一段合作關係的經歷，並希望已有協定能夠貫徹執行到底時，這一招就更有奇效。用一個例子來說明這種花招，到底是怎麼個玩法。

背景

「A」是一家小型研究開發公司，和「B」這家大的能源公司簽了一份關於進行現場試驗的合約。在不讓「B」知道的情況下，「A」正打算就同樣的試驗專案和「C」再簽一份合約。但是，「A」為此必須派出弗雷德先生（他們公司中唯一一位對此種試驗工作富有經驗的僱員）去執行要簽的新合約。但這將使弗雷德先生無法分身再去進行與「B」所簽合約中規定的試驗工作。這時，阿瑟·阿利比先生（「A」公司的總裁）就約了鮑勃先生（「B」公司的上述合約負責人）來會面。

會面

一番寒暄之後，阿瑟先生就開門見山了。倆人的討論大體上是這麼進行的：

阿瑟：「鮑勃先生，我同您會面是為請求您允許將預定在2月分第一週要進行的試驗往後延一延。我建議將其改在4月分的第一個星期進行。您知道，試驗現場的天氣最近一直不好，地上滿是積雪，待天氣轉好一些再進行試驗，肯定要強得多。」

鮑勃：「請等等，阿瑟先生，合約中規定的可就是在冷天進行試驗，所以我們才把試驗日期定在2月分。如果錯過了2月，那麼，應在冷天進行的試驗就得拖到明年去了，這可是絕對不行的。」

阿瑟：「這我已經和敝公司的工程師弗雷德先生談過了，他告訴我說，在實驗室中進行模擬試驗，完全可以把冷天的所有發揮作用的因素都測定出來。」

鮑勃：「我不管別人說了些什麼，我方要求的是試驗在實際條件下進行，合約本來就是這麼定的。所以，我對您只能回答不！試驗一定得按期進行！」

阿瑟：「可是，不幸的是我們還有另外一個難題，那就是弗雷德先生個人還遇到點麻煩，他恐怕不能親自參與這次試驗了。而敝公司又沒有熟悉這種業務的別的人。」

鮑勃：「唉，阿瑟先生，如果某人遇到了點麻煩，我深表同情。但這是您該管的事，而不是我。怎麼處理貴公司僱員的事是由您決定。我所知道的只是我們已經簽了合約，我要求的也只是請您按合約條款的規定執行。」

阿瑟：「我真是無能為力呀！敝公司這位老兄遇到的可是感情上的麻煩，他現在根本無心工作。我盼著他兩個月內能恢復正常。如果敝公司真有什麼別的人可派，請您放心，我一定派！」

鮑勃：「這麼說，您是在告訴我只有這位仁兄才能勝任這份工作嘍？」

阿瑟：「是這樣。」

鮑勃：「真糟糕！您先歇會，我去讓人送點咖啡來，我一會兒就回來。」鮑勃離開會議室派人送咖啡，然後就給該合約專案的負責人艾瑞克先生打了電話。

鮑勃：「艾瑞克先生，是我在跟你講話。你聽見過阿瑟先生講的那個使他苦惱的故事麼？」

艾瑞克：「聽見過，不過我們需要的是試驗按原定日期進行。」

鮑勃：「你知不知道他們公司還有什麼別的人能勝任這項工作？」

艾瑞克：「當然有，就是阿瑟先生他本人嘛！弗雷德工程師就是由他培訓的呀！」

鮑勃：「他可沒告訴我這個，他說弗雷德先生是唯一有足夠的知識完成這一任務的人。」

艾瑞克：（輕聲笑起來）「鮑勃先生，我猜阿瑟先生一定是不喜歡冷天。順便告訴你，在上週的一次行業例會上，我跟「C」公司的一位老兄交談了一會兒，他恰巧向我打聽了關於「A」公司的情況，看樣子「C」公司好像跟「A」也有簽一份類似合約的意思。」

鮑勃：「好，謝謝你，艾瑞克先生，我看我的疑團已經解開啦！」

問題的解決

鮑勃：(回到會議室)「阿瑟先生，我跟艾瑞克先生談了一下，他告訴我說您就能主持這種試驗。」

阿瑟：「可我沒時間做它呀，整個公司都得由我主持啊。」

鮑勃：「您的意思是說您無意尊重我們這份合約麼？那麼我只好告訴您，要不由您來領導並按期進行試驗，要不我就宣布貴方不能執行合約，因而這份合約被中止。順便告訴您，艾瑞克先生還告訴我說，貴方還在與「C」公司談另一份類似的合約。如果貴方不信守合約的事傳出去，恐怕您將難於和任何人談交易了。您對此有何回答呢？」

阿瑟：「好吧，如果您這麼看這個問題，我想這次試驗只好由我去帶領著做了。」

注意：請注意，阿瑟先生一直不肯說為什麼他自己不能去參加這次試驗的理由，那就是他想派弗雷德工程師去執行另一份合約。為此，他編了一個希望能引起鮑勃先生同情的故事。以上就是這種「可憐可憐我」策略的使用者們的慣用手法。為避免你中了這樣的詭計，你可以採取三個措施，即：

- 於合約指定處簽上你的大名之前，你要盡可能多地收集你與之打交道的這個人的資訊。此人是否辦事誠實、負責，為人是否正直。
- 當你成了「可憐可憐我」這種策略的進攻對象時，別讓你的感情壓倒了你的理智。
- 把責任分清楚，別讓你的對手把應當由他負的責任推給你。

當然，在合約簽字前程執行過程中遇到一些難題也是自然的和可理解的。你同意為此對合約進行某些必需的調整，也許正符合你方的利益。有些時候，您還可能真得把人家的「苦衷」當成是那麼一回事。但這必須有這麼做的理由，而絕不能讓人利用你的好心眼來占便宜。

7.8 提出交換條件的最好辦法

談判開始時，總會有一個或一個以上的內容，是雙方有不同看法的。否則那就沒什麼可談判的了。當然，這些有分歧的內容是多是少，複雜程度如何，會隨談判性質的不同而有所變化。談判雙方的最終目的還是、或者至少可以說應當是消除這些分歧，從而達成協定。消除分歧的過程中，就包括雙方各自做出讓步，直到雙方的距離縮到零為止。

當該說的都說了，該做的也都做了之後，怎樣巧妙地提出交換條件，將取決於你所做成的這筆交易到底是哪種交易。是好的？那又好到什麼程度？

給出和得到讓步都可能使你困惑，特別是當你未為談判進行過充分準備時。本節所述的中心內容則是如何用你方的讓步，換取對方的調整或回報。

做出讓步時，有幾個典型的陷阱是你應當避開的。它們是：

1. 絕不能什麼都不為，就給了人家什麼。如果你做出的讓步，得不到任何回報，那麼對方從此就更不願意再返過來給你做什麼讓步。如果你已經使人家認為無需給什麼，就可以從你這裡得到點什麼，那人家又何必非得操心想想該給你點什麼呢？

2. 絕不能便宜地讓出任何東西。即使做出任何讓步，你都必須顯得非常勉強。你的目的必須是得到對方盡可能大的回報，至少是你自己認為的最大的回報。而且，你還得讓對方認為你所給出的讓步，是他們所能得到的最大讓步。

3. 不能過快地做出讓步。有句老話說的好:「給得匆匆，後悔終生。」一旦你說了「給」字，那東西可就不再屬於你了。而如果你答應得還挺快，那恐怕一會兒你就剩不下多少可給的了。消除雙方立場上的分歧，可以意味著你應當讓出某些可能的利益來換取交易的做成，但過快地做出讓步，都只能說明你原來的立場就不嚴正，這也將使對方懷疑你最初的報價裡到底摻了多少水分。

4. 保持放鬆並作出等待的姿態，讓對方先說出用什麼條件來交換你的讓步。但千萬別在人家一給出交換條件，你就又忙著再給出讓步。這將使對方在你還沒有來得及抓過去時，就把人家的回報另了價。

5. 警惕對方所追求的是何種讓步。即使你在制定談判計畫時，已經確定了哪些是你可以做出的讓步，真的談起來時，對方感興趣的很可能是一些別的什麼。如果你走運，他們感興趣的可能還對你不那麼太重要，至少直到對方公開表現出對它特別感興趣時為止。如果你發現了對方的這種極大的舉動，那你可得讓他們認為你這可是在做出巨大的犧牲，儘管實際上你並不那麼在意。

不管是什麼，也不管你在意不在意，千萬別在給予時擺什麼騎士風度。因為，既然他們感興趣，那你就可以把他們感興趣的東西用作談判的武器。對於每一個和任何一個對方感興趣的讓步，你都得像對待王冠上的寶石一般，實在難以割捨呀！

6. 使你做出的任何一個讓步，都從對方那裡換回一樁實惠。在制定談判計畫時，你已經把你可以做出的讓步排了先後順序，就是說有的並無實際價值，有的則只能當成是換取協定達成的交換條件。你的目的必須是用你所給出去的換回對方割出血來的讓步。

7.9
打破僵局

有時候，即便雙方都做出許多讓步，而雙方的談判立場仍有很大的距離。顯然，這樣一種僵局必須予以打破，否則便無協定可言。如果你陷入了這樣的境地，你冷靜地想一想，向你自己提出下面幾個問題，將會對你很有幫助：

- 是什麼造成了這樣的僵局？
- 應該做點什麼才能將其打破？
- 在不給出進一步讓步的前提下，你怎樣做，才能使這一看起來無法做成的交易變得更有吸引力？
- 是否可以對已提出的協定草案進行某些修改，從而打破這一僵局呢？

儘管人們常常將這種談判鑽進了死胡同的局面，視為很大的危機，但實際上卻並非一定如此。有時候，談判之所以鑽進了死胡同，只不過是因為對方決定堅持一下，目的僅在於希望你能接受他那個最後提出來的建議。造成僵局的另外一個常見原因只是（這常常不被人們所認識），你的談判對手被他上司的一道命令困在那進而，不知如何舉步而已。例如，他的老闆在其臨來談判時，說的可能是這樣的話：「我不管你怎麼做，只要你能使我獲得 10%的利潤就行。」

總之，不管談判僵局來源於什麼，你仍應努力找出對雙方都有利的地方，以便最終達成協定。你應當想辦法使會議繼續下去，哪管是討論些別的內容也好。只要會議能維持一段時間，作為絆腳石的那個問題，也許就會滾到路邊去了。

也有的時候，這種僵局反而會成為對你有利的一次機會。例如，你的談判對手有他上司明確定下的極限（如 10%的利潤），他就會很樂意在除了這個 10%利潤之外的其他問題上做出讓步。你只須細心地找一找對方的困難在哪裡，你就會發現，你完全可以用你在其他問題上所獲得的好處，來交換你在造成僵局的那一點所做出的讓步。

不管怎麼說，認為談判一進入死胡同就構成了一個無法踰越的障礙，就再也不可能繼續談判了的想法，是不切實際的。但是，有時候解除僵持的唯一方法，也可能是必須叫停。如果看起來只好如此了（除非你另有好生意去談，不願意再浪費時間來鞭打一匹死馬），一定要和對手定下重開談判的日期。這麼暫停一下，將使雙方都有重新審查己方立場的時間和找出使雙方能夠得以溝通的方法。

7.10
有意洩密

一般地說，談判中你應當嚴防的是，無意中將你方談判立場的細節洩漏了出去。儘管如此，有時候使你的對手知道，你在想什麼反而對你有利，在絕大多數情況下，這樣的資訊應當在談判涉及到雙方的立場時，從桌面上傳遞過去。

但是，在某些情況下，你可能希望間接地輸出這個訊號。這麼做的目的一般就是想使過分猶豫不決（至少你是這麼看的）的談判對手下決心前進。有許多方法，可以使你能夠做到這一點，其中之一就是在討論

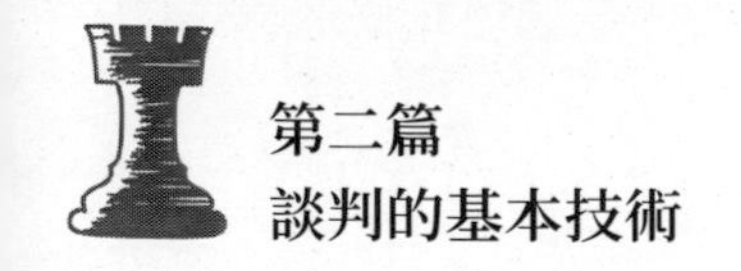

過程中，突然揭開你的面紗。但這麼做的危險，是對方未能領會你遞過去的訊息。

另一種方法，是在你與對手進行私下談話時直接向他洩密。你可以這麼說：「這可是我們私底下這麼說，我們老闆可有意同『Y』公司談判來著，最初可不是貴方。」這麼做的目的一般是迫使你的對手降低他的要求，因為知道有競爭者在那裡等著，會使他害怕。當然，這一招是否能奏效，那就得看你做得是不是可信，或你的對手缺乏經驗的程度了。

第三種方法，是使你的對手認為，由於你的一時疏忽，使他摸到了你方的祕密。這時候，你可以用一些老套的玩意兒，比如你離開會場時把資料忘了在談判桌上呀，等等。當然，你越是做得不那麼顯眼，對方就越不可能意識到這實際上是你有意安排的。如果你覺得這麼做道義上有點說不過去，那你不妨想一想，你並沒有強迫他偷看你的資料呀！實際上，這一招到底靈不靈，關鍵還在於你的對手是否選擇了窺探別人隱私的做法。

用這一招你可以輸出多種訊息或祕密，其中包括：

- 使對手認為他們有競爭對手（如，在你的記事本上有一個可能是他們的競爭者的姓名或電話號）。
- 他們的競爭對手的報價低（你的某張紙上潦草地寫有「XYZ」公司 —— 210,000 元的字樣）。
- 洩露你方的最高出價（也是潦草地寫有「500 萬 —— 最高」的字樣）。實際上，你方可以給的價比這要高得多。
- 表示你已經發現了他們的策略（「告訴我們老闆，他們在拖延時間！」讓這樣的話胡亂地寫在你的草稿本上）。

顯然，會有人提出這樣的疑問：你幹嘛不把這些直接告訴對方呢？也許會有人覺得很奇怪，如果你直接告訴人家，人家就不會相信它們，而如果那是由他們偷偷摸摸發現的，他們反而會深信不疑！實際上這也是為什麼有那麼多的假消息，被各國的情報機關洩露了出去的原因之一。

當心，如果是對方使你接近了一些應保密的消息，即使你沒能抑制住你的好奇心，偷看了那麼一眼，千萬別相信你看到的。因為這種花招實在是普通得很，你也無法區別哪是事實哪是虛情。但是，既然我已經教了你怎麼來用這一招，現在又來說這個，似乎是有點自相矛盾了。如果對方真的利用你放出去的假情報，那可對你大有好處。而另一方面，你如果相信了人家的假消息，那也就等於你這個傻子一口吞了人家的餌。

7.11
一點一點地啃

絕大多數的談判老手都知道，坐在他對面的那一位不會隨隨便便地就給出許多，人家一定會講價錢的。但他們還知道，有不只一種方法可以使他們得到所要的東西。因此，當他們不能一下子得到大的讓步時，他們會一點兒一點兒去啃。

這種情況可以說是人們工作時的另一種必然趨勢。實際上這也是你在人們的日常工作中，經常看見人使用的一種技術，或者說戰術。這裡我不妨舉幾個例子來說明一下：

1. 有一位老兄總是借五塊錢去吃午飯（他還常常真能借到。但是，如果他想借 50 或 100 塊到高級餐廳去擺擺闊，那他就邊一塊也借不到了）。

2. 你家孩子一塊十塊的跟你要錢（他知道，他不能一次跟爸爸要25塊錢，所以他一次只要一點。比如，從媽媽那裡要五塊，從爸爸那裡要十塊，從姐姐那裡要來五塊，最後那五塊則是從聚在一起的好朋友那裡得到的，說是沒錢給車加油了。當然，他借那最後五塊錢時，他家汽車的油箱應當是滿的）。

3. 跟你一起工作的一位老兄，總是遲到那麼一分鐘，每週還得有那麼一兩次早走幾分鐘，總之是遲到和早退的時間都很有限，你也真不好意思為這點事說他。但是，如果你按年給他算一算，他這便宜占得可不算小了。

4. 你的鄰居終於有了自己的一套修整草坪用工具了（他是一件一件地從你這裡借去的）。

在上述每種情況下，錢、工具和時間都是人家用一點一點地啃的方法，從你這裡摳了去而又並未引起你的注意。用相同的方法，你出可以在談判桌上得到許多讓步，只要你能記住要一點一點吞，而不是咔嚓一刀把餡餅切去一大半。

例如，如果你正試圖使總價降下來，你可以在分項價格上多做文章，而不是去要求減低總價格。同樣，在其他領域裡，在你談判對手不那麼固執己見的問題上，用這一招來獲取他多次讓步。實踐中，只要你能夠玩得巧妙，你所得到的結果會比你試圖一次得到一大讓步還強些。

第八章
談判會議的色調

無效而又沉悶的商業談判會議到處都在，以至於這些東西成了商業界的笑柄，和人們不斷抱怨的對象。但是，一旦談的是一筆交易，那可就沒有允許你犯錯誤的餘地了，因為這樣的會議如果胡亂地開，那後果可是嚴重的。對於這樣的會議，你得控制其日程。因為要想達到你方的預定目標，你方有自己的議事日程是非常重要的。

除了這一基本要求之外，控制談判會議的動向，對你還有許多其他好處。其中之一，就是你可以因此而占有「主場優勢」，一旦真的占了這個優勢，談判人員就多了件獲勝的武器。

此外，開會地點的後勤設施和人員，以及會議在哪裡進行，也都可能對你有利或不利。當你要起程去和人家討價還價時，還有很多其他的因素，也是值得你考慮的。比如，除了不應當忽視會談是在你們的地盤或別的地方舉行這個問題外，作為談判的工具，怎麼恰當地使用電話，也有其重要性。本章所討論的正是這樣一些內容。

8.1
談判在哪裡進行

有幾個基本因素，對於任何一種會議是否能取得成功，都具有決定性。它們對於貿易談判也同樣如此。這些因素中，還包括會場是否安

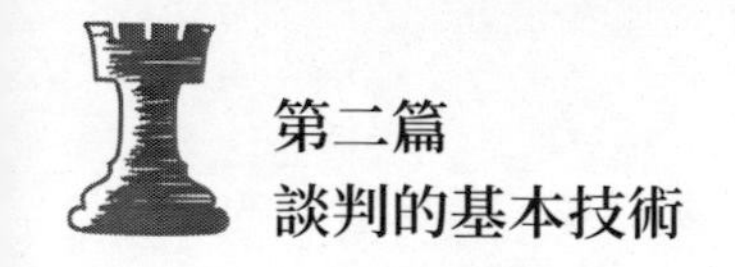

靜，有無噪聲，座位是否舒適等等。會場不安靜，座位不舒適都能降低與會者集中注意能力。

當然，此外還有會議日程安排得是否適當，是否得到嚴格遵守，邀請了誰來和你談判等，也都對任何一種會議的成功或失敗有關係。

但是，不同的會議有不同的目的，區別也是很大的。因此，針對不同的會議，進行不同的考慮，也是很自然的。當你為談判做準備時，某些問題是否被你考慮到了，就可能具有極特殊的意義，首先你應當考慮的一個問題是，會談將在哪裡舉行。有很多理由能說明會談在你們公司或你公司所處市、區進行，對你方有利，但如果你能去參觀一下對方的業務活動場，也會有許多因素對你方有好處。而在其他一些情況下，談判在一個中立地點進行也許更為可取。

在下面的幾節裡，我們就來討論討論上述這些不同選擇的優缺點。這裡還應當強調的一點是，會談在哪裡舉行，派誰和請誰參加會談，以及如何巧妙地主持會議，或者說開這個會等幾個因素，都可能對談判的結局有真正的影響。當所涉及的內容十分複雜，特別是當你以前還沒跟你與之談判的人和團隊打過交道時，就更是如此。

自然，如果是一般的、多次進行過的談判，那就用不著操這麼大的心了。實際上，這類會談所涉及的不過是打幾次電話，發幾份信函或傳真而已。

對於一些內容複雜的談判，談判地點選在哪裡，對與會者的心理和實踐都會有副作用。例如，只是你方的辦公室或會議室、是否能讓人覺得舒服，都是有作用的。另一方面，你所要買的是什麼東西，這個因素可能比談判地點更為重要，而這一因素可能導致賣家要求你在對方的地盤上進行談判。

不管是在你這裡、他那或在一個中立地區舉行，你一定得成為能控制會談結果的那一位。因此，作為你方談判計畫的一個組成部分，使對方接受你選定的談判地點這個問題是絕對不能忽視的。下面我們就來談談談判地點的不同選擇的利與弊。

8.2
「主場優勢」的重要性

在許多情況下，談判最好選在你的地盤上進行，因為無論是從後勤方便和心理優勢上看，這都會對你方有利。首先，使談判在你處進行，將使你有能力對下列幾個重要部下進行控制，如會議室、座位的安排和甚至人們在哪兒進午餐為宜，等等。

而且，只是因為談判是在你熟悉的環境中進行，也會是你的一個真正的優勢。將會議控制得不至於過長，免去長途跋涉之苦這兩個因素，是絕不能輕視的。經過了一天的爭論，唇槍舌劍之後，你可以回到家裡去，而對方還得奔向旅館。這可以減輕你的心理壓力，放鬆你緊張了一天的神經，因為談判本身就是一個你必須把弦總是繃得很緊的任務。

但是，除了在自己熟悉的環境，參加談判本身的許多舒適和方便之外，這在策略上也有許多衍生的好處。首先，你可以隨時找你的支持人員，來回答一些你難以回答的問題，你只須打打電話就行。使這些人處於隨時待命，可以提高你的應答能力，可以使你能幾乎立刻獲得你所需要的資訊，以及強而有力駁回對你的建議書提出的異議。這也使你取送資料十分方便，從而得到其他援助來加強你的論點的說服力。

對於某些種類的談判來說，這還有助於你使用「展示講述法」向對

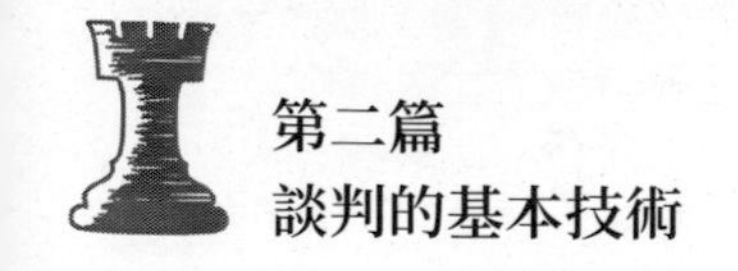

方說明你方產品的優越效能和你方服務的方便和可靠。同時，這還使你方的整個談判活動變得更加有效。例如，如果你能讓對方在現場看見一條高效能的生產線，這可比先聽你說要有效得多。順便再說一句，你如果還能陪對方的談判人員在你們的工廠裡轉上一圈，那當然更好，不過切記，要先給工廠的管理人員打個招呼。總之，如果你的目的是想強調你方的長處，事先有招呼打過去，那你完全可以放心，當參觀團到達時，各方面一定都會是井井有條。

當然，在你取得「主場優勢」之前，你還得說服你的對手，使他同意談判在你的地盤上進行。為達到這一目的，你可以使用兩種方法，第一種是從談判的角度強調這麼做的好處，例如，你可以說「我們幹嘛不就在這裡談呢？這樣你們就可以看看你們要買的到底是什麼樣的貨了。」第二種方法就是使對方看到你們這地方的優越之處。如果這事發生在二月，那達到這個目的就不會很困難，因為你們公司設於氣候偏暖的城市，你可以藉此機會使你這位冬天容易感到累的對手，來這裡參觀遊覽。即便氣候情況對你不利，那你還可以利用你處的文化和社交以及其他方面的引人之處，來使對方同意你的想法。

再順便說一句，如果你能夠使人家很容易就說「OK!」，這也有助於使他的旅行欲望更強烈。有許多小事都可能說服人這麼做。比如，你可以替他們在旅館裡訂房間呀，到來時你可以為他們提供在當地使用的交通工具，等等。換句話說，你可以利用一切能利用的手段，來說明談判在你的地盤上進行是多麼好。

自然，如果對方也堅持要談判在他們那裡進行，那你說明這是不可能的，可需要有點創造性。比如，你可以說你怕坐飛機，家裡有病人要照顧，或其他一些纏著你的私事。但是，你最好使你的藉口富有說服力，不然，人家就會起疑，從而使你的威信在談判還沒開始之前就喪失了。

8.3 將對方的主場優勢降低

不管是出於何種原因，你終於不得不同意將談判地點放在對方的地盤之上，這也並不就自然地構成了你的劣勢。儘管最好是由你來占據「主場優勢」，但看看旅途中的一些景象，也不見得不好。而且，在某些情況下，使談判在對方的地域中進行，反而更好些，有很多的因素可以使事情確實如此。例如，你買的是一種裝置，因此你希望能在生產現場看到演示，或者你還想參觀一下你們的供貨商的生產設施。當然，如果可能的話，最好將這種參觀活動，安排在談判開始之前。

使談判在對方的地盤上進行，還有另外一個好處，那就是你因此向對方要求提供更多的有關其談判立場或地位的數據。這時，他們將難於啟口說出這類推辭的話：「對不起，這些數據我們沒有帶來。」事實上，如果你想預先獲得一大批有用的數據，你主動建議讓談判在對方的地盤上進行，則顯得更瀟灑。而且，即使是從最壞處著想，當你遠在他鄉而談判又以失敗結束時，你就更容易得到別人的同情。因為，如果你威脅對方說要離會而去，而實際上卻只是從辦公室下到前廳裡，那這給對方的影響，可絕不會和你在對方的會議室裡說這樣的話時，所產生的作用一樣了！

順便說一句，為使談判加快進行常用的一種策略，就是當你還在路上時，就使你的對手知道你已訂了返程機票。這一招很管用，這等於給

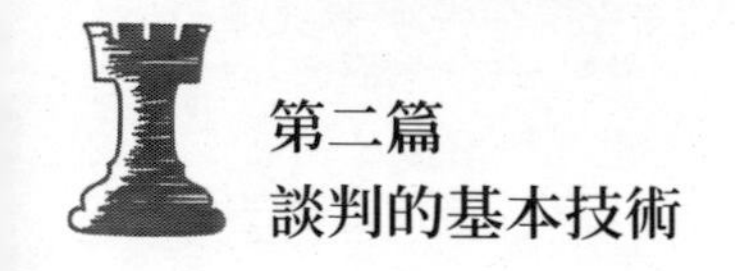

談判定了個時間限制。但是，千萬別讓這個反過來限制了你自己。因為，如果你的對手十分精明，他一定會把談判拖到最後期限不可。他之所以要這麼做，其動機不過是希望你到最後幾分鐘才會下決心做出讓步，否則你就得換一個班機，就是說得改變你的計畫。

當你必須到你對手的地盤上去談判時，你必須採取一切措施來克服這一弱點。一件常常易被人們忽略了的事，是對旅行的安排。如果到談判即將開始時，你還感到疲乏，那可是失算了。所以，你應當盡可能於開會的頭一天到達。當然，這裡說的是旅途上得花去一整夜時間的情況。在旅館裡多花去的一天的房費，這不只是你在會前得到了充分的休息，那要比它值的多！

還有另外一些較小的因素，也可以使出差去談判的事，變得不那麼惱人。例如，永遠別忘了帶上足夠的換洗衣服，以及其他日用品。當你處在異鄉時，找到一家百貨商店，也常常會成為一件既使人心煩，又浪費時間的事。同樣，你還得想法給自己租輛車或其他別的交通工具。對於參加談判來說，把交通工具的事交給對方負責可不是高明的做法。

8.4
在中立地區進行談判

在某些情況下，使談判既不在你的，也不在對手的地盤，而是在一個中立地點進行是最後的做法。對於國際談判和勞資糾紛調停會議來說，就更是如此。但是，即使進行的只是一般的貿易談判，使之在中立地點進行，也有它的好處。儘管使用中立地點恰當與否，取決於將來進行的談判有哪些特殊之處，但一般來說，其理由大致就是下列四種：

1. 雙方在會談地點上總是達不成共識。如果一方或雙方都不願意在對方的地盤上進行談判，那最好提議選個中立地點。否則就得先開個長會來爭論談判應在哪裡進行的問題。不用說，這對於談判的進展毫無好處。

2. 有時，只是從旅途花費這點小事上看，選擇在中立地點開始也是適宜的。此外，還可能是因為把談判地點安排在非我亦非彼的地盤上，只是對雙方都更方便一些而已。

3. 為使談判氣氛更有利於最後協定的達成，會談環境的優美也會有助於雙方的意見取得一致。因此，使一次重要的談判會，在一個能將交易和樂趣交融在一起的地方進行，也有實際益處。

4. 如果某一談判還涉及到第三方的利益。例如，某次交易需要一個第三方的資助，那時，使談判在資助人所在城市進行就更有必要了。

忠告：不論何時，如果你必須去一個你不熟悉的地方談判，你一定要盡可能多花一些時間，使自己能在那裡感到舒服。如果在那裡你能覺得很隨便，那你將會把精力都集中於談判上，而不至於為環境所分心。

8.5 中途改變談判地點

有時在談判已經開始之前，再改變談判地點也是適宜的。例如，如果談判陷入了死胡同時，你就得想盡一切辦法來打破這個僵局。這些辦法中，就可能包括有改變談判地點這一條。

當然，改變一下布景，不一定就能解決那些阻礙協定達成的難題，但一個新的環境卻有助於使人對雙方之間的分歧有個新的看法。所以，改變談判地點雖不能算是萬靈藥，但它卻可以或可能使談判不至於徹底破裂。

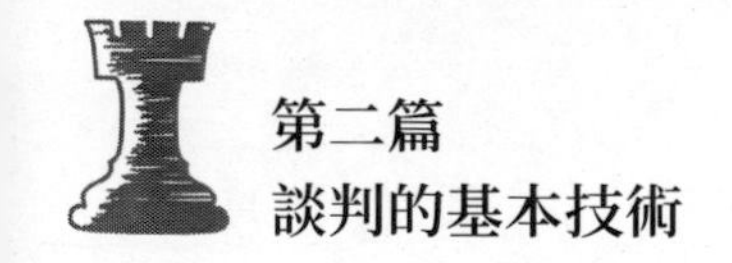

改變談判地點的另一個更充分的理由，來自談判的性質本身。例如，在談判中途，人們可能發現有一些事實需要澄清，或者為了其他的目的須將談判地點變動一下，到其他方的地盤上去進行，而這種情況在會剛開起來時，還沒那麼十分明顯。例如，改變一下地點會使需要用以解答問題的人員和資料更容易到來和得到。或者，原來並沒有打算看的一些設施，後來想看了，而它們在別處。

在可以更換談判地點的這些理由中，哪一個也不如把本來在對方地盤上進行的談判改到你的地盤上進行更為重要、更應站得住腳。儘管誰都想使談判一開始，就在自己這地方進行，但最初你也許並不就能說服人家願意這麼辦。因此，有時你不得不勉為其難地到人家那裡去談。特別是當談判需要個相當長的過程時，後來再使談判改到你們這裡來進行也是可能的。

當然，要想說服對方這麼辦，那可得有相當充足的理由。如果雙方都同在一個城市，這事當然就不會那麼困難，只須這麼說一句：「咦，我們幹嘛明天不到我們的辦公室去聚一聚？」就行了。但如果換個地點得到旅途上花去整夜的時間，那可就得費點周折了。因此，為在這方面取得成功，找出某種非得這麼辦的理由就是必需的了。儘管這不是件容易事，但只要你能好好動動腦子，你一定會想出個好主意。最好的主意，當然是使對方認為改變談判地點對他們有好處。這主意可以以多種形式出現，如：

▷「我們有一在堆的資料，可以證明這些數字是正確的，不信我們星期一到我們那去開會，你們就知道了，在那裡，我們能拿得出你們需要的任何東西！」

▷「能說服你們，使你們相信我們能滿足你方的生產時限的辦法，就是去看一看我們的設施！」

▷「我已經跟我們的工程技術人員打了招呼，他們建議你們星期五到我們生產廠來，由他們給你們演示演示。」

▷「唉，薩拉，我實在無法接受你這個最後報價，但我跟賈米森先生談了談，他倒是還想聽聽您的想法，那麼，幹嘛不到我那裡去一趟，讓他也加入呢？」

▷「吉姆，正如我在談判開始時所說的，我星期三必須趕回工廠去。我希望現在我們能把事情暫時放一放。下星期我們改到我們廠去開會，我保證只須開個一兩次會，一切問題便會取得共識。」

8.6 用好後勤設施

對於談判是否能取得成功至關重要，卻又常常被人們所忽略了的一個因素，就是談判場所的後勤設施。也許你曾經歷過的那樣，一個在一間太熱、太冷或過分擁擠的會議室裡進行的談判，在身受其苦的與會者眼裡，恐怕絕不能算是巨大的成功。會場的物理環境，能影響與會者每個人精力是否能夠集中。因此，作為首先應做的事，你必須適當地使用會場地點的後勤設施，以滿足每個與會者的需求。

一些很小的事，諸如坐椅是否舒服、照明是否充足等，都可能間接地影響到談判結果。因為，如果一個人被迫忍受一些不適當的條件，他無論如何也不會喜歡它們。這種不滿將表現在你談判對手的態度上。人家至少會覺得奇怪，像你這樣一位連適當的後勤設施都不能保證的先生，難道還能指望跟你做成一筆像樣的交易？而且，人家還可能決定報復你一下 —— 使這次談判成為一個非常不愉快的回憶。

除了談判會場應具備適當的後勤設施之外，將會議選在哪裡開，也會具有策略上的好處。例如，與會者座次的安排就很重要。你想要坐的指揮位置，就是說要不坐在會議桌的一端，要不坐在桌子一側的中央，以求同每個與會者離得都較近。你最需要的顧問緊靠在你旁邊或後面坐。這樣，你就可以透過耳語來徵求他們的意見，或毫無阻礙地前後傳遞紙條。

還有，隨著談判的進行，所涉及的課題也將有所變化，這時，你團的傳達者也將有所變更。所以，你必須預先計劃好（在中間休息時想想就可以了）你方成員的坐位。例如，如果討論的焦點已從財經轉移到技術問題上時，你方的技術人員就應當坐得離你最近。

顯然，能保證每位與會者都坐在自己應當坐的位置上的最好辦法，是在會議桌上放姓名卡。否則對方的代表團成員就會亂轉悠一通，並最後撲通一聲坐在他認為是適當的那把椅子上。因此，即使每個與會者都彼此十分熟悉，你也千萬別忘了排坐次這件事。還有，如果能讓你團的成員在對方代表團未進入會場之前，就已經按指定位置坐好，那也是個蠻不錯的做法。這麼一來，誰將坐在哪裡就已經基本上預先確定了。

建議：當談判在對方的地盤上進行時，你當然就沒有控制坐位安排的機會了。這時，如果你還真走運，那座位還是誰抓著就歸誰的話，千萬記住，先把那張頭把交椅搶到手。但如果這已經不可能，你至少得坐在對方主帥的對面，以使自己和他處於平等的地位。

切記：涉及到會場的後勤問題，也許會有人有其獨到的見解，就是說他認為把會場條件搞得讓人難以忍受，會對他們有利。例如，使會議室內太熱或太冷，都可能使談判不至於拖得很長。在不多的情況下，這一招還真可能奏效。但在絕大多數情況下，有意將會場條件弄得叫人難以忍受，弊總要遠大於利，所以，一般情況下，還是明智些，別冒險使用這一招。

8.7 上路時應當帶誰和帶什麼

不管是在對方的地盤上，還是在中立地點進行談判，你都必須考慮你的代表團規模，以及隨員都是些什麼。不用說，任何大規模的談判活動，都絕不應當因為多花幾塊錢影響了誰應當參加或誰不應當參加的決定。你在差旅費上所省下來的那幾元，也許很快就被因為你少帶了某位專家而犯的錯誤所抵消了。

另一方面，你當然也不願意帶那麼多人，以至於看起來像個小兵團。這不僅是因為代表團過大難以駕馭，這還將使對方也相應地擴大他們的代表團的規模。其結果將必然是達成協定的時間，比與會者人數少時要長。

但是，儘管你必須限制你帶去與會的成員的人數，對方在這方面可沒什麼限制。因此，他們完全有可能想用人多來嚇唬你一下。這將導致一場人海戰，使對方往談判地派出一個軍。避免這種事發生的一個最簡單的辦法，就是事先商定雙方與會者的人數。

一般地講，你希望能帶去一些專家去應付對方帶到談判桌前的各種技術人員。簡單點說，如果對方讓一位聲學專家與會，以便為他們在技術問題上的立場辯護，那你當然也希望你們這邊，也有一位相應的專家來駁斥他們的語意含糊的論點。否則人家就會向你提出一些沒道理的要求，而你又不具備足夠的知識去據理回絕。人家的這一招會很快使你處於防禦地位，這可是你絕不想陷入的境地。

除了你上路時應帶哪些人之外，既然你是要到一個你不熟悉的環境裡去談判，那麼有幾個技術上的問題，就也值得考慮到。首先，你應當知道每種談判都免不了起伏和轉折，這些又大多是不可預知的。因此，在談判過程中，你會突然發現你並沒有把你需要他的意見的那個人帶來。所以，臨行前，你必須使每位你在談判中可能需要的估你需要他時找得到。

當你為在某一僵持不下的問題上，需要找個人來解圍，而你偏偏又打電話找不到他時，那可真叫人心煩！這時，你將被迫在得不到任何參考意見的條件下，往前亂闖，或者你不得不把談判的步伐放慢，直到你得到了所需要的資訊或意見為止。

但這一點也可能並不那麼特別重要，而且情況也確實常常如此。但是，如果談判是因為時間拖得太長而陷入泥潭之中，其他一些因素也可能隨之而冒出來，使道路更加泥濘難行。顯然，談判進行得越順暢，你就越容易做成一筆交易。因此，與其他活動比起來，談判則要求人們對於那些看起來似小，實際上卻有很大影響的許多事更加注意。

說到小事，有一件就值得提起，那就是別忘了把你需要的全部資料都放在你坐的那次班機的行李中。你大概還有必要帶一個筆記型電腦，或行動式傳真機什麼的。當然，如果你去的是個大城市，多數旅館裡都會有供出差人員使用的商業用裝置。

總之，重要的是你臨行時，必須確保任何東西都能在你需要時到手。這樣，你就不會因為措手不及，而造成不必要的麻煩。因為，即使不再添些多餘的麻煩，談判本身畢竟就是一件夠人操心的事了。

8.8 制定談判日程

在開始進行任何一種談判之前，制定一個詳細的談判日程，把要涉及的所有內容都寫在上面是很重要的。在這方面，把那些對方可能提出來的問題，以及針對這些問題的回答，也都包括在裡面將會有用處。經常這麼做，會使你滿懷自信地回答針對你方談判立場等所提出來的一大堆問題。其結果是，你能對答如流，並且更具說服力。這也會提高你的可信程度。而那些回答問題前還得思索一番，或還得徵求一下別人的意見的人，就做不到了。

制定談判日程時，你必須徵求代表團所有成員的意見。這很重要，因為你要求人家在談判桌前坐下來時，必須跟你站在同一條戰線上，作為制定談判日程工作的一部分，你必須劃定在談判開始時，由誰專門負責回答哪一類問題。這將避免胡亂做出的假設和由於不小心而造成你團員之間說話相互矛盾，使親者痛而仇者快。在你的談判日程中，一般可以包括以下這些內容或專案：

- ▷ 談判的日期、時間和地點。
- ▷ 對方與會人員的姓名和所負的專責（這一點須由你事先向對方詢問）。
- ▷ 你團成員的姓名和所負專責。切記，責任一定要分清。
- ▷ 你方的談判目標。
- ▷ 對方可能提出的問題，以及如何回答它們

- ▷ 針對對方的建議書，你希望得到回答的那些問題。
- ▷ 為達成協定，在有必要的前提下，你可以做出的讓步。

當然，日程表的長短應取決於談判的複雜程度，以及你方代表團成員的談判經驗的多少。制定談判日程的重要性，還不僅僅在於你有了一個寫在紙上的東西可以遵循，使每件事都能按計畫中所定的那樣辦理。制定日程的重要性，還常常表現在它容易被遺忘、被忽略，因為貿易談判一般都不會像常規商業會議那樣可以按照預定的形式進行。

8.9 使談判會議開始

使談判在你心境最佳時開始，將大大有助於它的順利進行。至少，開會前你能夠得到充分的休息，從而使自己非常敏銳是有益的。不用說，如果頭一天晚上能睡個好覺，開會時你一定會容光煥發。雖然這只不過是個最起碼的要求，但你千萬還別輕視它。當你把每一分鐘都用來制定你的談判計畫時，這種忽略這一要求的事就常常發生。事前集中精力把應當注意的問題都考慮進去，會使你在第二天累得連你在說些什麼自己都不知道了。因此，你的談判計畫必須早些作好，然後就放心地按計畫進行好了。只有這樣你才能有足夠的心力和體力來正確地說明你們的立場。

在路上就與人家談判，也將使你在進入正式會場時不能處於最佳狀態，之所以發生了這樣的事，可能由於你把旅行安排得不當，沒能好好休息，或者是由於你使你方代表團在某市過夜的時間太長。總之，請你把一切慶祝活動都放在談判結束以後再進行就夠了。只有這樣，你才真的有機會慶祝什麼東西。

至於說如何讓談判開始，我想還是用一句不失分寸的笑話，作開場白比較恰當。這會消除坐在桌子兩側的人的緊張情緒。而且，當會議認真地開起來時，千萬別一下子就批評對方的建議，這只能加重緊張氣氛。儘管對方的第一次報價，很可能是完全不能接受的，但你怎樣來拒絕它卻大有關係。你最好還是讓他們覺得那個報價還不那麼太壞。比如，你可以說：「一般地說，我們對貴方的報價還比較滿意，可是，我們還是想看看……」這可比你完全否定地說：「你們給的也太低了，這簡直就是汙辱人嘛！」強多了。

因為人家提出的畢竟還只是個初次報價，因此，除非對方是個徹頭徹尾的傻瓜，沒有誰的初次報價會是可以被對方立刻接受的。而且，這畢竟還正是要談判的理由。如果沒有任何大問題需要商討，那這筆交易不是打個電話就可以做成了麼？所以，騰地一下子就否了人家的初次報價，那除了使對方生氣之外，不會有任何好處。

進一步說，你開始是怎麼做的，會給整個談判定下個調子。所以，談判乍一開始你就已經略施小計，將有助於使整個談判期間雙方的敵意下降，或至少保持不升。當然，即使這樣，雙方都頭腦發熱的事，也不一定就能避免，但雙方在談判中不發火的時間越長，那你就越容易開好一個長會，總會無疑的吧？

8.10 成功的談判會議

將以下幾個基本要點牢記在心，將有助於你開好絕大多數的談判會議：

1. 只讓需要的人參加會談，把你方的專家放線上外，直到需要他們時為止。在與會人數問題上永遠設法與你的對手取得一致。

2. 將會議日程安排得使對方感到方便。在開會前，你越使人家不方便，會談開始後，人家就越會設法使你覺得不便。因此，開始就以禮相待終歸會得到對方的巨大回報。
3. 別使會談脫離正軌。當你發現討論有些跑題時，用一個問題將討論打斷，以便使其迴歸正道。
4. 即使受到挑釁，也絕不能失去對自己情緒的控制。
5. 在你團成員中委派一人記錄，以免遺漏了任何人說的東西。
6. 對方闡述其論點時，你要注意傾聽。不要一聽到別人說出一個你不同意的觀點，就一下跳起來反駁。如果你總是打斷人家的話，你很可能漏聽了對你有用的東西。而且，你細心聽人家的，也會鼓勵人家在聽你說時也這麼做。而如果你已經注意聽他講了，那麼當你講話時他若打斷你，你就有話回敬了。比如，你可以這麼說：「我們已經留心聽取了您的論點，現在我希望您能禮尚往來。」
7. 確定誰應當做什麼的細節，確定哪些是你方應當要求對方提供他們的建議書的補充文字，以及其他資料。
8. 每次會後都要對已經完成的事進行總結。再開會時，首先針對應把休事提到議事日程上來，與對方取得一致。
9. 整個談判結束時，與對方商定應該由誰撰寫協定文字。你不妨先來個毛遂自薦，因為如果文字是由你起草的話，你就可以控制它的內容。順便說一句，文字的內容由誰來控制，可不是件可以等閒視之的事。

8.11
控制會議動向

你一定希望能最大限度地控制談判會議的動向，因為這大大有助於你駕馭這輛馬車，使之朝著達到你的目標的方向前進。但是，十分明顯地操縱討論的走向，將使坐在你對面的那些人起反對。因此，你的做法應當是，既控制了它，而又讓人覺得你沒在這麼做。這就是從最樂觀的角度看，也應當說是不那麼容易。但是，無論如何，你明目張膽地去做，肯定做不成。

為達到這個目的，你首先應當做的就是在會議一開始時，就快速讓人發現你的權威性。開始時，就表現得強而有力，將有助於確定你的主持人地位。但你切不可一概否定，因為這將立即造成一種敵對氣氛。因此，如果有可能，盡量使你的出場用解決對方的一個難題來完成。實際上，你越是表現得有能力縮小雙方談判立場上的分歧，人家就越願意聽你的。

這麼做也有助於使人家更樂意相信你所說的，以及表明確實願意遵從商業慣例來解決雙方的爭端。為此，當你說開場白時，你不妨站起來，以使對方對你所說的有更強的印象。隨後當會談已進入正軌時，還不妨由你來提議去喝杯咖啡或進午餐、休息一下什麼的。這麼做不僅有助於建立你的統治地位，還使你用了叫停的主動權，使休息一下的事發生於你在策略上需要它之時（例如你發現談判情況已開始對你方不利）。

當然，每枚硬幣都有兩個面，你的談判對手何嘗不也想這麼做？而這也正是你對會議的控制權，要從你手裡溜掉的時候，自然，你也想見識一下人家是怎麼做的，因為要達成協定終歸是得兩家都同意的事。可是，如果你發現在對方所說的裡面並沒有什麼實質性的東西，那你不妨重新表現一下你自己，辦法很簡單，你只要提問題就行了。想辦法找一些非常難以回答但又是很重要的專案。這樣，你將迫使對手處於防禦狀態，從而建立你的盟主地位。實踐中，如果你提的問題他真的答不上來，那時你的對手很可能會覺得，由你來主持討論，對他是一種解脫。

總之，控制談判動向的最好辦法是：(1)對任何突發事件都已早有準備；(2)保持自己的警覺，一有機會便抓住不放，充分表現你的才能。

注意：如果是對方提了一個你方未曾想過的問題，那麼，這個問題應當首先由你方代表團的負責人回答。這一點，你得先讓每個成員都知道，以免亂插嘴。你也可能想先讓對方的一位專家來回答這個問題，但這個決定必須是由你這個代表團的負責人做出來的。否則，你將失去對討論動向的控制。

順便說一句，對於一個意想不到的問題，其回答常常是意向性的，或者說意義不明確的。比如，人們常這麼回答：「您這個問題我們得研究一下，才能答覆您。」這麼做可以避免那些在以後還得進行糾正的錯誤和容易使人誤解的回答。實際上，有些問題，你也只能先做個回答的承諾而已。當你一時找不到良好的回答時，這麼做特別有好處，不管是你當時不好回答，還是將來也不好回答，都得如此。

乍看起來，一個人既然提了個問題，而又沒得到回答，那麼他以後就沒提這事，似乎不符合實際，但是，有些問題在提出來時確也是無關緊要的，提的人也不知道那會造成什麼影響。因此，如果連他自己都沒把那個問題看得十分重要，那麼，很有可能，對方將不會發覺他們提的這個問題還沒有得到回答。

8.12

電話談判的圈套

電話當然也是一種談判用的正規工具。有許多種多次重複，已成慣例的交易所涉及的不過就是價格、交貨日期等，而這些內容只須通幾次電話、打幾個傳真就行了。但是，對於更複雜一些的談判，電話則常常被用作面對面談判之外的附加工具。實際上，當必須進行長時間的談判時，只想透過電話來完成就有許多缺陷了。

首先，就其本身來說，電話不具備個人屬性。因此，用電話進行談判，將使你沒有機會利用你自己的個性，無法突出你身為談判人員的這個人。另外一個缺點就是，電話聯繫不允許你對你的對手進行觀察。其結果將是，你無法藉助於形體語言和面部表情來察覺對手意圖的細微變化。坦白地說，如果不能用眼睛感知你的對手，他對你進行誇大和撒謊就要容易得多了。所以，除非是慣例性談判，千萬不可只透過電話進行。

另一方面，作為談判策略的一個組成部分，電話又是特別有用的。許多談判都要涉及多次取捨，要在一段時期內召開數次會議。雖然大部分問題可以在面對面洽談中解決，但也還有許多為使協定達成所需的資訊須透過電話進行交換和傳遞。

例如，有些建議透過電話告訴對手，比你親口說給他更好。如果你覺得你的某個建議，多半會遭到對方的拒絕，那你還想開個會，在會上直接捅給人家可不是那麼聰明。可如果你只是打個電話，那你倒可以發現對方對你的這個建議，有多大的牴觸情緒。你如果發覺這種牴觸情緒並不像你原來想像的那麼強烈，這以後再決定開個會，倒是可以討論各種可能性。

用電話傳過去一個引誘性報價，更容易使對手咬鉤。用這種辦法提出初媽報價，然後再開個會把它強調一下，是很有好處的。當然，你隨後開的這個會，是否能成功應當取決於你透過電話給對方造成的希望是否能得到滿足。總之一句話，絕不能使透過電話給出的承諾，比面對面開會時給的還多。

切記：當然，涉及談判的許多常規細節，都可以透過電話來商討，這包括用傳真來交換資料，這些對於加快談判程序都有好處。但是，用傳真作為一種談判工具時，你可得小心，僅管它非常的方便。也許正由於這麼做又快又方便，才使你變得粗心大意把一些不該傳遞過去的東西傳了過去。所以，凡是將透過傳真提交的資料，都應當先經過細心審查。這也和使用其他傳輸工具一樣，一切待傳的東西都必須先經過談判代表團負責人，或其指定的專人審批。這麼做，會避免那些往好裡說使你方難堪，往壞裡說會使你方付出高昂代價的錯誤。

第九章
談判桌上的基本策略

在談判桌前一旦坐下來，你就成了對方旨在占你的上風的、一大堆各式各樣策略的攻擊目標。如何對這些策略進行反擊，將會直接影響到談判程序和結果。

這時，你的總目標應當是使談判集中於焦點上，然後按部就班地，一點一點朝達到你方各種目的的方向前進。一方面需要有面對敵手時的外交才能，另一方面則需要有在說明你方立場時所需的技巧。本章所述即涉及你怎樣做，才能達到這許多目的。

9.1 評估對手的影響力

你可能還記得，我們在兩節中曾討論過，確定你的談判對手有多大決策權，以及是否會有幕後決策人的重要性。這一點必須引起你的注意，因為如果你不知道你們將達成的協定的審批權在誰手裡，那就是使你的車在地上打滑，而寸步未移。當然，正如我們在前文中所討論過的那樣，你與之談判的這個人，可能沒有批准談成協定的權力，這絕不能說是少見的事，特別是當對方團隊規模龐大，事事都必須經過上司批准（不是只有在例外的情況下才需要）的情況下，就更是如此了。實際上即使是由高級人員談成的協定，在其得以執行之前，也還須經過極嚴格的審查。

儘管如此，即使你的談判對手，並無最後決定權，他對掌握著是接受還是拒絕你們談成的協定的權力的諸人的影響，還是不能輕視的。所以，如果你只是使坐在你對面的人相信你方建議的優點，你的路還只算是走了一半，因為這以後，你還得靠他來向他的上司兜售你的建議，他是否能成功，可就得看他有多大本事了。因此，猜想一下你與之談判的這位到底有多大本事，他在他們的機構中占有多高的地位，還是很值得做的一件事。否則，你將不知道你們進行的談判，是否是這次交易的最後商洽，或者只是以後還得與別人再行研討的初談。

所以，在談判尚未開始之前，你就應先搞清楚對手是否有最後決定權。如果沒有，那麼誰有呢？常常會發現，原來根據第 3.5 節所述，你也必須保留將你的結論交由你的上司審批的權利。這麼做，可以保證你不至於成為對方將送交上司審批，只不過是當成一種藉口，目的在於從你這裡獲取更多讓步這種花招的獵獲物。換句話說，如果你的對手真想耍這一手，你已經有了反擊他的手段。

一旦你確定了你們談成的協定，還得經過上級審批，你就得想一想，那麼你與之談判的這個人，到底有多大權能呢？如果你面對的這位根本無權決定任何事情，那你最好從談判一開始，就要求對方派一位有能力做出承諾的人來。這可是件很難辦的事。因為你還絕不能表現為越俎代庖，去決定應當由人家決定的事，特別是當人家有可能將這筆生意交給別人去做的時候。

因此，在開始討論正題之前，你必須確知你是否可能這樣試探一下。即使你發現這是可以做的，實行時你也得用點外交手腕。比如，你可以這麼說：「先生，既然無論如何這事都還得經過主管的批准，那麼從一開始就請他參加談判不是更好麼？」這樣說，或者採用一些其他辦法都是可能奏效的。如果這並無效果，那你也只好就跟這個人開始談，然後再看會發生什麼事。自然，如果談判是由於對方無權決定，而陷入僵局，你就可以更加堅持你的立場了。

在評估你的談判對手到底有多大能力，將本次交易向他的上司兜售時，你應當注意的是，這個人的談判經歷和他在對方團隊中所占居的地位。此外，還要查一下是否有線索能夠說明，單就本次交易來說，這個人比換了別人時，其權能是否更大一些。顯然，如果這個人出於某些原因與最後決策人有相當好的關係，這也不錯。不論如何，談判對手說服其上司的能力，將是決定你們這次談判，是否能朝著達成最後協定的方向進展的重要因素。

除了確定談判對手的真實或表現權能大小之外，在這一領域，常常遇到的難題還有，那就是確知你的對手，是否在用請求上司批准這一招，試圖從你這裡得到更多的讓步。耍這種花招的老套說法：「我們老闆可是連八萬塊都不肯花喲！但我這裡還是願意出價九萬九！」

這是談判人員常用的一招，儘管他也許完全有權決定是否達成協定。發生了這樣的情況時，你所最容易犯的錯誤就是繼續跟他爭價，因為這實際上就等於你已經接受了他所說的一切。一旦發生了這樣的事，你的對手就很可能利用他這位誰也見不著的上司，來換取你的更多的讓步，就是說你每報一次價，他都要用這位上司的否決權來威脅你。他將一直這麼做下去，直到你被人家嚇跑了為止。那時，也只有到了那個時候，人家才會把你請回來簽協定。那時候，人家用這一招，已經從你們的錢袋裡掏出去很多很多了。

對付這種「我們老闆這個價肯定不買」的花招的最好辦法，就是堅持要這位有權決定的人來參加談判，並成為積極參與的一位。你可以這麼說：「那麼，既然塔特爾女士對我的報價有意見，那何不請塔特爾女士來跟我認真地談談呢？我很想聽聽他的不同看法到底是什麼，這不是更直截了當麼？因為我確信我方的立場是完全正確的。」如果對方拒絕你這一要求，那你就簡單地說：「那好，我們的報價就是這樣了，除非不同意它的那位直接向我們說明她不同意的到底是什麼。」

用這種辦法可以迫使你的對手：(1) 把他的老闆請來；(2) 宣布談判破裂；(3) 接受你方的報價，即所謂將會為他的上司所否定的那個報價。如果他選擇了第三種做法，那你不是就知道了對方是在跟你耍花招麼！如果不是這樣，那就真有可能使一位上司出現於談判會場，並由他來說明為什麼你方的報價是不能接受的了。

還有最後一種可能就是，他宣布談判已行破裂，然後再請他們的老闆出面，試著與你的上級達成一個協定。總之，不管他用什麼來嚇唬你，只要你報的是個最佳報價，那你就乾脆拒絕退讓好了。對於大多談判來說，除非一方或雙方都已確信對方已被推到了極限，否則協定是不會達成的。

用這一招加上其他辦法，來反擊你的對方，常常會發現，一筆交易正在看起來已無交易可談的那個節骨眼上做成的。

當在談判桌上論及的某事被用一個上司的名義拒絕了時，這種來自上面的否決，也常確實出自對方的老闆之手。但是，這也還可能是其他人，比如技術家、會計師、律師、董事會成員和銀行家等，這些人都可能成為不同情況下，確定某一協定不能達成的原因。當然，這也可能就是真的，但除非且到了你已經得到第一手資料證明它之時，你根本無法確定人家是不是只在跟你耍花招。而且，即使你有了第一手資料，你也還不敢肯定，或者至少在你方同等資歷的專家對此進行審查，並確認人家的否定是有理的之前，你還不敢肯定。

用某個第三者來反駁你方報價的這一招，已被用得那麼廣泛，以至於我們值得用一個生動場面，來說明怎麼來對付它了。

背景

海先生代表一家小的製造商，正在和羅先生（一家供應商的合約科科長）洽談有關向該供應商購買製造商生產所需原料的事。談判在供應商處進行。

供應商一方使用了「我們老闆不同意」這一招。

經過了長時間的談判之後，雙方的立場已經相當接近。海先生已經對所購原料出價 45 萬元，羅先生說這個價看起來還合適，但表示還得和他們的老闆商量一下，說完他就走出了會議室。大約 10 分鐘後他就回來了，於是就發生了下面這段對話：

羅：「我已經請示了馬先生（他的老闆），他告訴我，任何低於 55 萬元的價格都是不能接受的。但是，我告訴了他貴方絕不肯再讓步了，於是他又說，看在貴方是我們的老客房的份上，他願意接受一半損失，把價錢定為 50 萬元就成交。」

海：「這不行，我們去年花 42 萬元買了同等品質的貨，45 萬元已經是我方的最高價，這一點我在一小時前已經告訴您了。」

羅：「這我知道，海先生，可是……，（海、羅兩位又爭講了大約三分鐘，可海先生仍是不肯提價）。」

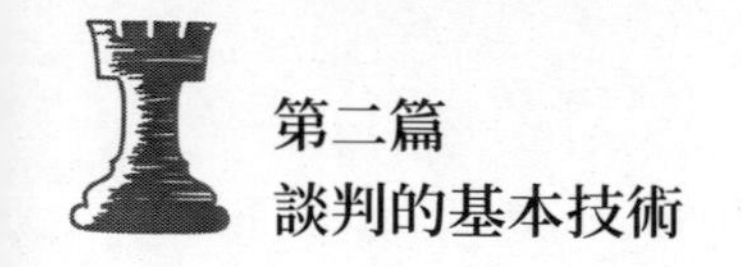

羅：「好吧，我再去跟老闆商量。」他又出去了，回來後他說：「馬先生發火了，不過我還是讓他同意48萬這個價。趁他還沒改變主意，我們就拍板吧？」

海：顯得很生氣，說：「我看不出再談下去還有什麼用。我已經訂了機票，兩小時後就得登機回去。如果你們老闆不想做這筆生意，那就請他來直接跟我說好了。請他現在就來，否則我就要走了。」

羅：「請稍候，我馬上就回來！」（五分鐘後他陪著馬先生進入）。

馬：過來同海握手，坐下後說：「海先生，問題到底出在哪兒？」

海：「問題不在我們，我已經出了我們的最高價45萬，這已經比我們上次買同樣的貨時多給了3萬。如果您還不接受，那再討論下去也就沒什麼用了。」

馬：「從去年開始我們的成本就提高了不少，海先生，現在讓我來跟您算算幾筆帳。」（於是馬逐項地說了幾個海、羅二人已經討論過的數字。）

海：聽了幾分鐘，確信他說不出什麼新的東西後，說：「請停下，馬先生，這些我和羅先生都已經討論過了，您到底接不接受45萬這個價？」一邊說他一邊往皮包裡裝資料。

馬：「我真不知道接受這個價後，我們還怎麼活！但是，我可絕不想讓您把我看成個老頑固，讓我再跟本部的副總裁去商量商量，看他有什麼話說。」

海：「這要花多長時間？離我登機可只剩下一個鐘頭了！」

馬：「我十分鐘後一定回來！你們二位幹嘛不趁這功夫喝杯咖啡呢？」15分鐘後他回來了，坐下後他說：「如果我能為這筆生意的任何損失都承擔責任，他讓我用 46 萬元的價格跟您成交。這可離您給的價沒多遠了。說句實話，我們這可是跟你賠本做生意喲！」他向海先生伸過手來說：「怎麼樣，拍板？」

海：「那就 46 萬吧。等星期一我回到公司，由我來準備有關資料。」

注意：1. 儘管海先生最後還是以 46 萬元成交，這比他所謂的最高價多花了 1 萬元，但他仍對談判結果很滿意。這是因為，當他在談判開始，就已經知道會上的任何協定，都須經過方上司的審批，因此他出價時早已留了後手。實際上，只有海先生自己知道，他們的抬腿就走的價應當是 47.5 萬元。一旦你發現談判要牽扯到上級審批時，你最好別把你的最高報價說給他的下級，這將使你在你的對手想用那一招來欺負你時，你有了與之周旋的餘地。

2. 還有另外一個重要原因是，海先生拒絕與羅先生在那裡原地踏步式地繼續談下去，而且直接提高談判級別，即請馬先生來。馬來了以後，他禮貌地聽完了他講的那一大套，並確知除了他已和羅先生討論過的那些東西之外，馬再也講不出什麼新鮮的。當你告訴對方提的是你方最高報價時，而你的對手又能使你同意和他的上司去談，那就等於你已經輸出了一個你所謂的最高報價還不是最高的消息。

3. 當然，上面這一幕也可以用別的形式來演。馬先生可能拒絕再降價，堅持要 48 萬。這樣，海先生就只有兩個選擇了，即要不抬腿就走，要不再加價，直到 47.5 萬元為止。當然，海先生還可以使用前文中所述「打對折」那一招，即把 45 萬和 48 萬之間相差的那 3 萬一家一半。

這樣的談判能取得何種結果，取決於與會人員和他們知道什麼時候該停止爭價了。關鍵還在於雙方在任何情況下知道，到了哪個節骨眼給的價，才算是合理的。重要的是，還要知道把能榨出來的汁水都榨乾，以及知道什麼時候該拒絕那不能接受的報價。

9.2 利用個人關係得分

人人都願意被別人喜歡，對於談判人員來說，這一點同樣重要。因此，能做到彬彬有禮，甚至有點逢迎的功夫，對你在談判桌上是否能多得分也是有關係的。當然，只是因為你討到了人家的好，你就以為人家會把本世紀最好的一筆生意讓給你來做，那未免有點天真。儘管如此，對對方以禮相待並尊重人家，在許多方面都可以使你得到好處，比如：

- 當你需要把你談成的生意，讓你家公司內部的人都接受時，那麼，如果大家都喜歡你，大家一定會努力使你把這件事辦成。
- 絕大多數的談判都有個為達成最後協定所需的，可以接受的範圍，你與對手有良好的個人關係會阻止他把你逼到極限邊緣。
- 某些交易之所以沒能做成，很可能只是因為與會的人誰都不喜歡誰。
- 與對手個人關係不錯，會使你在談判桌上多得幾分。
- 談判桌上表現出的和氣態度，有助於使對方也採取合作態度，以縮小雙方之間的分歧。
- 如果這次人家和你打交道很開心，那麼以後的交易人家多半也會找你來做。

總而言之，如果你把對手總是看成你的死敵，那你除了損失之外，別的什麼也得不到。所以，即使假裝熱情不是你的強項，那至少你也得保持平靜，並按商業規矩辦事，而且還不管你的對手臉多麼紅，脖子多麼粗。耐心再加上足夠的韌性，是一個談判人員所必須具備的特質。

9.3 採取強硬態度時避免個人攻擊

雖然你盡力調和不同的觀點和個性，以求在許多問題上與對方達到一個雙方都滿意的最後協定，但衝動的爆發仍有潛在的可能性。可是，憤怒與敵意只能使雙方的立場越離越遠。因此，即使你在談判桌上受到挑釁，使你不得不採取強硬態度時，這種強硬還可以，也應當有一定的分寸，不管對方採取了多麼無禮的行動，試圖使你失去克制。

這個領域裡存在的一個最普遍的問題，可能就是怎樣駁回對手的論點，而又不採用全盤否定的方式。這時你首先要考慮的，最重要的一點就是只反駁對方的立場，而不要攻擊對手本人。即使你已經認識這麼做的必要性，你仍有可能由於無意中措辭不當，刺痛了對方的敏感部位而犯錯誤。重要的不是你說的是什麼，而是你怎麼說它。

防止在你不同意對方的意見時，說出可能導致對方生氣的最好辦法就是，把一些否定用肯定的形式說出來。下面讓我給你舉幾個反駁你不同意的論點時，你可以採用的，好的和不那麼好的幾種方式的例子：

不好：「你錯了！……」

好的：「你對了，但是……」

不好：「我完全不同意你的話。」

好的：「我基本上同意您所說的，可是……」

不好：「你的報價簡直是對我們的汙辱！」

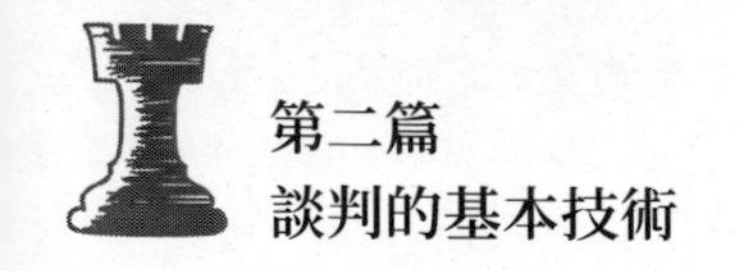

好的：「我覺得您的報價還算合理，假如我們能……那我們現在即可成交。」

不好：「我一點也不能同意你的論點。」

好的：「這我可再不敢苟同了，可是……」

不好：「這麼辦太糟，應當這麼辦……」

好的：「我們可以把這個建議研究研究，就我個人來說，我看這是可行的，我們只須……，就可以了。」

不好：「這簡直太可笑了。」

好的：「這想法妙極了，但我覺得若是這麼的……那將會使它更妙。」

當然，你反駁對方的意見時，也許用的話跟上述例子中所說的都不一樣。但是，用肯定的語氣來表示你的否定的意見，不僅可以防止對手生氣，而且當你提出某種建議時，它還容易使對手聽著順耳。這一切似乎與別的東西比起來得算件小事，但是，你越是善於避免對方的反感，你就越有可能取得最終勝利。

9.4 有效地進行爭論

對於許多種談判來說，雙方的立場有時候真可能變得針鋒相對。這時候你應當特別注意的就是，有效地維護你方立場卻又不顯露出對對方的敵意和憤慨。這可是個高難動作，尤其是當你的對方簡直是一招接著一招地，一味進攻的時候。儘管如此，與對方短兵相接，對你的談判活動並無好處。所以在任何情況下，你都不能失去冷靜。

如果你能夠認識到雙方意見不一致，本來就是談判過程的一個組成部分，這必將有助於你控制自己的情緒。因此，遇到滿懷敵意的對手時，你不跟他正面交火，相反，努力尋出藏在那敵意背後的原因是很好的做法。下面就是為消除對方憤恨情緒所常用的幾種方法：

1. 提出解決問題的其他方案。對方的憤怒常常只是由於，對方無力解決你們在某一問題上的分歧所造成的煩惱。如果你能提出一個解決辦法，他的憤怒自然就會消除。

2. 努力使話題轉向不那麼具有火藥味的內容。這當然未解決已有的難題，但這卻有助於使事態平息下來。等過了一陣再重提那個棘手的問題，很有可能由於已經換了角度，對方就不至於再發火了。

3. 努力用積極的態度對待雙方的分歧。使對方認識到，只要你們能攜手合作，一種友好的解決辦法一定可以找到。

4. 設身處地，站在對手的位置上，靈活地看一下所涉及的內容。如果雙方都採取死硬派，「毫無妥協可言」的態度，那麼，如果不說這分歧是不能解除的話，至少也得說很困難。

5. 有機會你還不妨詼諧、幽默一下。在恰當的時候加點輕鬆的進去，有助於使勢態平靜下來。

6. 如果對方仍是蠻不講理，硬是不肯改變敵對態度，那你可得直接碰碰他。比如，你可以這麼說：「如果我們雙方都能保持平靜，並以理智的態度來討論問題，我想我們會達成一個友好協定的。」有時，這樣一句話很可能一下使你那位怒火中燒的對手，突然變得很通情達理了。但是，如果你已經被他逼得忍無可忍，如果必要，你也可以用中止談判來威脅他。

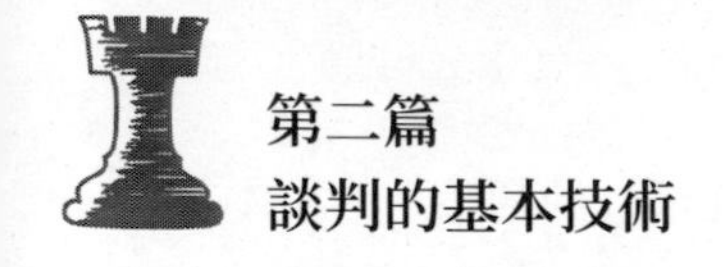

9.5

反擊談判對手的策略

在談判過程中，對方可能用各式各樣的策略來對付你，這一切歸根結柢都不過是為了使你慌張，使你的思想離開你的戰鬥計畫。為使你能成功地反擊這一切，首要的還是你得認識它們。實際上，能做到知彼，這本身就可能足以擊破對手的一切進攻手段。關於如何反擊不同的策略，以及你自己如何來應用它們，我在本書的各個章節中都有過和將繼續論述。但在這裡，綜合地論述一下那些被那麼多人使用，以至於已經成了一般的、帶有普遍性的談判用策略，還是值得的。這樣的策略有：

- 恐嚇——一般應不予理睬。
- 說謊——請他提出證據。
- 虛張聲勢——即以其人之道還治其人之身，以免中計。
- 拖延時間——強迫對方前行。
- 以期限相威脅——不理這一套，那只不過是在強迫你做出反應。
- 最後通牒——回敬他一句：「這只是貴方的決定，與我們無關！」
- 震懾——跟他對著幹。

當然，上述這些策略以及對付它們的辦法，並不是在任何情況下都可以照搬的。你應當先猜想一下某一策略所可能產生的作用，然後再根據不同談判和不同情況，採取最佳的反擊措施。

順便說一句，一個常常被人們忽略的因素是，區分哪些是你應當做出反應，哪些是你只應不予理睬的策略的必要性。在一次談判會議上，你可能同時受到對方吹捧、恐嚇和震懾等等，可你如果能識破它們都是些什麼，那它們對你達到你的預定的目的，將沒有或極少有作用。因此，在絕大多數情況下，只是不理睬對手的任何無大作用的花招就夠了。只用這一手也可以使你的對手知道，你不是那麼容易就被激怒或被哄騙的。

9.6 尋找可導致協定達成的重要環節

在談判過程中，多半會發生這樣的情況，使涉及的一個或兩個問題，成了達成協定的絆腳石。於是雙方就在這些問題上，展開了長時間的拉鋸戰，雙方都堅持自己的立場，誰也不肯退讓一步。其結果一般都以兩種形式出現，要不在最後一分鐘達成妥協，要不就是談判破裂，什麼交易也沒做成。

當針對某一關鍵內容雙方似乎僵持不下時，有許多種辦法可以有助於超越這個障礙。其中，最最首要的，就是努力從你對手的角度來看看這塊絆腳石。問一下你自己，為什麼這個問題對你的對手是那麼重要？這除了可以使你避免只拿自己的眼光看問題外，也會避免視野狹隘，從面拒絕任何退讓。

實際上，如果雙方都把難點看做是一種須由雙方共同努力克服的障礙，那就很少有什麼分歧是不可消除的，因為那時雙方都不會採取強硬、不肯接受半點妥協的態度。注意聽取對方的不同意見，有助於消除分歧。有時，因為你這麼做了，你將會發現，對方不同意見的基礎也許不像乍看起來那麼牢固，從而使你得出這樣的結論，即對方不過是在那個成了絆腳石的問題上有禁忌而已。

發生上述情況時，人們常常忽略的一個事實是，對方之所以表示不同意，其理由很可能只不過是為掩蓋其真正原因的假面具。當談判未開始前，談判人員就受到了某種限制時，就常常會發生這種事。例如，他的老闆可能已經給他規定了一個他可以接受的最高價格。

也有的時候，一位談判人員還會開門見山地承認，確實是由於他受到某些限制才使談判陷入困境。一旦你知道了這個情況，你當然有辦法處理它。但是，你的對手也可能不願意告訴你這一點，他可能認為這麼做會損害他身為談判人員的威信和有效性。也還有一種可能是，對方一旦洩露了他已有的限制，你將不願意同他繼續談判了。

不管是出於何種原因，一旦你發現在某個問題上你的對手舉步艱難，你一定要努力想出別的辦法，以不同的方式解決這個問題。比如，你是否能提出一些別的建議，來抵消你在那個已成為絆腳石的問題上所做出的讓步呢？你只要稍微動動腦子，你很可能就會找到能將這塊絆腳石搬開，而又令人滿意的交換條件。這麼做常常會有所收穫，因為這不但使協定終於得到達成，還使對方免於在那個有禁忌的問題上投降。因此，當出現了絆腳石時，努力尋出足以使雙方規避那個難點，使雙方誰也不舉白旗，或不至於使談判終告破裂，可是個絕妙的主意。

9.7 控制談判的策略

「我談什麼問題，都只能從我自己的觀點出發」的做法，在你想取得對談判過程的控制權時，就顯得有點過分了。注意聽聽對方是怎麼說的，這不僅僅是禮節，也是很重要的。自然，你越是能夠控制談判的程序，你就越有機會達到你的目標。因此，把討論集中於你願意討論的問題上，十分關鍵。一般情況下，這意味著你必須使你方的強項得以突出。不管是價格、品質、售後服務還是其他什麼。總之，是你方的強項，就得讓對方清楚地知道。

為什麼要這麼做，其理由是很簡單的。首先，這是因為當對方希望從你的論述中找出漏洞時，作為你方談判立場的強項，防禦起來比較容易。第二，你方的長處正是將使對方產生接受你方報價的想法的東西。

為使談判集中於你願意它集中的那個焦點上，你必須使討論不斷地轉向你關心的那些內容。為做到這一點，你還真得付出一點力氣。這是因為：(1) 你的對手也想突出人家的強項；(2) 試圖找出你方報價中的弱點來加以攻擊。有許多方法，可以用來加強你的論點，比如：

- 比較：「我們的價格比我們的任何一倍競爭對手都低。」
- 資料：「我們這裡有許多資料，您不妨看一看。它們能證明我方告訴您的成本是確實的。」
- 證據：「我這裡有一封某公司的信函，它可以證實我們給他們做了些什麼。」
- 專家：「某某教授願意為我方工藝技術的可靠性擔保。」
- 經驗：「我們做這一行的時候比任何人都長。」
- 獨一無二：「別忘了我可是他的經紀人，你們到哪兒還能找到比他更優秀的球員呢？」
- 特殊因素：「你們要提前交貨，那我們讓工人們加班就不花錢麼？」
- 演示：「我將請我的工程技術人員，今天下午給貴方演示一下這種裝置。」

你可以用來加強你的論點和控制談判的因素，其數量只受你的想像力的限制。當然，在你為你方報價的優點進行大力宣傳時，你的對手也在竭力攻擊你所說的，以迫使你轉入防禦。這麼做時，他常常會採用向你提出各式各樣的問題的方式。當然，對於那些你確有證據可提供的問題，你一定會找到巧妙的答案。但是，為了使你的自信心發生動搖，人家肯定要找一些旨在破壞你論點依據的難題。

對付這種居心叵測的提問，你最好的回答，就是不給回答，至少不直接去回答。「貴方在品質上還有沒解決的問題麼？」等的問題就是你不應當用「是」或「不」，或者說「有」和「沒有」回答的問題。而對所有前面冠以「如果……豈不就……，」的問題，你的最佳應付辦法則是規避，你可以說沒有什麼如果，你們想像的那種糟糕情況永遠不會發生。比如，你對手問：「如果你們的原料費比預期的要高，那怎麼辦」時，你可以不回答該怎麼辦，而只是講出許多你方已完成的許多專案，完成那些專案時，原料費並未比預期的高。

另一個應當避開的圈套是，讓你回答了人家沒問的問題。願意給對方幫助和提供消息並沒有錯，但如果你熱心過了頭，自願地給人家提供了人家還沒有要求你提供的資訊，那你做得可不漂亮。但是，要想既回答了對方給找出的難題，而沒回答那些人家還沒問的問題，可是件不易做到的事。

9.8 確保你方談判立場已被對方理解

即使不再給你這容易造成誤解的這付擔子再加點重量，你在談判桌上所可能遇到的困難，也已經夠多的了。之所以發生了誤解，常常是由於一方或另一方未能清楚地說明他們的立場，使對方錯會了他們的意思。有時候，就針對著誰到底說了些什麼，而爆發了口舌之戰。

這不但會減慢談判的進展，它還會造成雙方相互不信任和懷疑，而這兩樣肯定不利於雙方立場分歧的縮小。實際上，有時這種誤解還可能直到談判接近最終協定時，仍未被發現。於是，在朗讀協定條文時，雙方中的一方才會突然嚷起來：「這一點我們可沒同意！怎麼把它也寫進協定裡去了呢？」

因此，在你提出任何建議時，都要切記，一定要把它表達清楚，聽對方的建議時則應確信你已經理解了對方提出的是怎樣一種報價。特別是當談判十分複雜、涉及的問題很多時，這一點尤其重要。

最容易造成分歧的地方，就是對方接受你方的某項建議而又附帶了一些條件。而在這以後，雙方就轉而討論起別的問題，直到達成協定。到了此時，而且也只有到了這時，對方才又提起上次接受的某事是有附帶條件的。之所以有了這樣的誤會常常是來源於話是這麼說的：「如果能保證我方 7%的利潤，我們就接受你方對原料的計算。」這以後談判繼續進行，直到雙方又提起利潤問題。這時，那個以保證 7%的利潤為接受原料費諸的附加條件的那一方，便又提出了這個 7%利潤的問題。但另一方忘了這個附帶條件，因此他們就因為還得重新討論原料費問題，直到使對方獲利 7%為止，動了肝火。

避免陷於這樣的困境並不難。首先你要做到你在團中指定一名成員，把討論過程中一切已取得一致意見的內容都記錄下來。當以後再就那些問題發生爭議時，就可以把紀錄拿出來作為參照。此外，一旦在某一點上雙方取得共識（包括那些保留和附帶條件），雙方可再重複說一下，以求使所有人都清楚有這麼一回事。如果某條某款比較複雜，你還

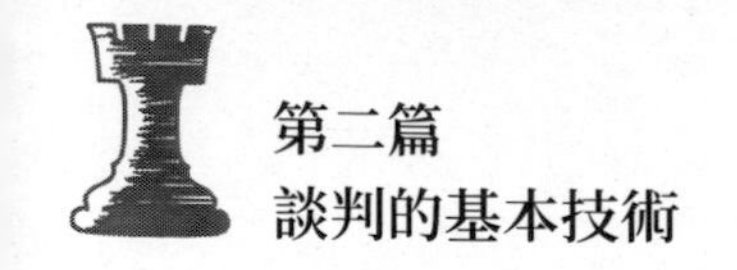

可以要求花點時間，立即將有關它的共識形成文字資料，並由雙方首席代表在上面簽字。這樣就可以避免當起草最後資料的時間到來時，即經過了長時間的討論之後，還留有模糊不清之處。

注意：確保雙方同意的各個專案都已被雙方所理解，是防止對方背棄諾言的有力武器。為迫使你做出讓步，你的對手可能採用在談判臨近結尾時，說他並未曾同意某一內容的花招。如果你在談判過程中隨時都有紀錄在手，那這一招他就不再想用了。

9.9 使談判集中於焦點上

談判過分複雜會使它成為一種很浪費時間的活動。因此，單就這一點來說，你也應當把討論集中在朝向達成最終協定的那個方向上。但是，不管是出於無意，還是懷有別的目的，談判總會有可能因為離題而陷入遲遲不前的局面。因此，知道如何避免這種困境對你是有益的。

有時你會發現你的對手談話總是跑題，並且他還不是有意這麼做的。這可能是由於這人就是這個樣，或者是因為他的談判目標沒有明確劃定。

另一方面，有些談判人員還要故意拖延時間。比如，在不讓你知道的情況下，他們可能同時還同另一方在談同一筆交易。由於他們還有別的選擇，他們當然不想讓與你進行的談判快步向前。

另一個使談判人員舉步遲緩的原因，是由於他們認為時間拖得越長，對他們越有利。這可能是因為對方知道或以為知道了你很著急，你想使協定於某一日期之前達成。於是他們就據此制定了他們的策略，那就是盡量使談判拖到期限日期附近，以求做筆好買賣。

不管是出於何種原因，一旦發現對方在拖時間，你一定要迫使對方集中精力真達成最終協定的方向快步前進。為做到這一點，所需的最好辦法是將無關大局的問題都暫時放放，先集中討論協定的主要內容。

當然，如果不管你多麼努力，對方仍然想磨磨蹭蹭，你就可以發出最後通牒了。但這麼做時，千萬不要發火，你可以這麼說：「先生，看起來今天我們沒取得什麼進展，如果今天還談不成這筆交易，我看我們就把它忘了算了。」這一招很可能迫使對方立即行動。可是，如果用了這一招仍不見效（而且再繼續談下去，對你方也沒多大好處），那可能就是你該說「那麼就再見啦，老兄！」的時候了。

注意：一旦你有期限限制的事，被你的對手知道了，那你的談判地位就已經處於劣勢。因此，如果可能，千萬別把這麼重要的機密洩漏了出去。

9.10
中斷會議的益處

一般地講，中斷會議只會使人們精神渙散，離開談判的中心任務。但與此同時，有計畫的中斷卻是有益的。而當對方使用這種策略時，你也得能識別出來。在後面一節中，我們將討論如何反擊對方有意中斷會談的策略。

另一方面，為使你的任務獲得進展，你也可以為達到下列目的而使會議中斷：

▷ 支持你的論點。

▷ 使你有時間進行重新部署。

▷ 改變討論的焦點課題

▷ 給對方施加壓力。

下面讓我逐個討論一下這些目的。

1. 中斷會議的最有效用法，就是讓意想不到的專家出現於恢復了的會議上來，支持你的論點。當對方針對你所論述的某一點進行攻出時，或者當你想加強你所倡議的東西時，使專家們能與你協同作戰時，這麼做都有用。

當然，這一策略的關鍵性因素是出對手的不意。你這時要完成的任務，是在所討論的某一問題上取得主動權。如果你的談判計畫允許，從外單位請為的專家將會提高其可信性。實際上，如果你的家庭作業完成得好，請到一位對方也曾諮詢過的專家，將會更有效果。當然，這位專家必須曾獲得對方滿意是不言自明的了。然而，這可不是什麼時候都能辦得到的。但這一點值得你牢記在心，以便在有可能時把它用上。

順便說說，為恰當地起用專家，你必須在談判前制定計畫的階段，就把哪些領域需要專家的支持確定下來。這將便於你事先安排，因為一位適用的專家，可不是你隨便動動手就能夠從空氣裡抓出來的。

一般，你用以支持你的論點的專家，就是你公司的人員，他可以是與會者，也可以處於待命狀態。應當強調的重點是，何時使用專家才能取得最大的效果。首先，如果對方已經知道你針對某一課題要使用一位專家，人家很可能也讓他們的一位專家與會，以便反駁你方專家的論證。

此外，使專家的意見正好在能立即駁倒對方陳述時出現，將使他的話具有最大的分量，或者使專家的意見正好能支持你的倡議。這將使你方在某一特定問題上占居統治地位，使爭執立刻以對你方有利的形式消除。

此外，如果對方並不知道你有這樣的意圖，他們將無法有效地反駁你方專家的意見。所以，只要有可能，千萬不能讓對手知道你有起用專家來支持你的論點的打算。在 14.7 節裡，我們還要討論當你成了這種策略的攻擊目標時，你該怎麼辦的問題。

2. 會議中斷將使你有充分的機會想一想，你已完成或未完成什麼，做出重新布署。沒有什麼可以阻止你要求會議暫停，但最好使你這種要求讓人覺得是你本不打算提出的。比如，你如果已派人出去挖掘你特別需要而又想私底下接收的數據時，你最好事先就安排好，到時候有人來打斷會議。

會議中斷還可以使你有機會向你的老闆或其他人簡略地報告一下談判的進展，或者是徵求別人的意見。使一個人突然進入會議並告訴你說有一個緊急電話要你去聽，可以避免讓人家認為你無法控制談判，必須去徵求別人的意見的尷尬境地。

3. 有時，你也可以用中斷會議來改變討論的焦點。比如，你花了整整一上午，來防禦你方談判立場中的某一薄弱環節，這使你感到很煩，那麼改變一下討論的方向，無論對你個人或針對你要完成的任務，都是有好處的。但是，你切不可生硬地要求改變話題，因為那麼一來，人家就更會明白了這是你方的一個弱點，從而加緊攻擊。但如果你能安排個人來打斷你們，而且還是用了一個站得住腳的藉口，懷疑你們有薄弱環節的事，就可能不會發生。這期間很可能還會有什麼人給對方帶來了他們感興趣的消息。這樣你就可以繼續控制討論，而又避開使你頭痛的那個問題了。

4. 中斷會議也可以用來向你的對手施加壓力。使一位高層人士突然進入會場，就可以收到這樣的效果。至於這個人是誰，那並不重要，只要是讓對方覺得顯赫的就行。比如，進入會場的是你們的老闆，由他來說出快點結束這場談判的重要性，就蠻不錯，你要使你的對手得到這樣一個印象，即你方的實權人物，對於談判遲遲不前很關心和感到不快。這一招將迫使你的對手加緊工作，以求快些達成協定 —— 特別是當他覺得如果協定不能盡快達到，他們就會被拋棄時，他就更會這麼做。

9.11
犯錯後能挽回面子

談判本身的複雜性，以及因此你所承受的精神壓力，都可能促使你犯錯誤。如果這樣的錯誤在協定達成之前得到發現和糾正，嚴重的損失就可以避免了。儘管如此，在談判過程中，讓人家發現你犯了錯誤，往好處想，這至少也將使你覺得尷尬，或甚至在你的對手面前降低你的威信。

在談判中犯錯後最使人頭痛的事就是，你的錯誤出在已取得一致的那些條款上。這種事在有關金融的領域裡是常常發生的。例如，如果錯誤出於有關費用的一個專案上（原料費、勞務費等），那麼要改正這個錯誤很可能會使這項費用比預期的高。而且，告訴人家你在這項費用上搞錯了，這至少還會使你很不舒服。

不幸的是，到了這個地步，你除了公開承認錯誤，說些諸如：「唉，我弄錯了，因為……。」之類的話外，再無多少別的選擇。這以後就是你痛苦地向人家解釋這錯誤是怎麼發生的。當一切均已算煙消雲散，對方也已表示了人家的不滿時，你所完成的也不過就是一個錯誤的確是被你犯了而已。否則人家就會認為，你在跟人家耍什麼花樣。

為進一步平息你對手的怒氣，你一定得為此向人家道歉，你甚至還可以開一個貶低你自己的小玩笑，以求減緩因此而造成的不愉快。當然，如果所犯錯誤使你們還得重新討論那些已經取得共識的條款，你如能提出某種辦法來盡量減少雙方再往這些條款上投入的精力，那就更好了。例如，你可以提議只討論總價格，不必再詳談分項費用了。不管情況如何，你的消除錯誤的辦法越簡單易行，你就越少遇到來自對方的阻力。

順便說一句，談判中所犯的許多錯誤，大多來源於雙方你一句我一句地列出一系列數字，你的一次過於倉促的計算。不用說，做任何計算都不能草率從事，以免鑄成大錯。另一種可避免你因犯了錯而感到難堪的辦法是，先只是定性地討論分項費用，待談判結尾，即將簽協定時再爭取得到共識。這樣就可避免對方說出：「我們已經同意了這一項！」之類的話了。

注意：由於有發生爭執的潛在可能，而這種爭執一旦走入極端，就是以導致一筆交易告吹，計算上的小錯誤最好就原封不動留著好了。如果針對已取得一致的某個條款，你犯的一個錯誤還不至於造成很大損失，或者你可以在協定的其他問題上得到補償時，把錯誤張揚出去，從而引起爭吵就犯不上了，把那點損失丟棄算了。這將有助於保持談判的友好氣氛，這很可能比你們重新計算，重開談判來糾正它要值得多。

忠告：如果你發現對方在談判過程中犯了個錯誤，千萬別就此大做文章，相反，使對方注意到那一點並友好與他合作，想辦法解決因此而造成的問題。你接受由那一錯誤所造成的不便，這種善意會加強你和你對手之間的友好談判關係。

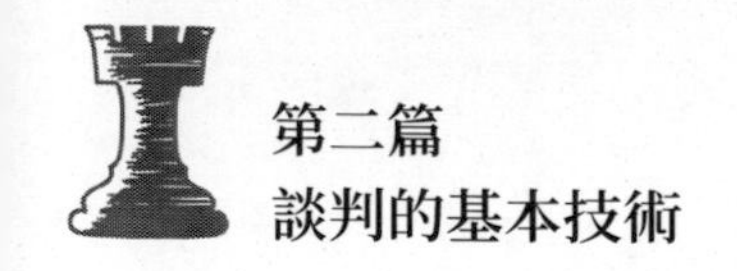

當然，錯誤可能一犯再犯，有時一個毫無忌憚的談判人員，還會故意犯一些錯誤，並希望你未能發現它們。但是，即使是在這種情況下，你也無法確定哪些錯誤是由於疏忽，哪些是故意犯下的。所以，不管是怎樣，還是別指責對方更好些。如果你懷疑某一錯誤是對方有意犯的，你只須在簽署最後協定之前，仔細分析每個資料就可以了。

9.12

改變布置的策略

隨著談判的進行，你可能發現事情似乎已變得對你方不利。時常，為使談判重新回到令你滿意的軌道，你必須採取某種行動來奪回你的主動權。這時到底你該做點什麼，取決於當時的情況如何。某些已經被採取過並證明確實有用的行動是：

1. 叫暫停。這麼做時，千萬別給予人可以阻止你的藉口。你可以建議去喝杯咖啡，吃午餐什麼的，或者按 9.10 節所述，使用中斷談判的辦法，即訂出計畫使會談不得不中斷。但是，如有可能，想辦法使中斷成為一種合情合理的暫時休息。在談判過程中，有時你真得找機會和你的人員私底下商議一下，這時你一定就這麼做，千萬別遲疑。

2. 如果你真的被對手逼至拳臺的圍繩上，你可能希望談判完全停下來以便重新猜想一下你的地位。有時，隨著談判的逐漸深入，你會發現一些來自對方的情況，迫使你必須調整一下你的談判目標。與其匆忙慌亂的進行調整，不如使會談停下來，然後再仔細地考慮你所處的境地，才是謹慎的做法。這可以避免由於你過於急著進行調整，不如使會談停下來，然後再避免由於你過於急著進行調整而鑄成大錯。

3. 使談判脫離讓你感到困難的那個焦點問題。談判常常只是因為一兩個問題而陷入泥潭，只要你能使人們轉而談別的什麼，那棘手的難題就自然而然地解決可巜或被人忘記了。或者在以後的某個時間裡，它們會變得十分容易解決。

4. 有時候，當你不占上風時，透過用針對某一難題的讓步，來換取對方回報的辦法也會使你重新占上風。

5. 如果你覺得你所處的地位在某一領域裡特別軟弱，你只須請一位專家來與會就可使你的地位變強。在談及技術問題時，這一招會特別有效。而如果你請來的是一個外單位的專家，那效果就更大了。

6. 你方建議書的某一段落受到攻擊時，你可以用資料來支持你的建議。如果有可能，來自第三方的證明會比你方內部的事實和數字更有分量。

第三篇

談判的進行

第十章
從報價到接受報價的整個談判過程

除了那些比較簡單的談判之外，為達到最終協定，一般都需要雙方做出巨大努力。你提出或拒絕報價的技巧，將對最終結果有巨大影響，因為報價的內容和什麼時候提出報價，都是非常重要的。此外，要找到一個令人滿意的結局，必須承受各式各樣的挑戰，保衛你方的談判地位，在有必要時對你方的談判立場做出某些調整。本章所討論的就是這樣一些內容。

10.1
不可動搖的談判人員

與一般人的看法相反，成功的談判人員並不就是善於吹鬍子瞪眼，把對手嚇得屈服了的那位。實際上，如果你好好想想，做生意所需的絕大多數訣竅都正好與嚇唬人相背，善於做出妥協、忍耐和與對手合作去解決難題，比只以蠻橫為手段的做法，更能使人佩服。根本原因就在於談判需要的是技巧，是善於兜售你的建議，而不是只知道攻擊。

當你的對手試圖用威嚇來使你屈服時，你的忍耐將受到嚴峻的考驗的事實，恐怕很少有人懷疑。可是，你越是能夠不理他這一套，那麼，除非他只會這一招，他就越可能不再跟你繼續橫下去。如果你的對手一味想用威嚇手段來對付你，這樣的局面一般恐怕是由下列原因之一造成的：

1. 你的對手個性好鬥，他把他的這一個性帶到了談判桌上。任何一個脾氣暴躁的人，都容易在談判桌上第一次遇到不同意見時大動肝火。儘管跟這種人打交道不是件愉快事，除非你忍無可忍，一般你只要不理他就有好處。因為，脾氣暴的人，不但容易失去對自己情緒的控制，還常常忘了他本應全力保衛的談判目標。其結果必然是使他犯下於你方有利的錯誤。

2. 某些缺乏經驗的談判人員，誤以為在談判中採取不可動搖的蠻橫態度是取得成功的關鍵。特別是當他們進入談判會場時，心中懷有己方占有優勢（這優勢也許是真的）的想法，以為定些什麼條款得由著他們，他們就更會這麼做。但是，以這種態度來對待談判的人，常常在他們發現你並未被嚇住，沒讓他占了便宜時而一下子洩了氣。

3. 有時，人們之所以想嚇唬你，是因為他們認為你可能被嚇住。特別是當他們認為自己占居強而有力的地位時，就更是如此。那麼，從一開始你就不理他們這一套，就能很快地使他們收斂。

4. 威嚇手段也可能被那些想掩蓋自己劣勢的人所採取。他們以為這麼一嚇唬，你就會少提點問題，不再往深裡探究他們的提議。如果你仍堅持走你的路，拒絕上這個圈套，他們的這道防線會一下子崩潰，從而讓你占居上風。

當然，不管是由於何種原因，如果對方的脾氣和故意已達到你忍無可忍的地步，如有必要，你可以要求暫時休會。讓他歇一會，冷靜一下，他也許會發現你來到談判會場是為了達成協定，不是為了和誰爭強鬥勝的。

10.2

設法讓對方先報價

讓對方提出建議有許多好處，首先，這會使你立即看出雙方的談判立場相距多遠。例如，當你發現對方的初始報價與你所認為合理的相差很大時，你就可以有下列這些選擇：

一方面，你可以宣布對方的建議簡直離譜，然後就以此為基礎展開討論，達到駁倒對方提議的目的。你這時的意圖是希望對方做出新的報價，甚至無需告訴他你的立場到底是什麼。除非對方是個新手，你這一招很少能獲得成功，但你仍不妨試一試。最糟的結局也只不過是對方將避免與你再詳細地討論他們的報價，除非你以反報價方式將你的牌都攤到桌子上。

另外一種選擇是，你可以大致上拒絕他的初次報價，又同時給他一個同樣是無法接受的報價。之所以要這麼做的目的，並不在於要表露你的惡意，而是能使你得以兩面下注，直到隨著談判的逐漸深入，你探知了對方的意圖為止。顯然，如果對方的初次報價確實不著邊際，那就說明或者是他們沒為談判做好準備，或者就是他想用一個胡亂做出的報價來耍什麼花樣。

因此，如果這時你能給他一個與你方的談判極限很接近的報價，這就等於你捆住了自己的手腳。因為，這以後，經過了一番討價還價，對方將提議「打對折」。你當然會拒絕這個提議，因為那是在你方的合理報價與對方的漫天要價之間打對折，這畢竟將使你處於困境，因為你再無多少東西可換取對方從他的初次報價向後退，從而雙方的分歧也就無法彌合了。

實際上，不管你是否能夠做到使對方先報價，或者初次報價就由你來報，永遠記住在初次報價中一定要留有餘地，以便在隨後的談判中還能做出一些讓步。否則，將使協定的達成更加困難。絕大多數人在未能從對方那進而獲得某些讓步時，永遠不會滿意。他們總認為第一次報價一定是不合理的，因此，除非他們能取得比初次報價優越些的條件，要不他們就會認為是自己吃虧了。

使對方報初次報價的另一個好處是，你可能（不管這種可能性是多麼小）接到一個比你願意成交的條件好得多的條件。如果真發生了這樣的事，那談判必將是又短又愉快的。令人吃驚的是，儘管有這麼多好處，主動想讓對方報價的人，其動機異常簡單，即他只不過是要求得個初次報價而已。

為做到這一點，最好的辦法就是在開場時的一套詼諧打趣過後，立即將這個問題提出來。作為你的要求的一個組成部分，你同時還應提出你希望談判應如何進行的建議。這也很有用處，因為這麼一來就使對方知道了你打算同他們在合情合理的基礎上談判，以求快些使交易做成，並已經以為對方也將這麼做。典型的要求對方開報的做法大致是這樣的：

「先生，我希望貴方能夠明白，我們將努力將談判在合理的基礎上進行，以求快點達成協定。因此，幹嘛你不一下子提出個我方能接受的報價？這不就省得我們再去進行那些無謂的討價還價了麼？」

如果對方真就報了個你差不多已經可以接受的初次報價。那麼你一旦報價，雙方的差距不是就可以立即縮得很小了麼。你可以這麼說：「這比我能出的價只高了一點點，先生，你如何再降價 2 萬元，我看我們這筆生意就成交了。」

另一方面，如果對方的初次報價根本不著邊，你就可以用下述方式來表露你的不滿：「我已經告訴您了，我們得合情合理地談生意，而您卻把這麼大的一個數字扔在桌子上。那就讓我們討論討論你這個數是怎麼湊起來的吧！」這樣，你就會使談判的焦點立即集中於他的報價上。你的報價不就免了麼？

當然，至於怎樣要求對方開報的細節，可以因情況的不同而不盡相同，但你的目的並無變化。總之，還是想辦法使自己在談判伊始就能要求對方報價。

注意：在許多情況下，在談判尚未開始之前，你就可以要求對方報價並得到它。在價格是談判主要內容的一般交易中，這還應當說是個成例。如果你在談判之前得到對方報價，你的目標就應當是，使討論從如何證明他們這個報價的不合理開始。這將迫使對方處於保衛他們這個報價的防禦地位，而無力對你方反對立場中的薄弱環節展開攻擊。

10.3
報價並使之堅挺

在一定的條件下，由你報出一個離你方談判目標並不太遠的初次報價，可能會適當些。正如前文所述，這也可能是因為你遇到了這樣的情況，用你的報價來反擊一個太離譜了的報價。但不管是報還是回，你所提出的一定要在使人信服的範圍之內，並同時留有用於做出某些讓步，以求達成協定的餘地。這首先是因為，提出一個令人信服的報價，可能會被對方一下子全部接受，或者只須進行小小的調整即可。

更為重要的是，你第一次報價就使人相信，便會給談判定了調子。可如果你第一次提的就是漫天大謊，使人難以置信，那你的對手就根本不會注意你提的是什麼，而且，這還會導致對方也像你這麼做，變得不講道理。這只能加深雙方的分歧，給又長又困難的談判打底。

初次報價不合理的另一大弊病是，為使最終協定得以達成，你得做出一個接一個的讓步。就是說，如果你是買主，你得一大截一大截地往上提價；如果你是賣主，則又必得一步三蹬地往下落價。其結果將是，當對方見你一再大幅度提、降價時，人家就會懷疑你到底在你方的談判立場中藏了多少水分。這將導致對方採取這樣的態度：「嘿！如果這位老兄的立場會這麼大起大落，那就看看我們到底能使他跑多遠好了！」於是，即使你已經把初次報價降到了一個合理的數字，人家也還會認為你仍然可以一降再降。

報價合理準確能建立你方威信，但為使它堅鋌而很少變動，你還得有保衛它的能力。如果你為談判做了事前準備，做到這一點就不會很難了。支持你方報價的文字材料、專家的意見、與類似交易的比較等等。所以這一切都將證明你方報價的合理性。換句話說，如果你報出的確實合理，並能保衛它抵禦任何攻擊，那你肯定會按你方能接受的條件最終達成協定。

10.4
使對方快速接受你方報價

談判拖得越長，永難達成協定的可能就越大。因此，除了省時之外，使對方快些接受你方報價，也會使你們免去因為心裡還沒底而招致的煩心。有許多方法可以用來促使對方快速接受你方提議，這包括：

1. 使你方所報有時間限制。例如，你可以這麼報：「先生，我只給您報個有效期到明天下午五點為止的一次性初次報價。」給報價附帶個

時間限制會迫使對方盡快考慮它。但人家也可能認為你這不過是在虛張聲勢，等著看這以後還會發生什麼。特別是當你沒給你這個時間限制再附帶個站得住腳的理由時，人家就更會如此。因此，為使這一招更能奏效，你必須找出個為什麼要有時間限制的必需性。當此必需性還不在你方的控制能力之內時，它就越發有說服力。例如，你可這麼說：「先生，我們最後出價 500 萬元，但你方得在星期五之前接受，因為那是我們和他人的貨款協定到期的日子。」

2. 給快速接受以嘉獎。使你們方報價中還帶有給對方快速接受它時的嘉獎，將促使對方迅速做出反應。例如：「如果今天我們就能成交，我方將負擔執行合約期間的全部運費。」同樣，這裡你們也得找一個為什麼你們願意這麼辦的理由。否則，如果協定未能在你規定的期限內達成，在談判繼續進行期間，對方就會期望那種額外獎勵將包括在任何時候達成的協定中。注意，一旦你提出了某種獎勵，不管你給它附帶了多少條件，再想從談判桌上把它抽回來可就非常困難了。所以，切不可隨便給出什麼承諾，因為不管你的承諾是否有附帶條件，這都表示了你不管達成什麼協定都有履行該承諾的義務。

3. 確定一個可踰越的界限。它可以有許多形式。這可以是你們對第三方的保證（「我方的分包人不能滿足你方的快速交貨的要求，除非本建議能在這個星期裡達成」）；也可以是你上司的命令（「我們總裁已下令必須在星期三之前結束談判，否則我們的這筆款將用於別的研究專案上」）；或受到某種能力方面的限制（「除非我們能在兩週之內就開始製作，否則我們沒有造出那麼多產品的能力」）。總之，這個界限可以是真的，也可以是由你編造了出來的，全不管是真是假，關鍵還得使它讓人覺得可信。

10.5

全套報價的利與弊

當談判所涉及的、值得討論的內容只有那麼一兩項時，報價一般都是全套的。換句話說，與其逐項地談下去以求達成最終協定，人們都願意提個全套的辦法來解決一切問題。但是，即使談判所涉及的內容極多，可以或值得把它們擺到談判桌上時，有時在全套的基礎上談，也比雙方逐項地爭來爭去強。

之所以要進行全套式談判，最常見的原因就是它方便。須取得共識的因素越少，花在消除分歧上的時間就越短。因此，當談的是個價錢問題，全套地討論，以避免常常會因為是在談價錢而發生的爭吵，這是一個異常高明的策略。常遇見的事是，當雙方為取得在價格上一致，而試圖逐項地討論各種費用時，由於組成總價的專案太多，陷入僵局的事也就會隨著多起來。下面就來看看一個分項報價表吧。

a. 直接勞動力 50,000 元

b. 勞力管理費（a 項的 150%） 75,000 元

c. 直接材料費 150,000 元

d. 材料管理費（c 項的 20%） 30,000 元

e. 總計直接費用（從 a 到 d） 305,000 元

f. 行政費及其他（e 項的 30%） 91,500 元

g. 總成本 396,500 元

h. 利潤（g 項的 15%） 59,475 元

i. 價格 455,975 元

設合理的價格介於 425,000 和 450,000 元之間，買方出的價很可能就

在這個範圍之內，於是，費不了多少唇舌，協定就達成了。但如果雙方決定逐項地談這些費用，然後得出總價，而買方又發現（經過了一番計算），材料費應為 140,000 元才算合理。這時賣方則爭論說，多出來的那 10,000 元是因為考慮到原材料有缺陷。賣方還辯解說，如果材料費下降 10,000 元，那直接勞力費就得提高 10%（5,000 元）以彌補花在修理有缺陷的材料上的時間。於是雙方就開始爭來爭去，誰也不肯在這一項上做出原則性讓步。現在讓我們來看看把材料費減去 10,000 元，再給直接勞力費加 5,000 元（5,000 到 5,500）後會出現的結果：

原價 現價

a. 直接勞動力 50,000 元 55,000 元

b. 勞力管理費（150%） 7,5000 元 82,500 元

c. 直接材料費 150,000 元 140,000 元

d. 材料管理費（20%） 30,000 元 28,000 元

e. 總成本 305,000 元 305,500 元

f. 行政費及其他（30%） 91,500 元 91,650 元

g. 總費用 396,500 元 397,150 元

h. 利潤（15%） 59,475 元 59,572.50 元

i. 價格 455,975 元 456,722.50 元

由於把材料費減了 10,000 元，直接勞力費雙加了 5,000 元，結果因為還得給增加的那 5,000 勞力費加一個利潤百分數，就使價格反而漲了 747.50 元。雖然例子中所列的數字都不大，但它們仍能說明以下幾個問題：

1. 什麼時候進行分項費用的討論，什麼時候分歧也就越多，協定也就更難達成。實際上，如果走入極端，談判之所以破裂，正因為雙方在價格細節上爭論不休。

2. 除非報價不合理，只討論總數是可取的。當然，這裡面也有例外情況，其中最常見的就是，合約是在成本加費用的基礎上簽訂的。在這些例外的情況下，由於利潤將隨著費用的多少而增減，那逐項討論所涉及的各種費用當然就很重要了。如果再無它法來確定合理的總價，對於各項費用那可要仔細分析，特別是當沒有歷史性和比較性數據的時候。但是，只要有可能，確定一個總價而不必一項一項地死扣各種費用，那一系列使人頭疼的事就可以避免了。

3. 各個單項費用還常常有相互關聯性。正如我們在例中所述，減低材料費將使賣方多支了一些勞力費來修補材料的缺陷，因為他花在材料上的費用已不再是 10,000 元，那裡面不包括材料缺陷的修補費。就是說，改變某一項費用將影響到別的項費用。而且，即使相互沒有關係，在談判桌上，人家也必將這麼說，這麼講。

4. 常被人們所忽略的一個事實是，只有最後的總價才具有決定性，某一單項費用比買方認為合理的水準略高些並不重要。這種情況在討論到利潤問題時經常發生。許多談判之所以破裂，正是由於買方認為賣方的利潤已經高出圈外去了，儘管有時他的競爭者的利潤比他還高。所以，討論的焦點在這裡還應當是價格，而不是成本低的生產者的利潤，它比無法降低成本或者說成本未能得到有效使用的競爭者的利潤高。

10.6

怎樣對待你不接受的「最佳最終報價」

你的談判對手常常會大吹大擂地宣稱，他做出或將要做出的報價，是他的最後報價。他這麼做的目的，不過是想使你處於「接受，就繼續談；不接受，這筆生意就算破裂」的地位。當然，如果他這次報價正好是你可以接受的，那你無論如何得接受它。但是，對方這麼報的價卻多半並不是那麼回事。他只是想，要不你就接受一個你不滿意的報價，要不就把這項交易搞沒了算了。

實際上，這種「最佳最終報價」常常既不是最佳的，也不是最終的。它的本質只不過是個最後通牒，你要不接受，要不就結束談判。因此，當你看見對手擺出了這付架勢時，最好的應付辦法就是把它頂回去。你可以直截了當地拒絕，說:「這是我們無法接受的，因為……」，或者換個花樣，還給他說說為什麼你不能接受的理由。這麼一來，你就把他擊過來的球又打到他那半場去，是繼續談，還是使談判破裂由他來決定好了。如果他決定還繼續談，那你至少已經知道了還有得到一個較佳報價的機會和可能。

另一種應付辦法是，繼續說你的，就像沒收到最後通牒一樣。如果這以後，你的對手還繼續跟你談，那正好說明他說他要拂袖而去，只不過是在虛張聲勢。甩出這「最佳最終報價」的王牌之後，人們所最擔心的（如果他這個報價確是不能被對方所受的話）就是人家宣布談判破裂。

但是，如果能深入地分析一下，你會發現，對手的這種威脅並不像看起來那麼認真。那麼，如果他真就拂袖而去了呢？那也沒什麼可以阻止你過個一兩天再打電話，要求重開談判，或者由於你已經確信那個報價，還可以使你達到你預定的談判目標而接受它。如果因此你的對手能做成一筆划算的交易，那他就沒理由中途結束通話你打去的這個電話。

問題的關鍵還在於他的威脅是實是虛。它可能造成的最大危害就是你真的上了鉤，接受了一個不那麼叫你滿意的報價，因為你怕不接受就什麼生意也做不成了。一旦必須在壞生意和無生意可做之間進行選擇，明智的談判人員總會樂意的讓對手多走一段路。

注意：如果是由你來提出這個「最佳最終報價」，你一定得保證它確實是最佳的、最後的 —— 至少在你提的當時確實如此。換句話說，如果對方不接受，你必須立即站起來離開會場。否則，如果你還繼續跟人家談，那你就威信掃地了。其結果便是，即使你提出的確實是你所能做出的最佳報價，可有誰相信呢？

當然，如果你是在虛張聲勢，而又被人家頂了回來，也沒什麼能阻止你在重開談判時改變態度。你可以解釋說你收到了一些新的數據，它們使你能夠稍做讓步，等等。

總而言之，如果你是「最佳最終報價」的攻擊對象，你的應付辦法是拒絕；如果是由你來用這一招進攻，那麼，一旦人家不接受，你必須抬腿就走，再無二話。

當然，你還必須弄清楚那是什麼樣的報價，別自以為是地把個好價也給否了，而目的卻只不過是想從人家的腰包裡多擠幾塊錢。從長遠的觀點看，這後一種做法只能使人家今後再也不願跟你打交道。

10.7

克服因報出「整數」造成的困難

你大概還記得，我們在前面曾討論過談判人員一般都喜歡把數目湊整的問題。我曾指出不用整數的好處。但是，現在我還要告訴你，不用

整數還可以提高你說話的可信性。

比如，就拿 124,543.76 元這個數來說，它就比 125,000 元更讓人相信。正由於它很像一個經過計算才得出的數字，才使人覺得那不是隨便丟擲來的，目的只不過是先探探風頭。特別是當談判過程中，雙方交替進行多次報價時，就更是如此。談判人同很自然地會懷疑某些數字並未經過精確的計算。因此。談判人同很自然地會懷疑某些數字並未經過精確的計算。因此，如果你能用一些不湊整的數字來打消這種懷疑，你就會使你報出的數字更讓人覺得可信。

使用一些不湊整的數字還有其他好處，那就是當你必須在錢數上做出讓步時，可以讓它漲落得慢些。正由於你的數字似乎已計算得精確到幾角幾分的地步，你就更有理由說你已經讓到了你可能讓到的程度。下面就讓我給你舉個小例子，說明為什麼是這樣的。

背景

艾伯特（簡稱「艾」）和班傑明（簡稱「本」）已經到了談判的收尾階段，剩下的只有價格還須討論了。艾的最後報價為 450,000 元，而本卻仍要價 521,376.54 元。

討論

艾：「本來我可以出到 480,000 元，這可是把兩家的差額對半分了。就按這個價成交吧！」（實際上，那並不是對半分，只不過人們都喜歡不把零頭計算在內而已。）

本：「讓我再算算，看看到底我還能做點什麼。」本出去歇了一會兒，回來後說：「坦白地說，我已經把每個細節都仔細地算了算，我開始報的那個 521,376.54 元就已經是低到家的價了。但是，為了能跟您把這筆生意做成，我還是願意把它降到 509,898.34 元，怎麼樣，就按這個價？」

艾：左右看了看，並用聽起來像是生氣了的口氣說：「你等等，我可是給你添了三萬塊！可你這才降了一萬一呀！照這麼爭講下去，我看我們是啥也做不成嘍！」

本：「首先，艾先生，我減的可比一萬一要多（只多 478.20 元）。但問題還不在這裡，問題是我開始時報的就是我們能承受的最低價了。為減去你所謂的一萬一，我只好在勞力費上砍了一刀，我這裡有數據可以證明，你不妨看看。你已經說過，我方對勞力費的計算是合理的，可現在你卻還要求我對它一砍再砍。我們可不是在玩數字遊戲喲！我提的只是我們為完成貴方要求的最低所需，我不能因為您還想多賺些就再殺價了。」

艾：「你不能說你方所報中連 10%的活動餘地都沒有吧？那就從你這個 521,000 元中再扣去 10%看看，那才不過是 470,000 元呀，而我們的還價那可是 480,000 元喲！」

本：「我們的 521,376.54 元是我方為完成你方委託所需要的最低估算，而且還得假設一切都按計畫定的那樣發展。如果中途再發生點差錯，那我們就得虧本。事情就是這麼簡單。」

艾：表露一付厭倦的樣子說：「那我們就出到 500,000 元，再加一個子兒我們就不做了！」

本：經過另外 20 分鐘的討價還價，說：「讓我再最後算一次。」他離開會場，半小時後回來跌坐在椅上說：「我又把每一項費用都算了一遍，我實在是找不到什麼地方可以動刀了。現在我所能夠做的，只能是降低我們希望得到的利潤了。我們的最後報價是 506,375.20 元，這可得到此為止啦！而想成交，你卻只須在你那個 500,000 上再加上 1%左右就行了。」

艾：又爭講了一會兒後，他終於同意了本最後提出的那個 506,375.20 元。

本例所要說明，就是你報出的數字使人相信的重要性。人家相信你，你就有了充分的餘地來確保你的價錢不至於大起大落，而這樣的餘地在你們交換的都是些整數時，是絕不存在的。

注意：除了數字是否精確會有不同的結果之外，怎樣選擇你說話時的用詞，也對你的報價將受到怎樣的對待有重要影響。永遠不要用一些不含最後意義的詞語來粗心大意的報價。絕不能說「255,000 元左右……」、「大絕是 2,000,000 元吧」或「差不多是 10,000,000 元」這樣的話。因為它們一定使人認為你那還不是最後數字。因此，不管是第幾次（即使是第 10 次）報價，每報一次都得讓人覺得那是最後一次。

10.8
利用「突然報價」

談判常常會由於雙方在對於最終協定無大重要性的細節上，爭吵不休而陷入僵局。為避免出現這種局面的辦法之一，就是在人們意想不到的時候，提出個突然報價。這麼做有兩個好處。

首先，它會使討論一下子離開雙方正在討論的問題。當你的對手正好是針對你的談判地位中一兩個薄弱環節攻擊你時，這一招就特別有用。別的不說，你這麼一報價，對手就必須停下來對它進行考慮。而如果這時談判又正好使你感到非常困難，它就會更有奇效，因為它將被視為一個能打破僵局的出路。

正如前面所述，儘管讓對方先報價對你比較有利，但也有的時候，有個朝向最終協定打出去的「先發制人」性報價，最好由你先提出來。之所以應該這麼做的理由，應當與一種談判的細節緊密相連。這樣的時候是：

- 你面對的是未被對手所知的限制，你這麼做會使事情發生轉變。
- 用一個過高的初次報價來試探對手。他的反應如何將使你預知談判的未來進行狀況。
- 某些對方不知道的事實會提高你為之談判的內容的價值。因此，你可能願意用一個吸引人的初次報價來做成這筆還處於隱蔽狀態的生意。
- 如果你占居強而有力的地位，可以由你來決定往協定裡寫進哪些條款。在這樣的條件下，談判拖得越久，你就越會讓人覺得你樂意讓步。
- 如果談判主要內容的價值不易確定，由你報價可以使談判所涉及的基礎價格由你先定下來。
- 有時，情況能說明，由你來第一次報價是表示你有談判的誠意。當對方並不那麼願意進行這次談判時就更是如此。

10.9 對付反報價

拒絕報價有多種做法。在某種程度上，這要取決於對方的報價和你的報價之間有多大的差距。如果該報價已使雙方的立場相當接近，那你

只須堅持你的報價，然後再看看對方是否還能稍稍往前挪動即可。作為一種選擇方案，你這時不妨提議「打個對折」，以求盡快達成協定。

最難於對付的就是對方的報價和你的報價相距甚遠。下面舉幾個選擇方案，供你在遇到此種困難時採用。

1. 反對一個報價的最使對方無法誤解的辦法，當然就是直截了當的拒絕。但除非對方的條件已荒唐到了可笑的程度，一句生硬的「不接受！」是不能令人滿意的。一口回絕人家必將導致對方認為你是在故意頂牛，這當然也必將促使對方更加堅持自己的立場。

因此，當你必須拒絕對方所提出的條件時，你一定要說出為什麼你非得拒絕的理由。這不僅能使你的拒絕讓人覺得有道理，還會使對方在反駁你的回絕時陷入防禦地位。順便說說，進行比較是你用來拒絕對方報價的好辦法。因此，只要有可能，你應當把對方的報價或該報價的一部分，同別的工程、價格或其他任何可比的東西，進行一下比較。

例：「阿諾德先生，您提的條件簡直是不著邊兒了。本地區類似的建築物報價比您報的要低30%。我這裡有一份表格您不妨看看，從那上面您可以看出類似的工程中，每平方公尺計的價格與我出的價差不多。」

2. 如果你接到的關於某個工程的報價十分複雜，包含著許多內容，你一定要花些時間去分析它的細節。很可能該報價的某些方面還是令人滿意的，不合理的只是另外一些方面。全面地分析該報價的每個組成部分，你就能決定是一下拒絕整個報價、還是一項一項地再跟對手爭下去。如果你決定繼續爭，那你就有了接受它的好的方面，拒絕你有異議的東西的選擇權。

例：「卡爾，我跟我方的會計師們仔細地分析了您的報價，我們能接受您算出來的材料費和材料管理費。但是，您算出的勞力費和完成任務所需的小時數，那可是都跑到圈外邊去子。為使我們的生意能做成，還是讓我們集中精力來討論討論勞力費的問題吧。別的先不說，只說說您提的這個高級技術人員需託用 3,800 小時這個數字就……」

注意：如果你用的是這種方式來拒絕一個報價，你必想法子一下打入存在問題的領域。這樣你就能使討論集中於你願意討論的問題上。

3. 有時你會發現，拒絕一個報價最好用貶低其分量的辦法。你可以表現得輕視該報價，但切不可汙辱你的對手。這表示你對這一報價並未看重，只是像對待一個旨在擺擺姿勢、隨便丟擲來的一些條件而已。

例：「亞當，如果我不是很了解您，我真會以為你是在隨便亂講呢！要知道，這可是我們又損失了兩百萬呀，哪能這麼不嚴肅！提點正經的吧，讓我們認認真真地談談！」

4. 如果情況適合，你不妨也叫叫窮。採用一種如果按對方所提的辦，你將承受不起的態度。這有用處，你可以在他腦子裡種下這樣的印象，即可能你們的財力不足以完成對方的提出的任務。於是他就只剩下兩種選擇，要不給你點優惠，要不只好看著你甩手離開談判桌。換句話說，對方會以為你這所以提出異議，只是因為價錢太貴而已。這也將使對方進入防禦，只想想出辦法來為他們的價錢辯護。

例：「我只是接受您這個報價，我們必將破產、一文不名。若是按 2,300 元一套總成計算，那我們賣一臺機器就得淨賠 200 元，事情就是這麼簡單，如果您還想跟我們做生意，您總得讓我們有點賺頭才行。」

5. 另一種方法是用你的再報價，來反擊對方的報價。但這樣做時你切不可急於將對方立場間的分歧一下子消除乾淨。否則，相差的那些

錢絕大部分得由你掏。你只能以你方的原報價為基準，稍做一點調整而已。這樣，你會讓對方認為你既有意於繼續談下去，又不肯也不會做出太大的讓步。

例：為給某公司提供電腦周邊裝置服務，你方要價 5,495,000 元，對方報價 4,900,000 元。你立刻答道：「我們可以降到 5,480,000 元，這可是我們所能砍下的最大的一塊了。」

注意：跳一次你離你方原立場越近，你就越會使對方以為你並無多大的退讓餘地。如果你一步退出多遠去，人家必然會認為那還差得多呢，一定得繼續玩下去。

6. 如果你想快些結束戰鬥，你可以用暗含著如果對方不接受，你們將甩手就走的威脅性反報價來反擊對方的報價。就是說，買賣你們寧肯不做了。這可能會使對方一下子變得認真起來。但是，在這麼做之前，你一定先準備幾個其他方案，以便在人家決定固守，不理你這種虛張聲勢時使用。

例：「維克托，如果您不能再讓了，我看我們再繼續談下去就毫無意義了。」

注意：記住，如果對方還能跟你繼續談，卻又不肯做出新的讓步，那就說明人家確已知你是在唬人了。所以，等一小會後，你就可以一邊往皮包裡裝資料，一邊說出下面的話來強調你方的要求：「我已經說了，維克托，除非你方能讓一些，再談下去已毫無意義。因此，我想知道您到底想不想這麼做。」換句話說，為使這一招能夠奏效，你必須使對方相信你真要朝門口走去了。如果你做不到這一點，你的威信必將受損，你也很可能被迫必須進行又長又困難的談判了。

10.10
撤回你的報價

絕不要你小孩子那樣，一不滿意就拾起棒子、撿起球就回家一樣，撤回一個報價可不那麼容易，除非你也想什麼協定都沒達成就回家。我所能教你的就是，在你報價時就別認為它可以隨便撤回來。道理是，報價一旦被擺到桌子上，對方便會把它視為你方當時的立場，即使它又被你撤了回去時，也是如此。很少會發生這樣的情景，即提出價，又撤了回去，然後又跟人家繼續談判，並且還做成了比你補報價還更划算的生意。一般人都會認為，如果你報價 100,000 元，撤了回去，隨後又報了個 900,000 元，你這根本不是在認真地談生意。

儘管如此，仍有許多有力的理由，可以為你撤回報價的行為辯護，它們是：

1. 情況有了變化。我們生活在一個不斷變化著的世界上，在談判進行期間，情況的變化會使人原來報出的變成一個不划算的價。其理由很多，可以從財政惡化到競爭氣候有變。從談判的角度看，把不撤回來又繼續再談判無意義的報價，和撤回後仍可按變化的情況繼續談下去的報價，區分開來是有益的。如果是第一種，那你只好盡可能友好地與對方結束，再沒別的好做了。

換句話說，如果情況已經發生了變化，而你還想繼續跟對方談下去，你就得準備好裝著收回你的報價。這時，你必須說明出現了哪些特殊情況，以至於你不得不這麼做。顯然，如果你是為你所不能控制的力所迫，對方很可能會理解你的不得已。但如果你撤價是因為你方內部出了問題，一旦人家認為情況的變化，將使你必須做出對他們有利的新價時，人家可絕不會放你走，一定會抓住你的腳，放在火上烤出油來不可。

2. 撤回報價有時也是一種為迫使對方早簽協定的策略。但是，在絕大多數情況下，這可都得算是下策，因為一個報價一旦被撤回，談判卻還繼續進行，那人家就不會認真對待了。因此，你如果真的到了必須撤回報價的地步，你必須準備離開談判會場，把希望僅放在對方以後再來約你的這個可能上。如果你這一招真的奏效，對方則要不接受你提的條件，要不報一個比他們原來所提的要好些的條件。

比突然撤出報價稍好些的策略是，第一次報價時給它加個附帶條件，你可以這麼辦：「如果今天成交，我可以出價 90,000 元。」這樣，你就為一旦你報價未被接受你就撤回來這一行為，先埋伏了個理由。你可以這麼說：「如果本週內成交，我可以出價 524,000 元。否則，我將撤回這個報價來重新計算，因為新的薪資計算將在下星期一生效。」顯然，你說的理由越讓人覺得可信，你就越可能說服對手。

3. 許多談判都會有這樣的時候，那就是談的很多但進展不大。談成的前景也就變得越來越黯淡。這時候，如果你想結束這樣一種局面，你可以在下列三個方法中任選其一即（1）結束談判並表示無意使之重開；（2）把你的報價留在桌上，告訴對方如果他們決定接受它，再來找你好了；（3）撤回你的報價並使對方明白你之所以這麼做是因為談判遲遲不前。

自然，結束談判而又將重開之門釘死是只有當你考慮了一切因素之後，再無別的選擇時才能那麼辦。至於說在把你的報價留在桌子上和撤回報價之間，你選擇哪種做法，那在相當程度上要取決於談判是到了哪個階段才告結束的。如果實際上你做出的已經是你方的最後報價，那這以後你只能離開會場，等著人家決定接受它時再來找你了。即便如此，你也必須給接受與否一個時限。比如，你可以這麼說：「如果貴方能在兩週內決定接受它，我方的報價仍舊有效。」

10.11
用資料來支持你

你的保衛你的報價所做的準備越充分，你的報價就越有可能被對方接受。許多談判所涉及的內容，就是做估價你提出的、支持你方報價有數據。所以，能用資料來支持你的而對方已提出異議的報價，十分重要。否則，你一開始就把牌都攤在桌子上，對方就會以為你那是在憑感覺亂飛亂撞，想碰碰運氣。

許多人之所以在這方面失敗，其原因還多半並不是因為他沒有能支持所說的數據，而只是由於他不能在恰當的時候提出這些數據。當提出的只是些普通問題時，比如材料費、勞力費什麼的，常見的回答就會是：「我去查一查。」當然，在許多情況下，這樣的回答並沒錯，因為，如果談的是涉及到一大筆錢的生意，關於不同費用的資料確實得有一大堆。但是，在另外一些情況下，這樣的回答則只表明你的準備工作不夠充分，沒有預見到有用一些數據來支持你的談判立場的必需性。

能夠在人家提出問題時，迅速說出支持性數據，可以達到好幾個目的。首先，這說明你工作有效率，在你對手的眼裡，你在談判桌上所表現出的高效率，翻譯一下，就是你這人可信。你在查詢資料上花的時間越多，人家就越會認為：「這位老兄不知道他是在做什麼！」相反，你越是能盡快地滿足對方提供資訊的要求，你們就會更快地把那個問題談完

而改談下一個內容。最後，使談判能夠保持穩步前進，有助於防止出現交通堵塞和鑽入很可能造成談判僵持不下或甚至宣告破裂的死胡同。

10.12 保衛書面提議條件

如果你的談判需要你提出一份書面建議。你一定得為承受人家對你的建議，提出各式各樣的挑剔做好準備。你可以利用在談判桌上進行的討論，來一方面詳述你的提議的各個複雜方面，一方面在有問題提出來時給予解釋。當然，你是否能最終成功地捍衛你的建議，將取決於你抓住的一切有利的東西，來支持你的建議的能力。但如何使你做到這一點，卻有很大的靈活性可供你選擇。用以捍衛你的建議的基本策略很多，其中包括：

1. 利用諸如賣方的評語、材料提單和詳細的分項費用表等書面資料，來回答針對你提出的費用專案所提出的問題。

2. 告訴對方他們有異議的某一條款，通常都已被和你打過交道的生意人接受了。

3. 告訴對方你所做的，在你們這一商業或工業領域裡已是一種慣例。

4. 告訴對方你這麼做，是為了他們好。努力把這說成是「為了保護貴方的利益。」

5. 利用一位「上司的命令」。告訴對方這是你們老闆、公司總部負責人或其他某一位上司的要求，你必須這麼做。

6. 說這是按政府規定，由第三方提出的要求，比如一位出租商或其他別的什麼實體，說人家有權要求加上這麼一個條款。

7. 針對對方有異議的條款，提出非你公司的專家的支持意見。

8. 說：「這是我公司的法律顧問讓我們這麼做的。」有時，人們會因為法律的不可侵犯性而接受你這一論點，而從未想到再去問問他們的法律顧問。

9. 堅持你們公司的既定方針。說：「我可不敢改動我們公司的既定方針！」

10. 不再談了的必需性。作為最後一招，你可以直截了當告訴對方，你要捍衛的那一條是不容談判的。如有必要，可以用改變這一條目改變對方提出的，而你們所不喜歡的那一條交換。

10.13 中途改變談判目標

不管你在談判之前做了多麼充分的準備，有時你還會出現你必須在中途對你方的談判立場，進行某種調整。這種事最容易發生在談判已經開始，而你又發現了你未曾想過，被你的對手暴露了的某種資訊。這資訊很可能十分重要，或者它能使你改變，在你們面對面討價還價時所獲得的對對方談判目的的認知，不管是哪一種情況，你都應當保留有隨著談判的進行隨時調整你方目標的靈活性。

常見的情形是，談判戛然而止是因為一方或另一方拒絕在原有的談判立場處退卻，即使協定顯然不能在那樣的基礎上達到在所不惜。但是，常常會出現這樣的結果，即只須有人稍微有點創造性，就想出了一個能夠解決那個對談判成敗具有決定性的難題的辦法。但是，一旦你覺得有必要對你方的談判目標進行調整時，下列幾個因素就是你必須考慮的了：

1. 不要一下子就跳起來接受對方的某個（不管它看起來是多麼誘人）與你所提相差甚遠的建議。

2. 在未對這將給己方或對方造成多大影響進行分析之前，切不可對你的談判目的做大的改動。

3. 不要僅是由於你認為已陷入了無望解除的僵局，就改變你的談判立場。分析一下接受或拒絕某一與你原計畫相左的條件，是否會更好些。

4. 花出足夠的時間來分析重新布置的必要性。

注意：有時，在談判過程中你的對手會突然提議：你可否賣出或提供你本來沒打算和他談判的貨物或服務。發生這種事時，你可要加倍小心，因為這很可能不是他靈機一動就想出來的。這大概只不過是他企圖找出你方策略的弱點、或者向你兜售你不想要的東西。這種東西還常常會成為你們所談判的內容的一部分，目的是在迫使你接受你不想要的東西，來換取他想賣給你的東西。遇到這種困境時，你的最佳應付辦法就是，先把你們計劃談的單獨談完，然後再看看附帶提出來的東西是什麼。但如果對方仍堅持說只有兩樣一起談，他們才能做，那你就停止談判，然後再分析整個局面。

10.14
先退後進

談判的大門一經開啟，雙方的談判立場當然會有分歧。為消除這種分歧，技巧和耐心都是必需的。只有當你具備了這兩樣，分歧才能得以合攏，並以令雙方滿意的形式結束談判。顯然，這裡你很希望對方能做出某種巨大讓步，以使談判能有個結果。但是，在絕大多數情況下，你都不可能永遠站在原地不動，一步不退，只許人家最後來遷就你。所以，你的目的應當是有退的餘地，只是，退得一點一點退，換來的卻是對方盡可能大的讓步。

身為談判新手，他們所追求的只是對方的讓步，而自己卻一點不肯回報。可是，為了避免爭吵或培養起合作關係，他們卻又習慣於迅速白送人家一些對他們來說無關緊要、甚至是毫無用處的東西。被他們所忽略了的是，從對手那裡獲得讓步的交換價值。對自己價值不大並不等於它對你的對手也是如此。事實上，既然他接受了它，對他們來說就意味著，那可並不是無所謂的東西。

評價對手對某些讓步看得多麼重要的最好方法，就是站在對手的角度來看看它們。對方主要關心的是價格呢，還是這些讓步，還有其他重要性呢？他是否還考慮了諸如產品品質、交貨期和付款條件等因素呢？你在這種分析上動的腦筋越多，你就越有可能知道哪些是你的對手看得的，而哪些是雖然他看得很重，對你卻並非如此。

儘管在你的談判計畫中，已經確定了哪些是為了達成協定，可以做出的讓步，你也曾想過對手所追求的將可能是哪些讓步，但只有當談判開始以後，你才會發現什麼才是你的對手所最最看重的。因此，在你未知道哪些是對對方至關重要的之前，千萬別急於和對手交換讓步。只有在你知道了你所做出的讓步，在你對手眼裡具有多大的價值時，也只有到了這個時候，你才有資格考慮到底與對方交換哪些讓步，以求達成協定。而且，就是到了那個時候，你也千萬記住，做任何讓步都應顯得非常勉強，和給出任何東西都必須換回點什麼。

第十一章
標準的談判手段

最終協定裡到底定了哪些條款，在相當程度上，要取決於你在盡可能少做讓步、盡可能多得對方讓步兩方面，具有多高的技巧。無論怎麼說，這可不是件容易做到的事。但如果你能在談判桌上也和拔河比賽中一樣站穩腳跟，這也不是不能學會的事。

知道何時和如何做出讓步，還僅是你該學習的內容的一部分。你還應當知道何時應當堅決不讓甚至顯出生氣的樣子。你甚至還可做出一種可以把談判置於破裂邊緣的姿態。儘管為使你的工作取得進展，你還厭惡使用某些招數，但至少你得學會，當你成了這些招數的攻擊目標時，知道怎樣做才是你的恰當的反應。本章所討論的內容，就是如何使用談判招數，以及如何反擊它們。

11.1
虛張聲勢

當然，虛張聲勢這一招可以成為一種大獲成功的談判技術。但一旦被人識破，它也可以造成只是使你自己臉紅，別的什麼也得不到的大錯誤。總之，虛張聲勢之所以能獲得成功的關鍵，還在於你能讓對方相信你那不是在虛張聲勢。在談判過程中，虛張聲勢的開始階段，常常並不能取得成功。相反，那是在它受到了挑戰而你又能堅持下去之後。下面看看一個簡單的例子：

背景

亞歷克斯（簡稱「亞」），一位多家小商店的業主，正在同肯，這位多家大商店的擁有者有興趣再兼併一些商店的大老闆，進行關於把自己的商店賣給他的談判。經過長時間的脣槍舌劍之後，雙方在價錢上發生了分歧。

討論

肯：「我出的價不能高於 1,500 萬元了。」

亞：「我一再跟您講了，我們要價 2,000 萬元，少一分錢也不做。現在讓我們把這一切都忘了算了。」（宣布談判已經結束，只是虛張聲勢的初始階段，目的不過是企圖使肯抬高點出價。）

肯：「真遺憾，亞先生，我們實在談不到一塊兒。如果你改變了主意，請再通知我吧。」（肯針鋒相對地頂了回去，目的僅在於看看對方是否還想繼續談下去。實際上，肯是能夠出價 2,000 萬的，只是他必須這麼做。）

亞：「您就當我們沒談過得了，我真的無法再讓價了。」（亞先生確實想把商店賣出去，他也知道肯確實想買它們。因此他決定一走了之，看看以後會發生什麼。兩星期後，肯給亞打來電話，並同意對方的 2,000 萬元要價。由於亞在它的虛張聲勢受到對方的挑戰之後，仍能堅持做下去，他終於得到了他所要的東西。）

在談判中，虛張聲勢這一招，一旦受到雙方挑戰，它是否還能奏效，就取決於它是否還能繼續堅持下去了。就以上面舉的這個例子來說吧，亞先生在對方不聽他那一套之後，抬腿就走的決定，使他終於獲得成功。但同樣也可能出現的結果是，他並沒能得到他的要價。虛張聲勢本身是帶有風險的，因此這一招絕不可隨便用。換句話說，一旦用了，你就得為如果人家不信邪你就得承擔失敗的後果，做好心理準備。

另一方面，如果談判已到了風險最小的階段，虛張聲勢這一招就可以，而且多半會成功。特別是當你覺得很可能聽你這一套時，你就更應當這麼做。例如，如果你知道對方比你更想做成這筆生意，那他們就極可能不願意看見談判接近破裂的邊緣。儘管如此，自然人可絕不會像機器人那樣，聽一些程序的指揮，你永遠也不能肯定你那一套必定有人聽。因此，如果你還沒打算和虛張聲勢所可能帶來的嚴重後果一起生活，那你的錦囊裡就最好別裝這條妙計。

這個問題的另一面，就是當人家向你虛張聲勢時，你該怎麼去對付。對付虛張聲勢的辦法有兩個，即你可以立即反擊，看看以後發生什麼，或者只是不予理睬，讓對方對你這種態度先做出反應。如果你決定用第二種辦法，而談判又繼續下去，且對方又不將他的虛張聲勢再添點什麼，那就是說你取得了勝利。

當然，虛張聲勢這之所以以能取勝，就在於其對象未能區分事實和假象。換句話說，不知道人家是在講實話還是在誇口這種既可能是實話又可能是誇口的語句，大致如下：

- 「要不就按我的提議，要不就算了。」
- 「300 萬元，您包不包這項工程？還是我找別的公司再談談？」
- 「今天下午 3 點，您得接受我方報價，否則這筆交易就算沒了」。
- 「如果你們決定罷工，我就宣布破產！」

為判斷對方的威脅到底是真的，還是虛張聲勢，以決定你的談判中，當使用哪種武器，你應當分析與該威脅有關的所有其他因素。如果他們繼續談下去，是否會給他們自己造成困難呢？如果談判真的就此破裂，他們會不會還有其他方案呢？除了與威脅本身有關的因素外，你還要看看對手的個人扮相。如果對方是公認的脾氣暴躁、極易發火，那麼，儘管眼前的一幕本應該使他收斂，他也會繼續氣勢洶洶下去的。

總之，說一千道一萬，如果對方對於和你做生意不太感興趣，那他就不會來談。所以，如果你面對的是一種包含著無理要求的威脅，儘可以不理他好了。如果後來事實證明，他那不是在虛張聲勢，是你的誤解導致談判破裂，那你也只好等將來再說了。

11.2

一點一點地讓步

談判過程中，有時你得考慮這樣的問題，即到底是一點一點地做出許多小讓步，還是把它們捆到一起，一下子丟擲去，以求做筆全套生意好呢？一點一點地讓步，能使它們換回最大的價值。但這麼做，也會使你無意中做出了本不該給予的讓步。

但是，幾經報價，雙方都不願意在細小的專案上輕易退讓，那可是耗時又費力的事。一些小小的彆扭堆積起來，將使雙方都感到厭煩，使敵意增強，甚至終於導致談判徹底破裂。一點一點地讓步還可能使你被逼到再無什麼可讓的地步，而這時對方還在增壓，以求再多擠出些油水。此外，經過多次報價（雙方提的都是一次比一次略好些）之後，雙方就誰也無法肯定到底到了哪裡才算一站。相反，一下子都給出去，卻使雙方都可避免談及對自己也是難點的那些問題。

在相當程度上，到底怎麼做才對，還應當看談判是怎麼開始的。如果對方的初次報價已經相當接近你方的要求，那你就完全可以把你能讓的一下子都丟擲去，以求快速達成協定。如果情況正好相反，對方的初次報價與你方要求相距甚遠，那你只好透過一系列的小讓步，使他一點一點地向你方的目標靠攏了。

不管你是怎麼打算的，也不管你要達到哪些目的，最實用的做法，還是先試著與對手全套地談，而同時又保留某些你可以讓予的東西。這樣就可以使你避免在想達成協定、又遇到了阻礙時，把大塊的好肉都給了人家。

11.3
海市蜃樓式讓步

在與對手交替進行讓步時，你千萬要記住的就是給出了某種有價值的東西時，你至少得從對手那裡得到同等價值的回報。但你換回來的，也可能只是表面看起來有價值，實際上卻很少有價值，或甚至什麼都不是。要確知對方是否在真的讓步，你必須先向你自己提出三個問題，它們是：

1. 他這種讓步有什麼價值麼？表面不一定那麼誘人，這在談判桌上可是常遇到的讓步。雙方都在力圖做成一筆對己方最有利的生意，這至少可以認為，雙方以讓步形式給出的東西都是越少越好。

另一方面，談判未開始之前，也可以知道談判中做出哪些讓步是必需的。因此，與會的雙方都會採取高於其談判目標的立場。於是，結果便會是：首先同意給出的讓步，只是從一個無法達到的目標那裡開始後退的一步。因此，在許多談判中，最先出現的讓步所代表的，只不過是一些虛妄，目的僅在於消除擋在對方談判目標前的迷霧。

現在假設你方所報的初次報價，只是為了能使你在這以後做出一些不會傷及你方目標的、無關大局的讓步的靈活性，那你可以肯定，你不會因此而損失多少。但是，如果出現了下列情況，你可就麻煩了，即：（1）你給出了你在談判計畫中未曾規定的讓步；（2）你做讓步時粗心大意，以至於在對方尚有充分的後退餘地時，你已經退到你方談判目標的邊上。為避免出現後一種情況，你必須每做一點讓步，都得要對手經過一番戰鬥。這不僅可以防止你被逼得後退無路，這在心理上也有好處，你會覺得你給出去的都是肉而絕不是骨頭。

即使已經到了雙方都必須做核心性讓步的時候，你仍然有可能成為無價值的讓步的攻擊目標或犧牲品。這些讓步可以以不同的形式出現，如各式各樣無法兌現的承諾，以及答應已被法律或法規明令禁止的條件。

2. 你應當問自己的第二個問題是，既然對方做了這個讓步，那他們要求的回報是什麼呢？你在交換讓步上是否能取勝，在相當程度上將決定你做成的這筆生意有多麼好。這裡，常見的一個陷阱就是，給出去一塊換回來的還是一元。如果對方給的價離你的目標還很遠，這麼下去不就麻煩了嗎？

例如，如果你方的最高出價為 20 萬元，而對方又提議把他們最後要的那 30 萬和你出的 15 萬打個對折，那你們就得給人家 22.5 萬。這個小例子所說明的問題是，看起來是等價的交換也可能使你方受損。因此，當你想知道對方給的是怎樣一種讓步時，你應當看的是它離你們的目標還有多遠，而不僅僅是它那等價交換的形式。

3. 許多答應了的讓步，它們好到什麼程度得看兌現得如何。許多讓步中所包括的內容，都將視所簽合約的執行情況而定。因此，遇到這種視合約執行得好壞才能定下來的讓步時，你一定要想辦法把細節都寫到紙上。否則，你將發現你談了半天卻並未得到你所要的東西。

11.4 執行得好時給予獎勵

執行合約時，做得好就給予獎勵的辦法確實是將談判桌上的承諾變成現實的好手段。一個談判人員在談及他們公司過去承包類似工程時是做得多麼多麼地好，他那一連串的最高級形容詞是一回事，他這種吹噓是否就得使你認為，他們在執行你談的這份合約時也會那麼令人滿意，可是另一回事。但是，如果談判的內容很適當，你仍可以用合約執行得好就給予獎勵的辦法，促使對方朝著履行其承諾的方向走。

獎勵通常被用來使對方願意達到或超過合約規定的技術效能。其最基本的形式是，先規定了某些技術要求，一旦對方做得或比要求做到更好時，他們就會得到額外的好處。

在某些情況下，特別是當涉及的是一個研究專案，技術條件無法定得很死時，人們則先定下一些目標值。這裡，由於無法確定目標條件是否能夠得到滿足，合約裡就在達到目標值後所得到的獎勵之上，再附上如果目標值達不到，獎勵就會很少，或一點不給好處等等的條款。當然，給予什麼樣的獎勵，取決於買的是什麼，以及買方所希望的技術效能。

除了技術效能方面的獎勵之外，人們還可以針對承包一項工程花費多少，和交貨提前等給予獎勵。實際上，任何形式的獎勵都是可能的，關鍵在於你設計該獎勵時，必須能使它有助於超過你希望達到的水準。為更清楚地說明應當怎樣使用獎勵，還是讓我舉幾個簡單的例子。

技術獎勵

「X」公司（買方）與「Y」公司（賣方）正在就由「Y」來設計和製造一種將成為「X」公司產品的一部分的部件問題，舉行談判。按技術要求，該部件應重6公斤。由於部件的重量是該產品的一個關鍵引數，「X」公司就答應，如果「Y」能把該部件設計和製造得低於4公斤，那麼「X」每生產一個產品就給「Y」支付獎金1元。

交貨及時獎勵

「A」公司（買方）與「B」公司（賣方）於3月1日簽了一份合約。合約規定，「B」公司應在12月或12月之前，生產並交付4,000個小部件給「A」。由於如果能早收到這批貨會對「A」有好處，「A」就規定，如果貨物能在9月1日或那以前交付，他們就同意給單價再加上1%。

費用獎勵

「L」公司委託「B」公司進行一個研究開發專案。合約是在費用省錢有獎的基礎上簽訂的。為鼓勵「B」更有效地使用這些費用，合約裡還加了這麼一條，即「B」如果能從目標費用的100萬元中少花1元、「B」就可以得到獎勵費兩角。設最後共花出80萬元，「B」即可得獎金4萬元。這樣，除合約規定的報酬外，「B」又多得了4萬元（100萬減去80萬再乘以20%）。

注意：當然，將費用、技術要求和交貨日期連在一起在協定中設將也是可行的。但這時協定條文的複雜性，就遠遠高於所舉的幾個例子

了。還應當注意的是，獎勵還可能是條雙行道。就是說，如果合約執行得低於規定要求，對方的好處就會減少，這就是有獎有罰了。

當心：決定採用設獎辦法時，有幾個預防性措施，值得你考慮，它們是：

1. 獎勵的數目和種類。如果合約裡規定的獎勵沒有經過充分的計畫，那它就可能弊大於利。

例如，如果你設了好幾個技術效能獎，你就得先確定哪個獎優先。否則，對方將盡力滿足某一技術要求而忽視其他技術要求。

例如，如果你針對高、寬、長都設了獎，而高度又是三個引數中最重要的，那你設的獎就應當有所偏重，就應當特別鼓勵其達到高度要求的指標。相反，如果你對那三個引數所設的獎都一般重，那你這個專案的承包人就可能忽視三個引數中最困難、最不容易達到的那個高度，而盡力追求滿足你對另兩個引數的要求。因此，只要有可能，你一定要避免上述做法。可在合約中特別規定一個條件，即各個單項獎只有在規定的所有目標全部達到之後才能給付，只一個單項達到要求（不管做得多麼好），也是一分錢獎金都沒有。

2. 確定各種有獎條件是否已經得到滿足所用的標準，得經過仔細研究。如果你寫進合約中的設獎目標偏重錯誤，或條件過於寬鬆，其結果便可能是，你雖然付出了許多獎金，卻並未獲得你所要求的效能特點。另一方面，如果把設獎目標定得那麼遙遠，以至於幾乎是無法達到的了，那也就沒什麼動力使你的合約承包方，願意朝目的地那個方向奮力前進了。

3. 設獎條款用什麼語言（文字）來撰寫也是至關重要的。所用語言必須能清楚地說明規定的效能指標，將用何種方法進行測量，以確定是否應該獲獎，但行文上又必須簡單易懂。這可以避免在計算哪些專案已有資格得獎和獎金總數時，雙方發生爭執，而究其原因卻僅由於雙方對該條款的理解不同。

注意：除使用獎金來獲取你所要求的效能或盡可能好地執行合約外，有時你也可以把它用作一種談判手段。你可以將達成協定有獎的暗示，作為在其他領域裡獲得對方讓步的手段。但當你真想用這一招時，你可得確保當人家要你兌現時，獎金用得確實有用。否則，你就得先找好退路，到時候能夠撤回你那個暗示，而又不至於被對方恥笑。

11.5
執行邊緣政策

談判過程中，有時你會遇到對方故意設定障礙，或者由於他猶豫不決而使討論遲遲不前的情況。或者，你自己這方面有時間限制，而談判的進展速度卻遠不能使你按時達到目的。出於上述原因，你可能發現你必須推著談判前行，以求盡快得以結束。為此，你必得強迫談判到達那個協定達不成你就得離開會議室去看看落日餘暉的那一點。

這樣的一種困境，也可能使你不得不停下來，因為很有可能對方說聲：「再見！」而後就揚長而去，留給你作為你一切努力的報答的，僅是一大堆懊惱，並使你終於明白了不是所有談判都是以達成協定告終的。儘管如此，認識到有許多原因，能說明為什麼對方不是對達成協定，而是對磨磨蹭蹭的談判更感興趣，還是很重要的。這些原因包括：

▷ 磨磨蹭蹭會使他們做成一筆更有利的交易。特別是當對方知道你有時間限制時，人家就更願意這麼做。

▷ 談判中並無對方的既得利益，他們之所以跟你談，只不過是想看看是否能誘使某人願意使他們得到意外的收穫。

▷ 對方是被迫在與你談判，根本無意達成任何協定。例如，奉行貿易限制主義的「A」國之所以和「B」國進行貿易談判，不過是為了預防對方採取報復性措施。

▷ 人家不過是把你當個談判幌子使。與此同時，他們正在同其他方面談判，你們這邊的談判不過是故意施放的煙幕，目的僅在於使他們更容易和別人做筆好生意。

▷ 在達成協定方面對方沒下決心。這對於夫妻店、家族店之類的商號是常有的事。對於這些人來說，即使談判已進行了一半，也可能發生到底是把商號賣了還是不賣的拔河比賽，哪邊取勝還不一定。

儘管使對方在談判中表現拖拉的原因很多，但到了一定時候，你會發現你必須使之有個結果，不管生意做成不做不成。當然，如果你還有別的更好的事可做，勇敢地採用邊緣政策也就沒有多少可擔心的了。但是，不管你是多麼想做成某筆生意，談判中你總會到了那個階段，即那時你必須搞清楚那筆生意到底還有沒有做成的希望。

到了這個你必須迫使對方結束談判的階段時，你切記要能把你自己從邊緣處撤回來。就是說，執行邊緣政策時你必須堅定而又實事求是，並且永不動怒。如果你由於受了挫折而失去冷靜，那你就可能在最後一分鐘失去挽救這筆生意的希望，不管這個希望是多麼渺茫。你可以這麼說：先生，我們談了一輪又一輪，可什麼也沒能完成。能不能跟我說說，到底還有什麼理由能讓我們繼續談下去呢？如果對方的回答是「沒有！」那你乾脆就再給他這麼一句：「如果您改變了主意，給我打個電話吧。不然，那就只好希望我們將來能有機會再次合作了。」

另一方面，如果對方確實想做這筆生意，他的回答將是說達成協定還是有可能的。如果發生了這樣的情況，你可以再加點壓力上去，使對方的安慰變成行動。

如果他的意圖仍舊只是拖延，你再不斷然處之，就等於你自己在推遲不可避免結局的到來了。這時，你可以採取多種辦法來使對方做出最後保證。這些辦法是：

1. 請他報價：「埃德，如果您真想解決問題，那您幹嘛不最後報個價出來，好讓我們看看這筆生意到底能做不能做呢？」
2. 你自己報個價出去：「好吧，埃德，我並不認為我們已經取得了任何進展。但我確實想跟您做生意，所以我還是想試試，現在我可以提出我們的最後一次報價了……。」
3. 給達成協定定個期限：「我願意再堅持兩小時，如果兩小時後，我們還達不成協定，那我就要搭晚上 6 點 30 分的班機回辛辛那提去了。」
4. 找出使談判停滯的原因：「如果您還想讓我們這筆生意成交，埃德，那您就乾脆指給我們看您的難處到底在哪兒。否則，我們這就等於是在白白浪費時光！」
5. 請他的上司出面來解決問題：「坦白地說吧，埃德，我看光靠我們這筆生意是沒法談成了。因為大概您還沒被授權來決定是做還是不做。但我還是想再呆一會兒，聽聽斯邁思先生（埃德的老闆）怎麼說。」

為使一個遲遲不能前進的談判終於開始起步，這期間你感到最難受的可能就是既要耐心等待，而又因怕談判最後失敗而提心吊膽。當協定的達成將使你方收益比對方大時，就更是這樣了。不幸的是，正是由於這樣一種純感情上的弱點，才使你的對手能夠繼續拖著你談下去，儘管他也許根本不想達成任何協定。就是說，你越怕生意做不成，為達成協定或終於知道了根本沒生意可做，所花去的時間就越長。

最後，儘管要做的可能會很難，但一旦在你執行了邊緣政策後，協定還是沒能達成，你離開會場的時候，也千萬別心存怨恨。因為你永遠不會知道將來會發生什麼事。也許兩個小時後，你就接到電話，告訴你對方已經接受了你的最後報價呢！

即使沒有這事發生，也還有別的機會能使你在將來和人家做生意。因此，結束一次毫無成果的談判時，你那一句「他媽的！」除了使你暫時痛快一下外，別的什麼用處也沒有。

11.6
既靜止不動而又得以前移

你大概還記得，我們在前兩節裡，曾議論過如何來對付一個故意設定障礙的對手的問題。現在就讓我和你談談你自己也來設定點障礙的問題。故意設定障礙，當然是越做得讓人看不出來就越有效了。

對於談判新手來說，事前準備越充分就越容易保持堅定，拒絕從自己的談判立場後退，對手也就越難於找到其論點中的空子，也就越不可有人責難他是在故意設定障礙。

與設障策略相輔相成的另一種策略是，對方哪一處最弱，就往哪兒越加壓，以求在那裡將他壓垮。這種防衛加進攻的做法，將使你能夠更加不想後退。這還有助於你在對手責備你只是故意設定障礙，以迫使人家接受你的立場，或至少得朝那個方向走時給予駁斥。

你能夠保住你的陣地的時間越長，同時伴有對對方陣地的進攻，你的對手就越有可能接受你的要求。故意設定障礙策略是否能奏效，取決於你能否將對手的忍耐力推到極限的邊緣。這就類似於將某人推到山崖邊上，卻又不希望他掉下去，只是在那裡搖搖晃晃。換句話說，你的目的僅在於使對手受到挫折，而絕不是將他逼得忍無可忍，跳起來與你針鋒相對。

故意設定障礙，得靠對手無法忍受才有生命力的。因此，你能堅持使對手只是搖晃而不倒下的時間越長，即使對手不能完全接受你的建議，他至少也會被逼得做出大的讓步。另一方面，使用故意設定障礙這一招也確有風險，那就是對方可能終於明白了，把自己的頭一味地朝牆上碰，可沒什麼好處。而一旦人家發現原來他們與之談判的這位，是個蠻不講理的傢伙，再想讓人家好好和你談，大概就不大可能了。所以，任何時候你一旦決定使用這一招，你必須準備好，當談判告破時，可以立即提出來的其他方案。

11.7

蠶食對方陣地

談判人員武器庫中必備的一件武器，就是不管受到多大壓力，也能控制住自己。即使受到挑釁，也能保持冷靜，以使你做出理智的決定，而絕不受衝動的驅使。總之，保持沉著冷靜，對於談判人員來說，是件重要事。

儘管如此，有時裝著發點小脾氣，也許更為適當些。例如，坐在你對面的可能是個好鬥的公雞，儘管你多次請他文明些，他仍是不肯安靜下來。有時，你還會遇到一個專門想拖延時間的人，他好像除了使談判毫無進展，就沒別的事好做似的。這時，你唯一的對付辦法，就是表露你有分寸的憤怒了。

但這時，你的目的只應當是向對方輸出這樣一個訊號，即：(1) 告訴你，他的做法讓人無法忍受；(2) 你再也不想遷就他了。但你這麼做可絕不能只是為了消消火、把怒氣都洩到對手的頭上去。那只能使雙方火拚，倆人都失去對自己的控制，從而什麼有建設性的東西一點都沒獲得。相反，你應當只是裝著生氣，實際上你的情緒還完全在你的控制之下。

用佯裝發怒來作為一種談判手段，進行新手似的表演，似乎有點幼稚。但是，真刀真槍地對峙（至少你以為是在那麼做），也可能是必需的。這首先是因為，有些人總以為表現蠻橫是談判過程的一個不可或缺的部分。抱著這樣一種錯誤的認識，他們必然有意表露出敵意，以求迫使你屈服。而還有另外一些人，他們的敵意是生來就有的。

不管對方的敵意是什麼原因造成的，當你反覆地想跟他講理卻毫無結果時，那你就算是到了在繼續忍下去和予以反擊，以迫使他收斂兩者之間必選其一的境地。你當然可以威脅說，除非他不再蠻橫，否則你就宣告談判破裂。但這種辦法並非永遠是可行的。首先，你的談判地位有可能是這樣，即你一旦進行威脅就可能使局面變得不可收拾，特別是當對手生性蠻橫，而並非有意佯裝的時候。生性容易動怒的人，他的決定和行動都帶盲目性，對這種人，你一旦威脅說要離會而去，他會真的接受你這種挑戰，而不計後果的。

此外，威脅說要宣告談判破裂，可能只有助於獲得對方口頭上保證，行為將有所改善，而隨著談判的繼續，他又重犯他的老毛病。所以，有時你裝著發了火，使對方高高跳起的身子落到平地上來，倒是很適當的。你的目的不過是告訴他，你這人不受欺負和無意再容忍他那一套而已。下面就讓我來舉例說明你該怎麼做。

背景

約翰．亞當斯（簡稱「約」）（賣方代表）正在與喬先生就喬購進賣方幾家商店的事舉行談判。約翰受喬的各式各樣的惡語中傷，已經一個多小時了，儘管約翰極力想使談判文明地進行。最後，約翰終於決定教訓喬一下。

喬：喬把資料啪地一聲摔在桌子上，並大聲嚷道：「約翰先生，您簡直太蠢了，我再不想浪費時間來給你做解釋了。不管你接受不接受這筆交易，這對我都無所謂！」

約：站起來，把身體俯向桌子對面說：「我對您的蠻橫真是受夠了！如果你不能停止個人攻擊，使談判文明地繼續下去，那您乾脆直說吧！我們就談到這裡好了！」

喬：見約翰發了火，嚇得向後縮了一下，他覺得很突然，因為這以前約翰一直很矜持、很克制。停了一會兒，他微笑著說：「嘿、真生氣啦？來，讓我看看我們這個問題是不是能解決得了。」（談判於是以令人滿意的方式繼續進行，並取得了成果，而喬再也沒表現出好鬥的行為）。

同例中所述的一樣，蠻橫不講理的行為常常就是在你奮起應戰時停止的。特別是當對方的蠻橫只是一種談判策略的時候，就更會是這樣。但是，如果你奮起反擊的結果，只是使對手的脾氣變得更壞，那你就得想法子避免長時間對鬥了。你這時應當叫暫停，以求事情平息。這以後，當談判重開時，告訴對方，如果談判再不正正經經地進行，你已無意再繼續討論任何事了。如果這時你的對手仍是舊習難改，你就再次離開會場，並且（如果可行）讓對手的上司知道，談判之所以無法繼續下去，是由於對手的個人行為所致。

忠告：對自己失去控制的人很容易犯錯。如果你發現出了這樣的事，你不妨暫時以沉默應戰，因為談判的成果總是由你的直接或間接的行為，一點一點累積起來的。至於說，什麼時候你應當這麼辦，那可得由你自己決定了。

11.8

你可以向對方要月亮

正如前文中已多次說過的那樣，你第一次報價時，一定得留有餘地。儘管如此，在絕大多數情況下，都別摻水摻得太過頭，以至到了對手難以置信的地步。一個完全脫離現實的初次報價，完全可以造成談判剛一開始就告破裂。相反，你的初次報價應當能鼓勵對手做出報價，否則，要想最後達成協定可就困難了。

但是，在某些特殊的情況下，你也可以採取剛一開始就漫天要價的策略。這些特殊情況包括：

1. 對方的初次報價就報得無理。遇到這種情況時，你只能選擇：(1) 拒絕往下談，直到對方提出合理的報價為止；(2) 你提出個合理的報價，然後努力消除雙方的分歧；(3) 給出一個同樣遠離實際的報價。

拒絕談下去，有使談判立即陷入危機的潛在可能性，使談判尚未認真地開始就一下破裂了。而如果你的報價卻是以禮對無禮，你也可能因此而遇到不必要的困難。因為，這麼一來對手將要用一點一點地讓步來將他的無理報價和你的合理的報價之間的裂隙填平。這對你將是一場惡夢，因為為消除這個距離你得前進幾十步，而對方則只須移幾步就行了。最後你將被逼至絕路，再沒有什麼可作為讓步給出去了。但是，當對方這麼做只是作為一種談判策略時，這還算不上是一種不可踰越的障礙。這也許只預示著談判將很難，歷程很長而已。鑒於選擇（1）和（2）兩種辦法來應付。都會給你造成一定的困難，你不妨乾脆就選擇第三種對策，即還他一個同樣不合理的報價。

2. 當你做了初報而又不能肯定它的真正價值是什麼時。談判的主題可能會是這樣，即你不能確知它到底值多少。儘管在絕大多數的談判中，這樣的事是不會發生的。但在某些極特殊的情況下，這也不是完全不可能的，尤其是當談判的主要內容，是一種不可觸控的東西的時候。如果你真的陷入了這樣一種困境，你就可以先報個使人覺得可笑的低價，然後看看，如有理由再行提價。

3. 當對方不知道所談內容有多大的價值時。對方獲得的消息不準確，對手太天真或者你獲得的資訊（對方不知道），足以證明那價值遠比表面上看起來大得多時，就會發生這樣的事。

4. 當你方占居絕對優勢，你的優勢比一般情況要得多得多時。當對方需要的東西只有你們才有的時候，就會發生這種事。因此，由於方向價由你掌握著，你可以要一個從未有過的高價，並使對方接受。反過來，如果你是買主，而對方又急於想賣給你某物，你的出價也完全可以比一般情況下低得多。

注意：提出不現實或超高要求時，一定得弄清楚談判主題的價值是否極易為人所看清。在這方面一定要謹慎。能獲得意想不到的好處當然不錯，你能有充分的餘地來做出讓步的局面，當然也是令人神往的。但過分的要求往好裡想可導致談判困難，往壞裡想則可能導致對方拂袖而去，使你什麼生意也沒做成。此外，協定達成後，還要有一段時間由人家去執行它，而在這段時間裡，人家也將會讓你好過的。因此，最成功的談判還應當說是雙方對協定內容都比較滿意的那種。

11.9 虛所低價

儘管作為一般性原則，每種談判的最終目的，都是為了使自己做成最有利的交易，但有時犧牲眼前利益，以換取長遠的利益，也是應當的。一個明顯的例子就是，身為一個新的供貨廠商，你想先站穩腳根以追求未來更多的生意。要做到這一點的方法之一，就是先要一個與生產成本相近或低於成本的價格，以確保今後人家都會歡迎你。如果一切都能按計畫完成，你可以逐漸地提價，使之達到利潤雖不太高、但銷售量大的水準，達到薄利多銷的目的。

當然，也還有其他一些原因，使你要價保守，以求做成某筆生意。例如，你有許多競爭對手，或者談判的內容對於價格問題過於敏感。不管由於什麼原因，當你必須把一些很優惠的條件作為鼓勵，來尋求達成協定時，你都得十分謹慎。

首先，你給人家便宜，並不一定會使人家認為那是一種便宜。很有可能發生的情況是，你的十分優惠的初次報價，只造成使對方更想追求再有利一些的生意的作用。因為人的一種自然傾向，是認為初次報價所報絕不會是一個好交易，除非先經過一番討價還價，並得到足夠的讓步。不管這看起來多麼奇怪，除非經過了激烈的爭執，才終於做成一筆好生意，否則人們就永遠不會感到滿意。

另一個很少有人認識的方面是，一旦某筆生意看起來有點過於好了，人們就一定懷疑你的報價中必有不可告人的陰謀。小心翼翼的商人，都希望知道他們出錢買來的東西中所藏有的祕密。儘管他們都希望出價盡可能地低，但卻不一定都願意由於價錢便宜，而承擔買回來的是次品的風險。因此，低於一般水準的報價，很可能促使買方想，這是不是由於品質差？你們公司即將破產？以及其他一些非常奇怪、足以使你報價如此之低的理由。

從你自己這方面出發，你也得仔細考慮考慮，你冒著這樣多的危險去報低價，是否值得。例如，是否還有別的辦法可以使用？可不可以再加一條價錢與品質高低掛鉤的內容，而不只是為了今後的生意？而且，誰能肯定對方真的就不理解你這麼做的用意呢？而且，誰又能肯定人家不是只想先占一回便宜，今後就再也無意和你們做生意了呢？

人們報低價時的另一種考慮是，競爭對手不是一家，想用這辦法把他們都擠走。但是，如果對方在同許多家進行同樣的談判，人家一定會想辦法，使你和你的競爭對手們展開廝殺。不幸的是，鷸蚌有時會由於都想成為勝利者而隨手給漁翁扔去一大堆的保證（金錢），以至於連勝者也終於成了簍中之物。就是說，他在爭搶生意上雖然獲得了成功，卻在生意上把內衣都輸掉了。

為避免陷入這樣的悲慘結局，你必須仔細地權衡你的每一報價的利弊，考慮的不應當是怎樣擠走你的競爭對手，而只應當是能使你做成一筆有利的生意。

注意：競爭對手之間的廝殺不僅僅有損於那些用低價來換取勝利的賣主，買主也會被這種搶生意的狂熱所感染，結果還可能是，他不但沒少花，反而出了高得多的價。這種情況在娛樂圈裡是常見的事，由於終於得到了一位表演天才，人們會因為陶醉而失去理智。

除了上述報低價所可能造成的糟糕結局之外，你最後要問自己的一個問題是，你在這筆生意中少賺或甚至不賺錢，是否會從可能的未來生意中得到補償。在絕大多數情況下，答案很可能是否定的，除非你能肯定真的有將來必能到手的利潤。

11.10 分而治之

如果能找到或確知你談判對手團隊內部的競爭和不同的目標，那對你來說可謂是極大的成功。怎樣來獲得這樣的消息，可用的有許多方法。對方談判代表團成員間的意見分歧，有時會在談判過程中顯露出來。但在大多數情況下，這種分歧是不易被你覺察的，因為在談判中自己一方應保持一致，是最起碼的要求。因此，除非對方談判代表團的負責人無法控制他的隊伍，你必須時刻保持警覺，想方設法查出敵對陣營中的不和之處。

方法之一，就是細心觀察對方每一成員的細微表現，找出是否有人對於另一人所說，抱有不同的看法。這些細微的表現可能只是皺了一下眉頭，抬了抬眉毛，或甚至只是微顯惱怒的沉默。如果你走運，有時你還會遇到對方一位成員，公開地糾正或甚至反對另一位成員的意見那麼明顯的不一致跡象。

搜尋對方內部不一致消息的另一種方法是，在談判前的幾次碰頭中，就開始著手。這樣的會晤可由你方的推銷或技術人員出面，談的也可以不是談判將涉及的內容。所以，任何一個與使用者、顧客、供貨商或任何一個可能參與未來談判的你方僱員，你都應當讓他肩負起收集這類情報的任務。

最容易存在內部分歧的領域，就是技術人員與非技術人員分界之處。技術和科學研究人員很願意聽到那些有助於改進技術效能的建議，非技術人員考慮的則大多是關於成本、費用等等的問題。因此，對付工程師們，你吹噓一些代價高昂卻華而不實的技術條件，就比你對付那些很能精打細算的行政人員更容易獲得成功。當你進行的談判，使你可以用高技術效能作為你論點的依據時，知道這一點將會對你大有用處。

遇到這樣的情況時，你一定要把你的論述的對象，定為對方的技術人員，因為他們很可能成為你的支持者。儘管他們不大可能公開地支持你擺到談判桌上的觀點，但在他們代表團的內部討論會上，這些人卻很可能成了你的說客。

實際上，「分而治之」的策略也是多種多樣的。只是它們的最終目的，都不過是在對方營壘中找出能幫你忙的而已，不管他的動機是什麼。為使這種策略得以奏效，你要做的是利用這種來自敵營的不公開的支持，卻又不讓人知道你在這麼做。這樣，你至少可以使對方成員中，不同意你的觀點的人，不至於站出來反對你。此外，如果暗中支持你的人，在對方陣營中的影響力足夠大，那他們在其內部策略分析會上，還真會公開說出支持你的意見呢！如果真有你的人藏在曹營之內，要達到你的談判目標，還有比這更妙的麼？

忠告：當你遇到的是一位強而有力的對手時，克服你這一劣勢的辦

法之一，就是想辦法讓他的老闆也參與談判。一旦老闆進入會場，你就一味地捧這位老闆而把那位談判老手晾在一邊。老闆如果發現你很願意和他來做生意，他就越發地有可能成為這筆交易的決策人。

11.11

用土石換金銀

做成一筆好生意的萬無一失的保證，當然是用很少的東西或甚至什麼都不用，就換來了你要的東西。乍看起來，這似乎是不大可能的，因為現實中總應當是給出某種價值，才能得到某種價值。儘管如此，有時確有一種傾向，那就是為使協定達成，有人願意給出比本不必給出的更多些。你可能知道，或者聽說過，有人確曾為得到一家公司、一座建築、某種產品或服務，而付出了異乎尋常的高價。當然，為什麼會發生這樣的事，是有多種原因的。實際上，當初曾被視為過高的價格，很可能到後來反而成了一件便宜事。

而且，談判中為達成協定，人們的確常常給予了超過必需水準之上的東西。原因當然不少，但最重要的還是未能確知你所給出的，對於對方具有怎樣的價值。你的談判對手可能由於認為你所給的對他們來說，比對你更重要，而更加珍視它。這個它，可以是你在談判中做出的某一讓步，也可以是談判的中心內容。

因此，為使你在談判中所得到的具有最高的價值，千萬別只從你自己的角度來看某一談判專案。要想一想它對對方可能有多大價值。特別是當你要做出讓步的時候，如果你發現對方對你在某一領域中將做的讓步垂涎三尺，儘管為什麼會這樣的原因還不明顯，但你至少應當肯定，這對他們來說一定具有某種重要性。

實際上，他們這之所以急於得到那東西，也許並不是以現實為基礎的，可能只是純感情上的因素。從小小的奢侈品到設計精美的跨國公司總部大樓，常常就是因為他們抓住了客戶的欲望，而被高價售出的。因此，如果談判涉及的是一種能引起對方的占有慾的東西，那單憑這一點，你就可以做成一筆上好的交易。

所以，你完全有可能用一種對你來說比較無用的東西，來換回很高的價值，儘管從邏輯上說，你的對手沒有理由這麼做。下面讓我舉個例子，來說明為什麼這是可能的吧。

用土石換金銀

「A」和「B」正在為一筆有關 1,000 臺電動機的事進行談判。「A」說，如果能給電機換一個稍便宜的部件，每臺電機就可以降價 1 元。而「B」卻堅持說，只有貴一點的部件才能滿足品質標準。「B」還進一步說，如果換便宜的部件，那檢驗費和抽樣費，加起來恐怕也不少。儘管「B」知道用便宜的部件，對電機的效能並無影響（這一點「A」不知道），但他仍是不肯讓步。最後，「A」建議，把因為改用便宜部件所省下來的錢來個對半分，而「B」則在又爭了一會兒之後，終於同意了。於是，「B」在沒給出任何東西的條件下，憑空淨得了 500 元（1.5 元 ×1,000 元），而他用的辦法，正是用一個毫無價值的讓步，獲得了一種純正的好處。

讓人什麼都不圖就往外給東西既不合邏輯也沒有道理。但這麼看問題，實際上是忽視了談判中與會的人所發揮的作用。你越是強調某物的虛假價值，你就越有機會得到對方的巨大讓步，在這方面你越有說服力，你就越有可能換回更大的價值。

其實，這一點神祕之處都沒有，談判中你確實能遇到許多異常自負的冤大頭，坐在你對面，他們會因為能夠駁倒你而揚揚得意，然後再去吹噓。實際上，最好的生意，一般都是由那些不願意向別人誇耀自己成功的人做成的。而那些喜歡自吹自擂的人，一旦認真地談起生意來，卻常常變成了誰也比不上的大傻瓜。

你可以利用這種人的自大狂來在談判桌上獲利，你只須讓他們覺得是他們迫使你做出了你本不願做出的讓步就行了。重要的是，你能使對方得到你的讓步越費力。他們就越會更加看重它。簡言之，如果你做得好，你就可以把對手的高傲變成你方的利潤。

第十二章
反擊對方的手段

某些時候，你可能遇到這樣的對手，他利用一切手段，來獲取他想像中的談判優勢。有時，你也會遇到這樣的對手，他把他的全部精力都花在搞陰謀詭計上，卻很少想到應當說明他們的鼓吹對象有哪些優點。

你很可能會發現，並不是每一個進入談判會場的人都做了事前準備。有些談判人員就不大重視這種準備工作。他們只想憑他們已有的技巧來對付。有時，他們連這一回的生意是好是壞，該由什麼決定都不知道。他們腦子裡只有一些先入為主的概念。

這樣的談判人員在簽了協定之後，常常會一邊走一邊想，他們又成功地剪了一群傻羊的毛。但是他們是跟一位做了充分準備的對手談判，他們將永遠不會發現，實際上他們是讓人家給剝了。所有上述這一切都證明，無知就是天堂之樂，至少對於那些盲目樂觀卻胸無片竹的人確實如此。

但並不是所有你與之談判的人都這麼喜歡抄近路。他們當中的佼佼者，特別是那些靠談判為生的人，人家會把充分的準備和嫻熟的談判技巧結合在一起，使自己變成一個對任何對手來說，都是難對付的傢伙。因此，雖然充分的事先準備，是談判取得成功的保證，你仍應當知道怎樣來反擊對手，以及用來攻擊你的策略和手段。

12.1

對方躲躲閃閃說明什麼

在談判過程中，你有時會發現，對手有躲躲閃閃的跡象。有時他想迴避的是一般性的東西，有時又可能只是在某個特殊內容上有這種表現。能說明對方在躲躲閃閃的訊號有：

▷ 你向他要所需資料時他拿不出來。

▷ 對你的提問沒有有準備的回答。

▷ 做出一些諸如「我們試試看」、「這大概可能吧」之類的含糊承諾。

▷ 不給最後保證。

▷ 胡說些他們能做什麼和不能做什麼的話。

▷ 對於不同的談判內容有正相反的立場。

▷ 只是給一些一般性的回答，不解釋特殊問題。

▷ 承認他對談判的主要方面都缺乏了解。

當然，上面所列舉的這些行為，不一定就說明對方有意躲躲閃閃，你也不應當就此得出結論，認為你不應當跟這樣的騙子來談判。

談判這種事本身，就要求人們謹慎，但一些可能表明對方有意躲閃的行為，並不能當作他一定想騙人的證據。相反，你應當注意的是，他在談判中的全部表現，根據這個你才能確知他是否在耍鬼點子。也只有這樣，你才能決定在簽訂任何一種有約束力的協定時，是否應該先停一會兒，等等看。

當你發現對手有某種故意迴避的跡象時，想辦法找出來他想瞞著你的是什麼。集中注意他的可疑的舉動，迫使他給出你想得到的回答。否則，你的懷疑將越來越重，並永遠得不到肯定或否定。

為了解你的談判對手是否可信，最好的辦法就是，向他提一些你知道答案的問題。別讓他看出來你在這麼做，也別去糾正他那些不正確或有意讓人誤解的回答，至少剛一開始不要這樣。切記，你是在試探對手行為的真偽而為成功地做到這一點，你必須得到該人的全身影像。如果一發現他答的不對就去糾正他，你的對手就會立刻戒備起來，從而使任何欺騙的發現都變得非常困難。

即使你已經聽從了上面的告誡，你最好再提幾個問題來明確一下，對於你自己和你的對手來說，問題和回答是否都很明確了。這麼一來，對方就再也不可能回頭再聲稱問題和回答，未被理解或被誤解了。

一旦你發現對方是在有意地迴避實質性問題，你就必須做出幾個困難的選擇。有時，情況也許竟是這樣的，即你非得把你懷疑讓對方知道不可。在絕大多數情況下，你最好還是把你的懷疑，直截了當地說出來。顯然，說的時候得用一些外交詞令，但不管多麼委婉，主要的目的，即你的懷疑必須得到使你滿意的解釋或消除，這是必須達到的。

這以後，你得確定對方的行為，到底是由於對談判應如何進行的錯誤理解，還是他有目的地在掩蓋某些對於簽訂後協定的執行如何，有重大影響的某些事實。如果是後者，而你又決定即使心存疑慮仍要繼續談下去，那你就必須採取一些自我保護措施，在協定條文中寫入適當的防備性語句了。

12.2

使移動目標式報價停止移動

移動目標式報價，可以說是對手在跟你變魔術。即目標有時讓你看得見，有時又看不見。對方這麼做的目的，其實質不過是想從你這裡多撈些好處而已。這也是為篡改已有報價的一種手段，即陰謀變動已被提出並經過商定了的某些條件。但為了防止讓你看出來，他是在撤回已報出的報價或甚至造成談判中止，他就改用這種移動目標式報價使原有報價的改變讓人覺得合理。下面讓我舉個例子來說明，移動目標式報價是怎麼發揮其作用的。

背景

哈利．赫夫（簡稱「赫」）是一個生產廠家的代理採購人，正在和專門生產客戶訂做的電腦系統的廠家代表彼得．普什（簡稱「普」）在談判。談判涉及的是，由普先生的公司來為赫的僱主安裝和定期維修一個複雜的電腦系統。經過一番討價還價之後，談判已到了普肯要價 500 萬元來完成這一工程的階段。於是，雙方展開了如下的討論。

移動式目標

赫：「彼得，我看按 500 萬元我們可以成交了。現在請給我 15 分鐘，讓我去跟我們的採購事業部副總裁再商定一下。」

普：「哈利請稍等，500 萬元可不包括第一年的維修費，那 75 萬元可得另算。」

赫：看了看對方並迷惑不解地問：「您這是什麼意思？我們雙方不是已經商定要全套地討論總價麼？您這是在做什麼？」

普：「請等等，我們商定的全套指的是電腦系統的交付和安裝！既然我們連維修的時間間隔都沒有討論，我們怎麼可能討論到維修費用問題呢？」

赫：「您的建議書中不是明明寫著包括一年的維修費麼？」

普：「確實如此，但建議書裡可沒提維修費是多少錢！」

赫：「啊呀，這我可得跟我的上司去研究研究了。明天上午我們再開會討論這個問題，怎麼樣？」

普：「我看這樣挺好。」

赫：第二天開會時，他說：「現在讓我們把談判內容都確定吧。昨天你已經更正過了，那就是全套的內容，既包括安裝，也包括維修。」

普：「那就這麼的吧，其實我昨天說的也是這個意思。那麼，關於人員培訓和技術資料費，該怎麼辦呢？難道還得為此另簽一份協定麼？」

赫：「怎麼？您的意思是說人員培訓和技術資料費在總價達 575 萬元的情況下仍未包括在內嗎？那什麼才叫全套呢？您提了一個價，我接受了，怎麼現在您還想往上加點麼？您簡直是跟我開玩笑嘛！」

普：「您看，只須花 575 萬元，電腦系統即可安裝好，而且免費維修一年。這還不算個全套工程麼？至於說別的，我得宣告，我們可不是在向您兜售我們的技術資料和培訓服務！可既然您想要它們，就得付錢呀！再說，我已經盡可能讓貴方在技術資料和人員培訓上少花錢了，那加在一起才不過 25 萬元！我這裡還有個分項報價表，請您過目。」

赫：「那我們要是不買這兩項會怎麼樣呢？」

普：「赫，說句老實話，我實在不明白人員不經過培訓，你們怎麼開機呀？我們這可是個新式電腦系統，不經過培訓那可只能憑感覺操作了呀！至於說技術資料，我可沒說你們非得買不可，但我敢肯定，以後你們一定需要它。既然花那麼多錢買了這麼高級的電腦系統，為圖省下一筆小錢就使它得不到正確操作，這能算精明麼？」

赫：「不用我說您也知道，這麼一來我還得去跟採購事業部副總裁商量商量。他肯定會罵我，原以為花 500 萬即可全部買下的東西，現在卻花了 600 萬！」

普：「這還是最便宜的呢！要知道你們買去的可是最新水準！」

上面舉的這個例子，是移動目標式報價的一般表現形式，即後來才說某專案的價格不包括在以前已商定的總價之內。這一招之所以能取得成功，其原因常常是由於談判的另一方不清楚他要的到底都是些什麼。

為避免這種損失，你可以：（1）把你的所有要求都清楚地定死；（2）弄清對方報價到底以什麼為基礎。如有可能，盡可能要求對方提出包括一切費用的報價，以免他後來再說某一項未包括在內。

移動目標式報價的另一個常用託詞是：他的上司不同意他所報的。當然，託詞和藉口是很多的，能夠找到多少那就看你的對手想像力如何了。而那些恬不知恥的談判家，甚至可以隨便地更改報價，而從不想找什麼藉口。防止這種人無理更改報價並不困難，按你的談判地位的不同，和你個人的愛好，有兩種反擊辦法可供你選用。

第一種辦法是，毫不退讓，告訴他先前的報價就在桌上，要往下談就得以那個報價為依據，別的不談。再迂迴一點，你可以使你的報價更差一些，以此作為他更改報價的反措施。你可以這麼說：「好哇，既然您想更改已報過的報價，那我也得重新算算。」然後你就離席，回來時帶給了一個更差的報價好了，你只須試一次就完全能知道，他這個移動目標上將有多少你擊中的彈孔了。

12.3
反擊對方打斷你的談話

我們已在前面討論過，在談判過程中，有意使會議中斷，也是一種能使你獲得成果的談判工具。顯然，當對方也用這一招來對付你時，效果會是一樣的。此外，即使是無意地打斷會議，往好的地方說這也應當視為是有害無益的，而往壞的地方想，這恐怕必將使你分神，從而降低你的工作效率。因此，除非是由你來有意使會議中斷，盡可能減低對方使會議中斷給你所帶來的不良影響，是很重要的。

只要你能在談判開始之前，針對這種可能稍有準備、計劃一下，就可以大大降低其發生的可能性。事先商定與會者的人數，以及使談判在雙方地價以外的地方召開，也是防止會議中斷的手段。但除了這些基本手段之外，你還得學會當談判已經開始後，如何防止對方使會議中斷的各種辦法。而要做到這一點，可不像看起來那麼容易。

你可能不走運，正好碰到一位說起話來，似乎永不想停下來的對手。這種人會根據不同情況，信口開河而滔滔不絕，他還會在別人講話時隨便地插進去幾句。坦白地說，要想發現坐在談判桌對面的這位，正是一個想使你在談判過程中總是要聽他講的人，倒還真不那麼很容易。如果你不幸真就遇上了根本不讓你還嘴的對手，那你所能做的也就只有堅持你要講話，並且一定要他來聽你講了。如果你講話時，他來打斷你，你可以用下面這些話來奪回主動權：

- ▷「我們一會兒就談你說的這個問題。」
- ▷「請先讓我把這一點講完。」
- ▷「關於這個問題，請您先聽聽我怎麼說。」

如果這些委婉的話，不能使他停止插話，你就可以表現出的不滿意再升一級，你可以冷冷地盯著他看，過了相當長的一段時間之後，再這麼說：「我可以把我的話講完嗎？」很有可能，這麼頂他一句，會使他感到難堪，從而就此沉默不語了。但也會有少數頑固的喋喋不休者，仍然接收不到你那麼強烈的訊號。如果發生了這樣的極端情況，你也就再無別的選擇，你只好直截了當的告訴他，你一定要講話，並且不允許別人打斷。

幸運的是，所有上述這些手段，都還有其積極的一面，即所有無法控制自己的碎嘴，都不是好的談判人員，因為有效的雙向交流是談判所必需的。所以，談判中遇到他們的機會並不多。即使真就遇到了，他們的工作效率也將是很有限的，其效果也只能是對你有利 —— 即使假設你能忍受到底，永不發火也是如此。

打斷會議的最嚴重的形式，還是對方在故意這麼做，目的就是想打亂你的計畫。最使人生氣的是，他突然打斷你的論述，並立刻逐類逐項地駁斥你。對付這一招的辦法也很簡單，你只須告訴他你願意聽一切不同意見，但首先得受同樣的禮遇才行。順便說一句，他這麼樂意全面地反駁你，也許正是他們團隊內部不和的一種跡象。他們打斷你也許並不完全針對你，而只是拚命想掩蓋他們陣營中的某一弱點而已。

另一種打斷你的花招，我們在前面已經說了一點，那就是請他的一位上司參加會議，對你實行「合力強攻」戰術，意在迫使你朝著達成協定的方向加快步伐。有時，這位上司的露面也許還為的是向你暗示：你如果不能在短時間內簽訂協定，人家就要去找你的上司了。

對方上司的出馬，還常常順便帶來一些常用的推銷招數，例如，強調你們所談的這個專案是多麼多麼地重要，他們公司是多麼希望這次談判能有個完滿的結果，而言外之意當然就是告訴你，你是一個多麼愚蠢的絆腳石呀！

對手老闆的出面，也還可能是試圖二對一，對你施行夾擊的訊號。你千萬可不能上這個當，讓人家兩邊一擠就做出巨大讓步。用這一招時，一般都是先由那個唱白臉的出馬，由他來勸你放聰明些。這位仁兄也許會換一套詞，而這麼說：「您只要再向前跨出半步，我們這筆生意不就做成了嗎？」當然，這樣的一句話，可是人家把你最後的一點油水都擠出去之後才會說的。

對付這種「兩面夾擊」式打斷的手段的辦法是，穩如泰山，巋然不動。一旦讓他們看到了你不受他們的擺布，他們很可能變得現實些，接受了你滿意的協定條件。此外，你不妨也回擊一下，宣布你已經預先確定了回去的時間，暗示給他們，如果現在不能一下子談成，以後可以請他們到你們那裡繼續談。再順便告訴你，如果談判是在你們那裡舉行，這種請上司出馬，進行兩面夾擊的策略能夠奏效的機會，可就有限了。這也是為什麼最好讓談判在你的地盤上進行的又一個理由。

12.4 對付「蠻不講理」

有時，你會遇到你的對手採用「蠻不講理」的策略來攻擊你。如果從談判一開始，他就不停地這麼做，並表現出露骨的敵意，你可以先假裝生氣，或者拒絕談下去，除非他改變態度。關於這個問題，我們已經在 11.7 節裡討論過，但是，在絕大多數情況下，你所遇到的蠻不講理的人總不會很多，然而那種態度卻是由一個完全講理的人所故意裝出，其目的不過是想在談判桌上占上風。

你如果能直截了當地指出，他之所以這麼做的目的，對你會很有幫助，然後再相應地給予反擊。使用這一招的理由以及如何來對付它的辦法，大致如下：

1. 對方企圖使你離開某個他們不願意討論的問題，特別是當你正好找到了對方的弱點時。表明確是如此的一個肯定無疑的訊號是，當你提出了一個非常合理、應當提出的問題時，你得到不是回答，而是對方的憤怒或反唇相譏。如果你遇到的是這樣的情況，你可以不理他的態度，並重新提出同一個問題。你可以換幾個字眼而這麼說：「可能我沒有把我問的問題講清楚，我想知道的是……」。如果你仍未能得到滿意的回答，強調一下，如果這上問題不搞清楚，往下什麼也不想談了。

2. 談判一開始對手就蠻不講理，還可能是對方想試一試你的忍耐力和韌性。他想知道的就是你如何反應。如果一開始你就屈服了，那你就等著人家繼續這麼對待你，直到談判結束吧。因此，你必須立刻在砂子上劃出一道線來，告訴對方你絕不受別人的擺布。你可以這麼說：「先生，我們要完成的工作可還多著呢，若不合起來做可做不完！如果您不想這樣，那我們幹嘛討論這些事項呢！」

3. 在比較少見的情況下，對方故意蠻橫，也許是由於他們希望由你來使這次談判破裂。當對方不想在當時繼續談下去時，就會發生這種事，目的不過是想把造成談判破裂的責任推給你。

例如，當有關勞資糾紛的談判公開化時，任何一方都不會願意被人看做是談判失敗的責任者。遇到這種情況時，如果你發現對方有意讓你來宣告談判破裂，從而使他們占點便宜，你可以使談判就在那裡暫時停下，並同時要求對方把所有的牌都亮出來。這麼做可能是很不愉快的，但別的做法也許還不如這麼辦好。

4. 蠻不講理的策略也許會在談判臨結束時才用，目的是得到你最後一分鐘的讓步。當你經過了一番苦戰，眼看就要簽協定時，卻遇到了這種情況，你可得萬分小心了。因為，這時候你可能還不只是感到累了，你還可能由於在談判中遭遇了那麼多的困難，而心煩意亂呢！這也是你最容易被這一手所擊倒的時候。所以，除非你們都已在協定上簽字，永遠不可放鬆警惕。否則，你會在幾分鐘之內就把長時間艱苦奮鬥所獲得的東西一下子又輸了回去！

12.5
反擊對方的「恐嚇」

除了蠻不講理那一招外，談判過程中也許還會有人對你使用「恐嚇」策略。一般地講，對於這種策略，你可以不予理睬，當然這得以可能為前提。但是，你必須時刻準備著萬一他們真的把恐嚇變為實際行動，你該怎麼辦。下面就讓我來列舉恐嚇策略的一般形式，以及如何對付它們的辦法：

1. 以各式各樣的時間限制來作為恐嚇手段。最為老套的一種，就是雙方談判立場相距甚遠，消除這一分歧的戰鬥似乎已陷入僵局時，他就提出了某種時間要求。他的目的是想迫使你做出最後讓步。這一招通常都是以某種最後通牒式的口吻出現：「如果今天我們還達不成協定，那這筆交易就算了？」

當你收到了這樣一種最後通牒時，只要你能針鋒相對地把它頂回去，偏不為它所動，毫無懼色地拒絕給予他們想得到的東西，那這一仗你就算輕而易舉地打贏了。這是因為，這樣的時限一般都定得很近，幾乎無法滿足它的要求，那你就不妨想一想，有哪個正常的人會就一筆他想做的生意，真的在最後一分鍾離會而去，從而使之破裂呢？此外，如果真有時間限制的話，談判還沒開始時你就應當早有耳聞了。

因此，對付這一招的最好辦法就是佯裝同意。事實上，如果你玩得細膩些，你可能就會使你的對手後悔，不該提什麼時限。為做到這一點，你可以在收到最後通牒時，給他一個盡可能類似於高興但又不那麼露骨的肯定回答。這麼一來，你實際上等於在告訴他，你並不那麼急於做成這筆生意。這可是和你的對手所等待的那慌忙懇求寬限些的態度，正好相反！

這樣的回答還表示你的報價也好，報價也好，就是那麼決定了，要想做成這筆生意，他就得往前湊一湊。為使你這一手更有說服力，要表現出某種你就要離去的樣子。比如，問問你的對手是否能派個人去給你訂機票等等。和對付其他形式的恐嚇一樣，最後取勝的總是對時間限制一點不在乎，或至少能讓對方認為他不在乎的那位。遇到恐嚇是，你絕無表示害怕的餘地。實際上，一旦對方發現你並不懼這一手，那也正是他停止恐嚇的時候。

2. 還有一個極普通的恐嚇手段，就是嚇唬你說，他要把這筆生意交給你的競爭對手去做。當他想迫使你接受，不這麼嚇唬你，你就不會接受的條件時，這一手可就是常用的套路了。這一手段還有一個變種，那就是嚇唬你說那技術他們已經掌握。其實，這通常又是一種說大話而已。你想啊，如果他們真想把這筆生意讓你的競爭對手去做，或者他們已經掌握這門技術，那他們又何必費時費錢地找你來談判呢？

在絕大多數情況下，這類威脅都是假的，目的不過是占點便宜。對付它們很容易，你只須說：「那就隨您的便吧！」就行。相反，如果你顯出一丁點兒的懼色，那就等於是你在請對方再加大點壓力，以便擠出更多的油水。有能夠頂住這類威脅的自信，就是你能做你要做成的交易（不是對方要做成）的必備條件之一。

3. 你能遇到的一種較為複雜和巧妙一點的恐嚇手段是，對方告訴你他們公司內部有人反對做這筆生意，他一般會這麼說：「我們的產品設計人員都在想辦法使這筆生意破裂。」當然，某一團隊內部存在不同的觀點，那絕不是很奇怪的事。但是，既然已經到了開始談判的階段，顯然反對做這筆生意的那些人已失去戰鬥力。因此，這筆生意不大可能在這一階段破裂。所以，他使用這招數的目的，也不過是想在談判桌上得到一些優惠些的條件而已。因此，你絕不可為怕對方內部有人反對就接受一筆壞生意。實際上，如果對方團隊內部真有爭鬥，那麼願意做成這筆生意的一派就肯定想加強（而不是削弱）你的談判地位。

做生意的過程中，除了這些典型而又常用的恐嚇手段之外，還有另外一些是只有在特殊情況下才用的招數。比如勞資糾紛談判中的罷工威脅、國與國之間談判時的武力恫嚇等。實際上，恐嚇這一策略到底有多少套路和招數，只取決於談判人員的創造力。儘管如此，不論談判的內容是什麼，對付恐嚇的最好辦法，其實非常簡單，那就是堅決不讓它把你嚇住。

12.6
何時應向對手猛撲過去

當你的對手採用了恐嚇或其他攻擊策略時，你的最好對付辦法，還是在談判的初始階段就把它們反擊回去。否則，局面會變得越來越難以控制。實際上，對待敵手的任何花招，都是反擊得越快越好。因為，即使你還不能一下子就使他住手，至少你也讓他知道了你並不是那麼容易對付的一位。

儘管如此，對待對手的每一種策略，你仍不可反應過於激烈，即絕不能超過你願意達到的那個程度。如果你能巧妙地向對手暗示一下，讓他知道他的行為無助於迅速達成一個友好協定。如果這以後你的對手只給了個否定的答覆，並且繼續耍他那一套，那你千萬別再激起進一步的下面衝突，除非對方的行為過火而又不負責任，已經到了使你忍無可忍的程度。

這是因為，首先，你看到的也許只是他個性中的某些特點，或他在談判中的典型作風。所以，你的反對（不管多麼激烈）也許對於更改他的秉性沒多大或根本沒作用。此外，隨著你越來越認清對方到底是用的哪一種策略，你就越能找出更妙的辦法來對付它。而且，一味地責難對方，在談判桌上使用了一種你認為不正當的策略，還會帶來難以預料的後果。比如，你的對手確實停止了這一手，但他卻又改用更險惡的一招，這樣的招數包括：

▷ 不管你說什麼、做什麼，他都要吹毛求疵。

▷ 改用一個更不易被你識破的陰謀。

▷ 回答問題時含糊不清或很不情願。

▷ 反過來說你的做法不正當。

▷ 與之相處變得越來越難。

因此，針對你認為不正當的策略，表露你不滿意，會有助於使他收斂些，但同等重要的，還是防止他把這些招數用到將要討論的主要內容上去。你無法選擇談判對手，因此，雖然他的某些做法使你厭惡，你仍不可讓你的不快，使你離開了你的談判目標。

12.7 使對方的威脅轉而對你有利

談判過程中，你可能遇到各式各樣的不同威脅，有些可能沒多大力量，有些則可能確實可怕。比如，如果真的施行了，談判就要破裂，使你什麼生意也做不成。但是，不管威脅的樣子多麼嚇人，它們卻並不都像表面上看起來那麼可怕。

首先這是因為，威脅和它的實行之間還有相當一段距離。例如，即使威脅真的被執行了，從而使一筆生意破裂，受損失的將不僅是受威脅的那一方，而是雙方。當然，實行威脅的一方沒什麼可損失的情況除外，如果是這種例外的情況，那你這位威脅所針對的人，本來就不應當去談判。

不成功的可能性，首先就應當在你進行談判前的準備工作中考慮到。就是說，雖然那也許比你的第一個談判目標稍差一些，便準備幾個談判不成功時再提出來的其他方案，總還是應該的。因此，「無生意可做」的威脅本不應當嚇得你手足無措，竟然接受了一些無理的條款和條件。

實際上，對付這種威脅的最好辦法，還是用一種騎士風度去對待它。你對談判破裂與否毫不關心，會使你的對手或者退卻，或者實行威脅的內容，從而使談判破裂，但由於談判破裂的風險，比繼續談下去還要大，在絕大多數情況下，這很可能不會發生。相反，對手將繼續跟你談下去，並且還不時地再說些要中止談判的話，直到協定圓滿達成為止。而且，他的第一次威脅一旦並未奏效，策略上的優勢就立刻轉到了你這一邊，因為那實際等於你的對手，已經預設了他並不願意讓這筆生意沒了。

只要是某種威脅第一次出現，你就可以選擇：(1) 不理睬它並繼續討論問題；(2) 告訴你的對手，他願意怎麼做那是他的權利；(3) 用一種不太露聲色的威脅進行反擊。下面讓我們分別地討論一下，這些選擇的可能性：

1. 當對手威脅要中止談判時，你可以繼續談你的，就好像沒聽到一樣。這就迫使你的對手得把威脅重複一次，但他也可能不再重複了。原因是，你第一次沒理他的找碴，那就等於你已經送過去了這樣一個訊號，即要不你並沒把那威脅當真，要不就是你不在乎談判破裂不破裂。如果對方的威脅是假的，根本無意實行，他當然也就不會再重複一遍了。你那滿不在乎的態度，即使他明白了那玩意兒沒用，而繼續跟他討論問題卻又能使他免於為重複了一遍，又被人家冷冷地頂回來而感到難堪。

2. 你可以選擇用接受這一挑釁的辦法，來迫使對手自己決定下一步該怎麼辦。比如，你可以這麼說：「先生，如果你想中止談判，那是您的選擇。但我可不能只為做成這筆交易就接受一些不合道理的條款。」這時，你留給對方的選擇就是：(1) 真的不談了；(2) 繼續談判。不管他選擇的是前者還是後者，如果那威脅只是虛張聲勢，他至少已經知道了你確是勇於直面對抗的對手。

3. 對付威脅的最後一種可選辦法，就是稍微照他的樣子回敬一個小小的威脅過去。至於說你的威脅該是多麼可怕的一種，那可就要根據談判的具體情況而定了。但一般情況下，你的回答應當是比你的對手威脅時所用的，說他要離會而去的藉口（即要求）更高的要求。比方說，如果你的對手藉口你不接受他要求的交貨日期，而威脅說談判將因此而破裂，那你就接受他這一要求，但條件是為此得提高費用，提高的程度還應當是，要不能抵消你由於接受了他的要求而受到的損失，要不就是高得使他無法接受。

在談判桌上所做的任何威脅通常都是為了獲得你的某種讓步。這基本上是因為他用合理的辦法，不能得到那一讓步時才採用的下策。能否戰勝他這一招，取決於你多麼想或者說願不願意冒威脅一旦被實行時所造成的危險。當然，你的對手之所以做了這種威脅，他多半以為你一定頂不住這個壓力。

事實是，人並不能永遠堅持住，有時就會屈從人家的要求。由於情況的不同，這種「吃點小虧也許會占大便宜」的想法，絕不能一概而論的都應受到指責。歸根結柢，如果最終結果你還能夠勉強接受，在你沒有更好的方法可以選擇時，這麼做也許正是最適當的呢！當然，這樣的決定只能由談判人員本人做出，而絕不是那些在事後指指點點的人。這些人會很樂意告訴你，如果去談判的是他們，生意會做得多麼多麼好等等。

12.8
堅持到打破紀錄為止

不管你的對手用的是何種談判策略，你的最佳應付辦法，還是堅持你自己的策略。如果你堅持使用某一戰術的時間足夠長，對手就終於會得出結論，即在某些問題上你是絕不會讓步的了。其結果便是你獲得了你想得到的讓步，或至少迫使對方提出你可以接受的其他方案。

自然，不是在每個有爭議的問題上，你都得堅持到破個什麼紀錄。什麼時候才能那麼做，你必須能夠選擇。否則，你的對手就會很有根據地認為，你這個人不可理喻。儘管如此，當你的對手向你要害處展開反覆進攻時，你可得千萬堅持住。如果這時候你變得說話閃爍其詞，說了幾句「可能……」或「大概……」那就等於你在鼓勵你的對手，繼續向你想防衛的那個陣地展開攻擊。

你應當堅持你的策略，但又不讓人認為你這人頑固透頂。只要有可能，一定要用事實來支持你的論點。但有時你也可能再也找不出新的事實了，於是就不得不反覆強調某一關鍵性問題。但這時你仍可從不同的角度進行強調。儘管實際情況千變萬化，舉個例子來說明一下，為什麼可以做到這一點還是有益的：

背景

艾麗西亞女士正在就向艾倫先生租一間零售商店的事，舉行談判。她要求先生能給那商店裝修一下，但先生不同意。

先生：「按您出的租金來說，再進行任何裝修，我都不划算了。」

女士：「我還要把我的毛利潤分給您一個百分數，因此，您所做的任何有助於改善商店銷售狀況的事，都會使您的收入也得以增加呀！」

先生：「可誰能保證事情一定會這樣呢？」

女士：「這誰都懂得吧？商店外觀設計得好壞，對銷售額可是有影響的啊！」

先生：「如果您經營不善，那這裝修費就有由我一個人掏的危險。而且，再外租這個商店時，我還得再重新裝修呢！」

女士：「我的老主顧們會跟我到新店裡來的，您會因為這條商業街上顧客的增多而增加收入的。」

先生：「那我們幹嘛不把這個作為一個改進了的租賃條件，寫進合約裡呢？這樣，您完全可以自己支付這筆裝修費了。」

女士：「我付的租金已足以使您應當承擔這筆費用了。再說，如果我還待在原來那地方不動，原地產的擁有者可也答應了要為我加點新的裝修喲。」

先生：「好啦，您現在待的那地方才有多少行人啊！再者說，我們這商業區的人潮可有助於您買賣興隆喲！」

女士：「若說興隆，您這地方原來可不行，全市人的誰不知道我的服裝店，可是領導新潮流的第一名呀！」

先生：「可新裝修一番要花不少錢呀！不用加裝修，我也完全可以把它租給別的人嘛！」

女士：「您找不到任何人能比我更能使這條街更加熱鬧的了。」

先生：「但不按我提的條件，我看那是根本行不通的！」

女士：「算了，我一定要求裝修，如果您不同意，我寧可在原來那地方再待上一年，那時候那條街也會熱鬧起來的。順便告訴您，您這附近就有許多人告訴我，我完全可以得到我所要的。」

先生：「好了、好了！我可真是使您沒辦法！那就按您說的把協定簽了吧！」

正如上便所告訴你的那樣，所謂堅持自己的策略就是，不管你從哪個新的角度來提出異議，我就是一個勁兒地反對。即使你這麼一味反

對，終於使對方忍無可忍，咕噥著說你是個頭號頑固，但與所爭得的比起來，這又算得了什麼。

12.9
不能把宴請和討價還價混淆

任何一位謹慎的人都知道，酒精會妨礙人做出正確的判斷。但除飲宴之外，如果你還有辦法能夠與人融洽相處，在談判中也會對你有所幫助。在許多情況下，一起吃頓午飯或晚飯都可能為你提供一個安靜地解決那些在談判桌上未能解決的難題的場所。

談判這件事會把觀點和個性都不相同的許多人聚在一起。坐在桌子兩側的人都得裝模作樣一番。為什麼會是這樣，原因很多，但最常見的則是為了使本團成員和幕後的掌權人放心，表示與會的人能夠控制局面。在談判桌上，本團的成員也可能抱有不同的觀點。最後，在某些談判中，己方與會者的人數多少也會使協定的達成變得更難或更容易。常有的情況是，你的隨員多反而更容易壞事。

因此，談判所涉及的一些關鍵問題常常是由雙方的負責人，在一個安靜、遠離隨員的氣氛中討論，並加以解決的。所以，發生或接受一個午餐或晚餐的邀請，和對方的重要人物私下裡談談，常常會很有好處。這時你應當特別當心的就是，別因為多喝了幾杯，就使自己的警惕放鬆了下來。不管你是在同對方的什麼人在一起進餐，也不管他是否是與會人，你都得認真地對待這種場合。如果對方提議和你乾杯，你一味地就跟人家做，那可一點好處都沒有。即使對手喝醉了，這也無助於討論任何重大問題，因為醒來之後，他很可能把什麼都忘了。

順便說一句，如果你們能做到飲酒適量，這倒可以使你們都好好休息一下。如果正相反，他想使你喝過了量，其目的可肯定是想把你弄得糊里糊塗，以藉此機會達到他的目標。

所以，在舉行任何較為重要的談判之前，頭一兩天你必須好好休息一下，並盡你所能去避免馬拉松式的長會。

第十三章
遇到特殊情況時的注意事項

除了一般慣例性交易的談判之外，特殊的談判都有其不同的附加要求。這些不同的東西，可以包括從會議形式到雙方為此定下的不同的目的這宰的所有一切。當然，隨著談判活動專案的增多，要想把每一領域都探察得很深入，也就越來越變為不可能了。另一方面，某些特殊談判所特有的許多細節，也同樣是不容忽視的。

例如，你必須學會與銀行、職業介紹所、代理人或第三方談判時所需要的特殊技術。還有，和你的僱員或代表他們的工會談判時，也有許多方面值得你注意。當然，比這些都更重要的國際談判、與政府代理人打交道時的某些特殊形式和手續，以及房地產談判中的特殊性質等，則是更不能等閒視之的了。

因為進行這些談判時，有很多與商業有關的別的領域也會涉及到，而這些領域卻常常會被知識面太窄的人所忽略。如果你有幸曾為某一預算申請進行過辯護，那你就會知道，這種看起來似乎是例行手續的事是多麼難辦了。最後，即使你是在跟一位供貨商或客戶談判時，你也會發現有許多與做成一筆好生意關係甚遠的事，也都是你不能忘記的。本章所述即為在你進入這些領域去談判時，所應考慮的許多基本問題和事項。

13.1

與銀行進行談判並不困難

商業公司的經理們，一般都喜歡抱怨銀行或甚至恨這個機構。說實在的，當一筆好生意似乎就是因為要撰寫各式各樣的資料和受到一大串的貸款限制而陷入僵局時，不抱怨銀行又能怪誰呢？但令人驚慌的是，這時你遇到的難題卻多半並非來自銀行，而恰恰是你在與銀行應保持怎樣的關係上所抱的態度。

當你要去同銀行談判時，你應當看得遠一點，眼裡別只有當前的這筆交易，而是要充分權衡一下對雙方都會有利的長期良好關係。經常發生的事是，找一家銀行去做交易，卻很少想到不同的季節應當吃不同的菜。你所以選了某家銀行可能只是因為它方便，或者貸款利率低、那家銀行有你表兄在裡面工作，他可以幫你說句話等等。當然，這些因素也都是值得考慮的。但如果往長裡打算打算，事情可就不只這麼簡單了。

為你的公司正確地選擇一家銀行，有許多細節問題都是你應當深入探究的。這裡面就包括調查該銀行的財政狀態。只有搞清了之後，才可跟它做交易。良好的銀行關係是雙向的，正如銀行首先要了解你的財力一樣，你也必須十分熟悉銀行的經營狀況。

儘管某些不那麼大膽的人，可能不願意開口就問一位銀行家：「怎麼樣，貴行的狀況還好麼？」但鼓起勇氣這麼一問所得到的好處，卻完全說明你還不應當只是問這個。首先，這會使銀行家明白你在這方面可不是外行，這一定會給他留下深刻印象。另一方面，如果這位銀行家並不那麼願意回答這類問題，那你最好先別急著去跟這家銀行打交道。

此外，找一家業務範圍中有你們公司這一行的銀行是很重要的。你

應當是該銀行的主要客戶，而絕不能是「一個大池塘裡的一條小魚」。但也不是說，如果你們是一家小商號就一定不能去找大銀行。有的大銀行就特別願意與小客戶合作，戶頭雖然小，可人家也絕不怠慢。

結識你與之打交道的那家銀行中的每一個人也很有用處，特別是那些資格老，在貸款事務委員會上有席位的人。當然，如果事實和數字都說明你沒資格，人家是不會貸給你款的。但委員會有人給你說好話，在可貸也可不貸的臨界情況下，那可會幫你的大忙喲！

在與之打交道之前，先盡可能多地摸清該銀行的情況，還只是為成功地將雙方利益融合在一起所需準備的一部分。你應當做的還包括，一開始就讓銀行熟悉你公司的基本情況，並且使銀行能讚賞地看到你們還在不斷的發展。

與你選定的銀行合作時，一定要確保銀行所需的財經報告，都能及時迅速送交。這還不夠，你還得定期與銀行高級僱員會晤，並隨時讓他們知道你們的經營狀況 —— 包括好狀況和壞狀況。這將有助於提高你們的信譽，在你們遇到麻煩時，這可是大有幫助的。

相反，如果你還讓銀行來追著你要消息，或者甚至讓人家懷疑你們瞞著什麼，人家就會認為你們的經營狀況不佳，這可是對你們絕對不利的。在這方面，如果一開始就能使銀行與你融洽相處，一旦在償付貸款上遇到困難時，人家總會容易放你過關的。

使銀行對你們公司十分了解，還有另外的好處。銀行給予貸款與否是由會不會有風險來決定的。這種對是否有能力償還的風險的過分看重，使人們很相信那種陳腔濫調，即銀行家們都好像願意貸款給那些不需要的人。但是，儘管你們公司的財務狀況是銀行評估這種風險的訂依據，可你們與銀行交易過程中所建立起來的良好信譽，也是對你們有幫助的。因此，主動而積極地與銀行及時交流資訊，將有助於在你們急需貸款時，銀行能迅速做出給貸的決定，銀行了解並信任你們，便是人家這之所以肯這麼做的基礎。只憑這一點，就足以說明與銀行關係密切多麼重要，往這方面多花些功夫是多麼值得了。

注意：任何時候，當你同銀行、工會、供貨商、客戶或其他個人或團隊進行談判時，從各個方面來考慮相互關係都是十分重要的。經常遇到的壞習慣是，人們總是過分重視那些短期交易，輕視和忽略長遠利益。長期的成功合作可不是僅一次交易的結果，那是多次並在許多種交易中能成功地合作，並保持了良好的合作關係之後，才能建立起來的東西。

當某人急切地想在談判桌上得到一筆有利的生意時，上面這一課的內容就常常被他忘記了，他已不再能理解，一個長期的好生意即意味著你可以在某一次交易中，接受比你能得到的稍差一些的條件。當你的談判地位使你有能力決定協定條件時，你就更不能忘這一點。銀行家最容易犯的毛病是利用自己的優勢地位，將一些不切實際的條件強加給借款。但是，儘管這樣的想法也許有些道理（也確有許多無理的貸款來證明它們），但無論如何也不能說這只是銀行家的錯。

13.2
申請貸款的談判

如果你談判中總認為自己處於劣勢地位，那麼求貸這件事，就是最有代表性的例子。絕大多數的貸款申請人都認為，既然是有求於人家，那自己還哪裡有什麼優勢可言呢？但是，儘管看起來是申請貸款這件事

中，占有優勢的只應當是銀行，但申貸人的劣勢，也並不像表面看起來那麼嚴重。只要能制定出適當的策略，你完全可以談成一筆比你所預想的好得多的交易。

身為新手，在你將與銀行打交道之前，你應當按前一節所述，盡可能多的學一些有關如何同銀行合作的知識。至於說到申請貸款，你尤其應當明白，對此事最有影響的就是那位主管貸款事務的負責人，是這位先生最想讓你同銀行建立起良好的關係。實際上，在你接受了同銀行去談判的任務之前，就知道一些有關這位先生的工作作風和方法的情況，會對你很有好處。你應當收集的這方面的資訊包括：

▷ 你是否能與他在性格和個性上合得來呢？在一段時間裡，你將與他一起共事，合得來與否可不是可以等閒視之的。

▷ 這位先生是否有曾貸款給你們這類行業客戶的經歷呢？如果有，你可以把你公司與本行業中的其他公司進行比較。如果沒有，那你就得多向他介紹一些你們這種行業的特點了。

▷ 這位先生有多大的決定權呢？如果和你打交道的只是個資歷很淺的新手，那他決定給不給你貸款的權力可就有限了。如果你遇到真就是這種情況，那你可得認真地猜想一下，他是否有資格到銀行的貸款委員會裡替你們說話了。

▷ 這位先生是否真的想了解你們這種行業呢？因為銀行對你們這一行了解得越深入，你才越有機會得到貸款。

順便說說，如果你原來與之打交道的那位貸款事務負責人已經調離，那你絕不可自以為新來的這位先生，已經得到有關你們這一行的細節介紹。即便前任已經告訴了他點什麼，那還是眼見為實，讓他親自了解一下你們這一行，都經營哪些業務，這還是值得你下些功夫的。

讓銀行了解你們這一行的經營特點，是獲得優惠貸款條件的關鍵。你公司的具體業務活動以及本行業的許多特點，是銀行猜想貸款風險的依據。在準備你的申請書時，你就明確告訴人家以下內容：（1）貸款目的，即所得款項的用途；（2）所需要的數目，即金額；（3）你們想用何種辦法來償還。

銀行將要求你提供各種能支持你的建議書的資料，以便對其進行評估，你應當以合作的態度來迅速地滿足人家的要求。否則人家會以為你或者是想隱瞞什麼，或者你們的工作團隊不善。貸款中所遇到的最大難處（除了想法償還之外），就是貸款協定中那些必然有的限制條件。但幸運的是，這些條件正是你可以談判的。

首先把這些條件，按滿足它們的難易，排個先後順序。先同意那些你可以接受的條件，而對那些你認為不那麼好的限制條件，則要試著以某些對你方有利的條件與之交換。此外，在某些領域中，還可以由你來建議制定一些比銀行所要求的還更嚴厲的限制條件，以求銀行在那些你不希望有的條款上做出讓步或刪除。但是，這麼做時，一定要顯得並非有意如此，否則事情會變得比以前更加困難。

顯然，貸款的償還前景越明朗，銀行的限制條件也就會越寬鬆。但是，如果你的準備工作不夠充分，不能有力地為你方立場辯護，事情就不一定是這樣的了。所以，在解釋和論述你方立場時絕不能羞於啟齒。與銀行打交道也和同別的什麼人打交道一樣，你絕不能一味地表示謙恭。順便說一句，讓銀行以為在和你們做的這筆交易上，它也有競爭對

手是絕對沒有害處的。這樣，在斤斤計較地爭論那些貸款條件時，你就不至於過分處於劣勢。這雖然並不能使你得到所有你希求的東西，但至少這可以使你獲得好一些的條件。

13.3
尋求中間地帶

有關勞資合約的談判，是一個專業性很強的領域，它要求談判人員具備相當程度的勞工法知識。因此，進行這種談判時，專家們的意見和諮詢部必須予以充分考慮。但是，從一般的角度看，有幾個勞資談判所獨有的特點，對於你採用何種策略有重要影響，它們是不容忽視的。這其中包括：

1. 首先，資方的大意行動對於工會將在談判桌上採取什麼態度是有影響的。輕舉妄動是從經理的隨員，到第一線的監工都可能做出的。這些只能使工會方談判人員的態度更加生硬。例如，經理所答應的多分紅包和提高薪資，是與談判策略中規定的，由於利潤情況不佳必須保持低薪資的要求背道而馳的。而那些一般都對工會採取敵意態度的第一線監工們的行為，又有助於使工會方面所代表的各種人都採取「針鋒相對、你爭我鬥」的態度。上面的這些做法，都只能使續訂合約的談判更加困難。因此，對於勞資合約談判將有影響的管理政策和規章，都必須根據其潛在影響的大小予以重新審查。

2. 行政管理人員應當知道，工會領導層和他們所代表的勞工之間，可能有不完全相同的目的。而勞工內部則甚至還會存在完全相反的意見和看法。那些老工人可能更看重薪資的提高，而那些新工人則可能重視勞動安全。這些不同的觀點在合約的談判過程中，都可能是你的機會或難題。

3. 可以用短期性讓步來有效地換回一些長遠的利益，達到最後獲益的目的。例如，為使生產率得以提高，可以用提高經濟效益來換取限制管理靈活性條款的取消。

4. 儘管在典型的商業談判中，盡可能地熟知應將哪些條款寫入協定中是比較謹慎的做法，但對於勞資合約的談判卻不一定非得如此。比如，用一些不太有明確含義的詞語，來寫有關分派工作任務等等的條款，就可能使監工們在管理上更有靈活性。但是，語義不明確的缺點就是，這可能使合約的管理更加困難和增加勞工們因受了委屈而提出的申訴。

一般地說，談判中勞資雙方都努力尋求中間地帶還是有好處的。既然我們處於今天這個競爭越來越激烈的世界中，任何商號或公司想在競爭中取勝，都不能讓本機構內部勞資關係充滿敵意。保證工人的勞動安全（工人們很看重這一點）是必需的。勞資關係是一個已達成的協定，是好是壞，只有下一次談判時才能知道的事。因此，與一般的買賣比起來，同心合力地一起工作要重要得多。但不幸的是，過去所進行的有關勞資關係的談判，都遠不是從對雙方都有利的角度出發，大多是充滿敵意的。

13.4 反對增加薪資

經驗不足、不明智的經理，可能以為與他的僱員進行談判，只須學會了幾十種說「不！」的方式就夠了。但是，這樣一種態度肯定有害於招進和留住好的勞動力。因此，儘管老闆下屬這一層關係可能成為你在談判中的一張主要王牌，但我勸你還是少用這個來自恃。

和你的僱員進行談判時，一個最常遇到的也是最難解決的問題，恐怕就是討論薪資了。在薪資這個問題上，潛在的難題可分為兩大類。第一類涉及的是，有些僱員由於工作出色或具有特殊才能（至少他們自己認為）值得付給他們比現在有的高一些的薪資。儘管如此，由於營運上的限制，你還不能答應他們的要求。當然，不滿足這一要求，也可能還由於你要考慮一些別的因素。

第二類涉及的是，某些僱員對其自身價值有漸趨膨脹的看法——這可是不少見的現象，你自己就可能不幸多次遇到過這種人。

自然，你首先關心的是那些要求雖然合理，但由於這一或那一原因，你還不能滿足他們的要求。與這些人談判可算是個使你坐立不安的會面，因為你實在不捨得他們走。不幸的是，尤其是當這些人有可能在別的地方，賺到更多的錢時，你必將因為無法滿足他們的要求，而被逼得後退無路。

許多經理處於這種境況時，都會感到無可奈何，從而只好用一些人家都聽膩了的老套來應付一下。這時他們會說；「我很想幫助諸位，可惜我的雙手是被捆著的呀！」或者是給人家一些含糊的、可能兌現也可能根本不能兌現的許諾。

如果你採取的是第一種應付辦法，那就等於你已預設失敗，而給人家一些不肯定的許諾，這必將導致僱員們或者離你而去，或者由於你的許諾終於無法兌現而使他們怠工。因此，不做無法實現的承諾，應當成為作為經理對待僱員的一個基本準則。

為解決這樣一個難題，最實用、最有效的辦法是，巧妙地創造一些能夠代替薪資增加的東西，使僱員們可以感到滿足。如果你能站在與他們共有的水平線上，儘管僱員們都喜歡賺的錢更多一些，他們還是能接受你提出的為什麼你不能或無法滿足他們的理由的。但這裡必須有個前提，那就是你提出的理由必須站得住腳，然後再給他們一些非金錢的利益，你就很可能把這些確應多賺一些的人挽留下來。

獎勵有多種形式，比如換個新的辦公室，工作時間更具彈性，委託某種更高級些的工作，或只是改變一下職稱。

順便說一句，如果是因為受營運上的限制，而使你無法給一位應該多賺的僱員加薪，給他換個責任更大些的工作，可能是個好辦法。遇到由於他的薪資已達到了他那一職務所能達到的頂端時，這一辦法一定可以使你擺脫困境。

另一個不太那麼惱人（但也許是更不容易解決的）難題是，談判涉及到這麼些人，即他們要求加薪。但由於他們工作並不出色或與同種工作比較，他們的薪資已經不低。因此你也不能答應他們的要求。但是，即使你是在與一個並非身懷絕技的僱員打交道，適當的取代他的辦法，也並不是很容易找到的。而且，換一個新手來，對於僱主來說，也算得上是一筆數目不小的投資。因為僱用和培訓他也都得花錢。因此，除非此人已毫無用處，還是把他留下為好。

與這種人談判，讓他們收回加薪的要求時，你應當以先找出他們的要求為什麼是有道理的開始。得到的回答可以是：（1）同樣的工作在別處確實賺得多；（2）他們的年資已經夠長了；（3）與別的人比起來，他們也該加薪了；（4）他們做得確實不錯。下面逐個地說明對這四種理由的回答：

1. 提出加薪要求，用的是與同種僱員間進行比較的辦法。在許多情況下，僱員們所得到的資訊是錯誤的，或者他們與非相同和責任也不同的工作作了比較。時常，他們忽略了那些以零星補貼給予的間接加薪因素。總之，你必須用事實來說明，為什麼他們要求提高薪資並無道理。

2. 如果僱員以年資長為理由要求加薪，你可以回答說，薪資多少首先以工作做得怎麼樣為基礎。他們賺的並不僅僅是按他們現在做得怎麼樣計算的，而是根據他們的一貫表現。你可以用指出他們這種工作開始時就已經比較多賺了，來說明你有道理。顯然，以年資長為理由要你給他加薪的人，很可能確實已比該賺得多的多了。

3. 當僱員以與別的同種或類似工作的人進行比較（比較對象可能是你們公司內部或外單位的）為理由，要求加薪時，千萬別讓他把你拖到只談比較的話題裡。因為他們的要求，都只不過像雞尾酒會的閒談中所說的那樣，沒什麼根據。你必須立即讓他們知道，討論必須圍繞著他們的現有薪資和現實表現為中心，而不是去跟本公司或外單位，他們認為賺得多的某個人進行比較。

4. 儘管加薪要求一般是由於僱員過高地猜想了自己的工作表現所造成的結果，但是，在肯定他們的工作成績的同時，你仍應毫不猶豫地指出他們還有哪些方面應當進一步改善。

總之，當你必須拒絕某種加薪或升職的要求時，你都必須告訴他們應當做點什麼，來增在將來你們的要求更有機會得到滿足的可能性。你經常會發現，如果你能使僱員們相信他們還需要得到某種培訓時，他們就不再堅持他們的要求了。實際上，他們的要求缺乏理由，也正是你所以能首先拒絕這一要求的理由。

用事實來反駁他們的要求有兩個好處，第一是這可以使一部分人想去改進他們的工作或技術，另一個就是，對於那些不願意聽從你的忠告的人，在下一次他們再提出加薪或升職要求時，你已經準備好了現成的答覆。

注意：你還可能碰到這麼一種人，他們就像是爬梯子競賽的運動員，他們總是跳來跳去地換工作，尋找賺得多點的地方，卻永遠想不到要多賺錢，就得在某一單位做得長一些。對於這種人，你可以不必浪費時間去跟他解釋為什麼不存在加薪的問題。由於他們想的僅僅是錢，要求一旦得不到滿足，他們肯定會另找地方去工作。因此，你沒必須給他們其他形式的補償，讓他們走好了。你應當集中精力於獎勵那些將以正直的工作態度和與你同心協力地合作的人們，來回報他們為你所做出的努力。

13.5 與地方政府談判

與任何一級的政府機構進行談判，對於一個談判新手來說，都是一次很好的學習機會。因為這首先就要求你必須掌握有關一大堆法令、法規和規則的知識。此外，儘管政府部門所需求的貨物或服務，似乎可以成為你們無盡無休的生意來源，但在這方面你可能遇到的競爭，卻是從未有過地激烈，並且是不可預知的。

例如，一個政府機構在人們競相投標的時候，突然宣布停止交易的事可並不少見。停止交易會有數不完的理由，比如原本的條件改了，某些潛在的競標者提出了抗訴，或者就簡單地告訴你沒這筆資金了。你花了數千元準備建議書，而它卻完全可能一下子成了廢紙簍裡的東西，這

前景可絕不是令人神往的。

當然，和政府機構做生意要牽涉到許多政治問題。例如，該生意對世界性的事件會有什麼影響，顧問委員會的反對會修改或甚至撤消某一專案，等等。而與地方政府機構談判時，一小撮人的同心協力就完全可以使當地最大的工程計畫化為泡影，不管這一計畫是多麼地重要，又似乎是多麼地不會遭人反對。因此，與任何一級的政府機構做生意可絕不像某些人所想像的那樣，會是通向天堂的廣闊大道。實際上，對於那些事先沒有充分權衡其利弊的人來說，和政府機構做生意卻很像是在一條年久失修、布滿坑窪的道路上進行的一次旅行。

另一個在你打算同政府機構做生意之前，就應考慮的重要問題是，在你爭得了一份合約之後會發生些什麼。這種交易合約的內容複雜而繁瑣。這都可能成為你的一種既沉重又花費昂貴的負擔。每個政府機構都有許多審計員、檢查員和專管合約事務的辦事員來監督你，看看政府的要求是否已得到滿足。實踐中，第一次執行與政府機構所簽合約的公司，都可能得到這樣的結論，即所有上述這些人都是政府僱來專門看著你的。

你還可能發現，你公司的營運制度和步驟，是與政府的法規相牴觸的。不符合規定的東西，可以是從財會制度到保全措施，再到品質保證之間的所有事物。所有這些都是造成與政府機構做生意和同一般人做生意是兩碼事的原因。所以如果你想嘗嘗政府的餡餅是什麼味道，你必須先想想你是否能消化得了。

不管你想與之做生意的是哪一級的政府機構，如果你還想有所營利，那麼下面這幾件事就都是你應當細心揣摩的：

1. 找到有關你們這一專案的決策關鍵人物。關於你公司的這一專案，你想收集一些詳細數據和資訊，最好的來源當然來自該專案的幾名負責人，以及確定條件的那些技術專家。認識了這些人將有助於你清楚地知道為能使政府滿意地完成交給你的任務，你都需要做些什麼。這可不者是件容易事，你必須勤跑腿，但如果能把這件事先辦好，那麼投標還是不投標的決定可就容易做出來了。

2. 學習與你承包專案有關的技術和行政管理方面的各種規定。決定去投標之前，你必須先把有關的技術條件和行政管理的規範和法定要求都搞懂。否則，你得標後可能會發現，要滿足那些看起來似乎是些陳腔濫調的細節條款，可得由你大把花錢呀！

3. 搞清楚你與之打交道的這個政府機構，與別的機構比較起來，有哪些細微的不同之處（包括辦事程度和政治色彩）。每個政府機構都有其不同的動作機制（即使是同級的政府下屬），儘管它們所遵循的是相同的法規。知道這些細微的區別，可以使你免去一大堆為假設辦事處「A」將和辦事處「B」一樣地處理此事，因為他們都是「C」局的下屬機構等等，所造成的頭疼事。

4. 評估你得標的可能性。例如，是否真的有競爭對手，是否某個專案已單獨指定要包給某一公司，而其還要招標則僅僅是為了符合政府的規定和手續了呢？

5. 看看未來與之再做生意的前景。儘管某一專案這次是基本上無利可圖的，但為了能在將來多做幾筆可以大賺的生意，這次你仍有意去投標。但這麼做時你可得多留神，因為這也很可能就是一樁買賣。之所以讓你做，僅僅是為了想從早已多次做過這種生意的人那裡得到些更優惠的條件而已。未來的生意還是得交給那位去做！

注意：儘管你並未直接去與政府機構打交道，你仍可能間接地被牽扯進去，成為一個政府專案的第一或第二、第三分包人。這樣，對於承包人或第一承包人適用的法規，將同樣地適用於你。因此，永遠別以為你只是在和一個普通商人做生意，沒直接牽涉到官衙門，就可以樂享太平了。

13.6 國際談判的不同色調

在國際市場做生意，從來都不是件容易事。只是政治領域中的小小變化，就可以使事情變得非常複雜。儘管如此，只要事前充分做好準備工作，在大都市或在你們小鎮的商業街上做生意，都會獲得成功，只是為國際性談判準備的工作量大些而已。因為這時你要應付的除了公文傳統的許多不同之外，談判活動本身也會因此而帶有不同的風格。總之，你花費在克服各種障礙上的努力一定會多得多。

當你要去與非本國的人進行談判時，幾個你應當慎重考慮的因素是：

- 計劃一下談判適於在哪裡進行。即使談判在你自己的國家內進行，到對方的國家和城市裡去看看，熟悉一下你對手的環境也是值得做的事。
- 克服語言上的障礙。即使你知道大部分能用英文溝通，但與會者卻不一定講。因此，使談判代表團的某一成員必要時可以充當翻譯，還是比較謹慎的。
- 了解對手國家的習俗。在這方面你不必非得成為專家，但你必須知道某些禁忌，以免無意中傷及對方。

- ▷ 了解兩國文化上的不同之處，特別是與談判有關的東西。這也不是件可以輕視的事，因為它涉及的因素很多。如開會時注意不注意形式、注意或不注意的程度、談判對生意做成與否有多大關係，以及要求多大範圍的社交活動等等，就會因文化不同而大不一樣。
- ▷ 研究你與之談判的這家公司。這方面要比你在國內做生意時更加重要。別的不說，只須讓你知道，如果你在道德規範領域中行為不檢，那在外國想辦法補救，往好裡說也是非常困難的就夠了。
- ▷ 只要有可能，一定要使協定規定符合有關國的法律。
- ▷ 表現文明並遵守對方地區的商業禮儀。進行社交活動時，除非對方主動提及，應避免與人家談生意。

注意：與不講英語國家的人進行談判時，即使跟你談判的人能說中文，你最好還是建議會談使用其母語。這看起來似乎是無必要地給自己增加了困難，但這麼做實際上有好多好處。第一，這可以是表示你充分信任對方的姿態，對方當然會禮尚往來。第二，這還可以防止以後對方以誤解了英語原意為藉口，對某事進行反悔。最後，由於你得等著翻譯將一種語言變成另一種，你會有更多的時間進行反覆考慮。

13.7 房地產交易的談判

涉及房地產交易的談判，有幾個方面是與一般別的談判不同的。第一，有關房地產的談判會受某些地方因素的嚴重影響。該房地產所處的位置會決定它牽涉到諸如地方稅費、法規，以及該房地產自身價值等許多問題。而這些因素自然會因為當地條件的變化而發生波動。

因此，要想在一個你不熟悉的地方做房地產生意時，你的隨員中必須有一位深曉當地房地產問題的專家來當顧問。這位專家除應當向你提供與當地有關的細節諮詢外，他還必須是有關當地問題的消息來源。

例如，某一公司在接受一項遷移其總部的優惠待遇時，一般都很少或根本不了解新地點的各種政策。而如果這些優惠待遇還無需政府出面干預時，謹慎的做法就應該是先搞清楚這項交易是否將由政府審批。簡言之，由於當地鄉鎮所給予的優惠條件，其細節必須由你仔細地搞清楚。

順便說一句，打算遷移新地的公司必須詳細分析搬家問題的各個方面，避免被新房地產和當地稅率的誘人之處迷惑。移至新地可是件關係久遠的行動。今天是欣欣向榮的地方，明天就可能變成蕭條地區。而且，房地產稅率也是可以發生變化的。這在最近迅速開發的地區尤其是如此，目前的低稅率必須會由於要支付建設基礎設施，如道路、學校等工程的費用，而大幅度提高。

有關房地產談判的另一個重要方面是，每一份房地產都是不相同的。因此，宣稱你「已經有了一塊房地產」時所帶來的激動，一定會給你的慎重思考事來嚴重影響。買賣房地產這種事，恐怕比在任何其他交易領域裡，賣主都更重視利用你的情緒。在這一領域裡，很少有賣方或其代理商不宣稱，還有另外的買主在等著和你競爭呢。

所以，正確的談判策略，應該能告訴你必須表現得不那麼過於急切。應當讓賣主知道，所談及的這份房地產只不過是你的選擇之一。而且，諸如建設新的生產設施，擴大已有的工廠等等，一般都還並不要求你必須立即採取行動。特別是當你們公司已經有適當的長期策略規劃時，就更是如此。因此，謹慎的做法還是根據當地交易的被動情況，來決定你的舉措。

13.8 僱用專家

僱用顧問或其他專家，有兩個重要部下必須加以充分考慮。第一個當然就是針對要他承擔的任務，來正確選擇專家的種類；第二就是和他達成有關其任務的詳細規定和條件。實際上，和其他職業一樣，專門為別人提供諮詢的人也分低中高等。因此，既然必須從外面請幾位專家進來，是否相信他們能夠完成你交給他們的任務，可具有深遠的影響。因為這等於是你在給你們的公司請嚮導，在這種事上，哪能不十分當心呢？

怎麼才能請到恰好稱職的專家呢？最好的辦法，還是向你信任的貿易老夥伴們去徵求參考意見。其他方法則包括來自商會的推薦，或你公司所屬工業集團的引見。實際上，找到一位參謀是件容易事，但找到其中最好的那一位可就需要你多下點功夫了。

當然，外請專家的最大用處是克服將來可能遇到的困難，而不是解決當前存在的問題。許多人都很想自己先試試自己有多大本事，然後才想到去求助於專家。但請你切記，所謂專家指的只是某一知識領域中的知識淵博者，他可絕不是在任何方面都能創造奇蹟的人。

在你拜訪專家的時候，記住別找那些擁有「必靈偏方」的人，這些人一般就是以一種標準的方法去解決各種問題。另外，你還得防備那些「給你出個主意然後就走」式的專家，不可認為他們事先就有了能解決你的問題的妙計。他們的承諾並不是都能兌現的。

僱用他們之前，你必須先行對他們的可信賴程度，以及專業知識的深淺進行調查。要知道，你找的是個能解決你的難題的人。可不是位報告撰寫人，你找的專家還必須與你在個性上相似，你得先問問自己，是否能和你請的這位和睦共事。

還有最重要的一件事是，必須和專家簽訂一份協定，裡面明確規定他應當完成的任務是什麼，他應當提供一些什麼，以及完成該任務的到底是諮詢公司的哪一位。這最後一條規定可是不容忽視的，特別是當你找的是一家很大的諮詢機構時。這也是個最容易引起爭執，造成你與諮詢公司不睦的導火線。

例如，你可能想請埃裡克先生，這位涉及你所諮詢的那個領域的權威來出面幫忙，但隨後你可能就會發現，派來給你出主意的是一個新畢業的工商管理碩士。當然，這個人如果能在權威專家的指導下，也未嘗不是最佳人選，但是為使你花了錢就肯定能請到誰，你必須在協定中就明規定來你方提供諮詢服務的人員名單，至少是那些關鍵人物的名單。

此外，還必須給待完成任務規定一個時限。時間上沒有限制就等於你可能要多破費，而且你也無法再用獎勵來使問題快些解決。儘管如此，你也必須給人家留出充裕的完成任務的時間，因為中途更換顧問也像半道上換汽車輪胎一樣，那也要花時間的。

僱用專家之前，下面這幾個問題必須已經有了答案：

- 為什麼你需要一位專家？
- 你們公司內部是否有人能完成這一任務？
- 外請專家會不會導致你方內部產生不和？

▷ 你擬請的這位專家以前是否完成過同類的任務？

▷ 你與待請專家從前的僱主交換過意見麼？他們認為該人的工作能力如何？

▷ 你同意承包完成任務後定數收費的辦法麼？如果你不同意，是否應當定下定期審查完成任務的情況，再行決定給多少報酬的辦法呢？

▷ 是否要求諮詢專家提供任務完成後的後續服務呢？

▷ 專家應該有多在大的權力？

最後，僱請外來專家時的費用問題是絕不能忽視的。這方面也會有激烈的競爭。因此，談這個問題時，你也得跟談別的生意時同樣認真。同等重要的還有，你必須明白諮詢費所包含的內容，可是不斷有所變化的。

至少，每張付酬單上都必須標明完成什麼任務，該專家工作了多少小時和完成該任務量的那位先生的水準。此外，你還必須教會你公司的僱員們與人家緊密合作，以免耽誤時間。總之，如果專家們的服務時間都由於你們內部執行不暢而被吞去，你再去抱怨人家要的費用太多，可就有點不妥當了。

13.9
與代理人討價還價

當你與之談判的是代表某一客戶的代理人，或任何一個第三方時，你的困難就又新添一個。一般地講，進行這樣的談判既有其積極的一面，也有其消極的一面。積極的一面是，與代理人談判時，效率一般都比較高，因為他們都是精於談判之道的人，對於他們專門研究的領域都有高深的知識。但另一方面，這些高深的專門知識又會使他們，比他們所代表的客戶做成更有利的生意 —— 就是說，你的得利將會少些。所以，儘管代理人可以使你過得舒服一些，但他們又使你必得多破費點。

還有一個問題就是，有些代理人會把自己的利益放在他們所代表的客戶的利益之上。例如，不難想像，他們代表的如果是位運動員、作家或電視臺，那麼他們所更著重的將是這些人或機構留在原隊或原地不動，而不會是眼前能有多少收入。此外，代理機構或經紀人也還可能由於眼前他們可能報酬多些，而急於促成某筆交易，就忘了追求遠期補償會對他們所代表的客戶更有利。

坦白地說，上述這些論點都是可以一分為二的，而當一位對他花了那麼多錢來僱用這位天才，卻對他的服務未滿意的僱主來說，使用這些論點來責難他們時，他們用以搪塞的餘地可就太窄了。而且，代理人把客戶的利益代表得是好是壞，那是只有僱主才能認定的。很難確定在想用最低的費用購買一位天才服務的僱主（他自己的經濟利益要求他這麼做），和一個由於替客戶賺了盡可能多的錢從而提高了其身價的代理人或經紀人之間，到底是誰能更好地替客戶辦事。

讓我們還是把僱主、代理人、客戶之間的關係問題放在一邊，先看看怎樣去跟代理人討價還價吧！為使你能在這種談判中獲得成功，需要的東西也並不特別複雜，你只須有勇氣在對方提出過分的要求時說「不！」就行了。但當你面前站著一位競爭對手，他們願花你不願意支付的那筆費用時，想做到上面說的那件事可就不那麼容易了。但是，你仍可以透過談判前先行確定其極限的方法，來避免使自己被爭相出價的狂熱所感染。預先定下你能出的最高價，並拒絕超過這個上限，你就不至於因為要爭得一位天才而變得樂不可支，或歇斯底裡，從而遭受重大損失。

與代理人談判時另一個應當考慮的重要問題是，努力獲得以成績優良與否實行獎勵為基礎的安排。去年的本壘打，持球觸地或新的票房收入紀錄都已成為歷史，沒有人能保證它們今年還會再次出現。但是，一些使你遭受巨大損失的合約卻常常就是由於還懷有那樣的期望才草率簽訂的。如果你不想用高價聘用一位過了巔峰期的球星或別的什麼星，那你就一定得堅持把這位星級人物臨場發揮不善的風險，由雙方共同分擔。你應當把一般表現的報酬定得低些，而用分紅或獎勵的形式，去酬勞那些把你對他們的期望變成了現實的人。

到了要簽發合約的時候，與代理人所代表的客戶見見面，是很重要的。代理人或經紀人都會反對你麼做，這是因為：(1) 他們不希望由於客戶說錯話而把水攪渾；(2) 他們不願意你使他們的客戶被你說服得認為你提的才是最好的建議。但是，在談判到最重要階段時，堅持要求開一次三方都參加的會議，是很有必要的。這可能使你有機會強調一下，和你方簽約有哪些短期和長期的利益。

順便說一句，你應當毫不猶豫地說出你們將怎樣對待一位天才。你之所以能最終贏得代理人或經紀人所代表的客戶，常常是因為你在一些小事上占了上風。特別是當你的經濟實力與任何人都不相上下時，就更是如此。

實際上，你如何對待一位和你們簽了合約的天才，將有助於當他有意與其他協會或俱樂部另簽新約時留住他。「嘿，既然我們花了那麼多錢，幹嘛還得哄著他呀！」這句話說出來很容易，但說這種話的人，忽

略了這樣一個事實，即寵信是一種任何人都喜歡的東西，不管它的實惠到底有多大。當然，這也並不能防止每個人都不跳槽，不去尋求賺大錢的去處，但這不至少可以留住一些人，而另外一些人則也會由於在別處混得不如意，認識到了應當讓誰得到他們的服務，不應當只由賺多少錢來決定，從而又回到你們這裡來。

13.10 供貨談判

是否能成功地改善你的產品品質和減少庫存，取決於你能否和你的代銷商密切合作。因此，在涉及供貨問題的談判中，合約內容以長遠利益為重是必須的。這一任務光靠把焦點集中於談判策略（那時強調的是誰要價低就把生意讓誰去做）上是完不成的。首先這是因為，不能期望把嚴格的品質控制和「恰到好處」的庫存量，都推給你的經銷商去執行和決定。為使上述兩個措施都能獲得成功，需要的是你們雙方合作密切。因此，只是找一些要價低的供貨商是不夠的。此外，價格低，就其本身來說，也可能意味著不能及時交貨、品質差、經銷商破產以及其他一些毛病。

所以，儘管價格或費用永遠是供貨談判的重要內容，但它絕不能成為壓倒一切其他的、有助於你們合作密切的諸因素的東西。事實上，一個好的供貨商，應當和你一樣關心成本降低。

為創造良好的供貨關係，應考慮的幾個因素包括：

1. 不可將不切實際的合約條款強加於人。經銷商越難於執行哪一條，根據變化了的條件，來進行調整的靈活性就越小。

2. 使你的供貨商充分理解合約內容。一些陳腔濫調式的條款，常常被一些小的經銷商所忽視，從而不完全知道它們到底意味著什麼。

3. 任何要求都要規定得很明確。你越能精確地使對方知道你希求的是什麼，供貨者就越能滿足你。

4. 談判中你也得注意滿足供貨者的要求。應努力站在他的立場上，來看待他提出來的要求。

5. 提倡連續不斷的關係，努力與對方簽訂長期合約。當他知道他的任何投資，都會由於滿足了你們的要求而收回來時，他就越願意滿足你們的需求。

6. 鼓勵供貨者在產品設計和新產品開發上，也和你們合作。

7. 確定現實的交貨期限，以便供貨者能有充分的時間來安排他的生產進度計畫。

13.11

消除別人「無足輕重」的看法

當小商號與大公司談生意的時候，一般的趨勢是大公司多採取那種「行就做，不行這生意就算了」的態度。正如我在前一節所說過的那樣，這當然無助於建立其實對雙方都有利的長期合作關係。儘管如此，這還是經常發生著。如果你遇到了這種情況，向這位以老大自居的對手表明一下，你的長處是值得的。這麼做的方法很多，其中包括

- 向他強調，你給他提供的可是高品質的產品或服務。
- 用資料證明，你們從來都是按時交貨和派人服務的。
- 提供你們既能控制費用不使之太高，而同時又能保持高品質的證據。

▷ 不做你無法實現的承諾。

▷ 採取合作的態度。既能使協定條款滿足他的要求，還能達到你的目標。

▷ 告訴他，你們船小好掉頭。在根據條件變化迅速做出調整方面，靈活性更大。

▷ 不要掩蓋為滿足對方某一要求，你們還有困難的事實，但告訴他，隨後會想出辦法來克服。

▷ 絕不能低聲下氣，堅持要求對方平等相待。只要你能堅持住，對方一定會這麼待你。

當你代表的是小商號，而對方的後面卻是家大公司時，你最難以克服的障礙，就是生怕不答應人家的要求，人家抬腿就走。當談及的生意還是你方未來的大宗業務時，尤其如此。但是，如果因此自己就挺不起腰來，即使生意談成了，它將來也會變成件麻煩事。因此，你必須爭得你能接受的條件，而不是忍受你無法執行的東西。

13.12 使你的使用者成為老顧客

為建立起客戶願意再次與你做生意的基礎，你的眼睛必須能看到比本次交易所涉及的條款和條件更遠些的地方。

先就本次交易所簽的協定本身來說，如果你想一下子就從客戶身上擠出你可能擠出的最後一滴油水，你確實做了一筆好生意，但你卻失去了這位客戶。

你怎樣同人家談判，也是能否使他變成老顧客的一個因素。如果人家覺得你這人太苛刻了，幹嘛非得再來和你打交道呢？

不管是涉及到賣貨還是別的什麼，與人家談判的時候，還是和氣點好。如果你總是板著個戰鬥臉，人家就可能覺得不舒服。另一方面，你的和藹和輕鬆本身，就會使對方的緊張心情得以消除，從而使他個人和他的錢包，都願意對你敞開來。

與你方的客戶進行談判時，你必須採取個別人個別對待的辦法，而絕不是那種什麼「都一律管用」的策略。為做到這一點，你必須研究每位客戶的不同好惡。這樣，你就可以隨時變換戰術，以求既能滿足他們的需求，又能使你的對手個人覺得愜意。

但是，客戶談判本身，還只是使他變成老顧客的起點。如何去執行你們簽訂的協定，才是決定你們這次做的到底是一樁買賣還是長期合作的因素。當然，執行協定是好是壞的標準，會因為所售產品或服務的不同而不同，但有一個共同點，不管你賣什麼時都得注意的就是售後服務。

要想增大你們的銷售額，售後服務十分要緊。但可惜的是，人們常常並不把它看做是保持和贏得效益的可靠工具，相反卻認為那是在把已賺得的利潤又倒了回去。坦白地講，當投資的回收還不容易定量地計算時，要把大筆的錢投到為期很長的售後服務上，還真得需要點遠見和勇氣。但是，為建立起客戶對你們的信賴，你們應當做的最重要的事，還是在客戶需要時，使他及時得到幫助。總之一句話，只有售後服務得好，人家才會相信你們，才會再來關照你們。

再從長遠的角度看看，如果你是不考慮長遠的未來可能性而是短視的狠敲對手一筆，那你們的買賣就會越來越難做。在當前競爭如此激烈

的世界上，是否有老顧客會變得越來越重要。因此，絕不允許只顧眼前而不考慮將來談生意。

13.13

申請預算撥款

如果問談判的哪方面最使人惱火，許多人都會告訴你，那當然是申請預算撥款的那個過程。當一個經理未能說服人家接受他的申請，而同時卻又看到另外有人提出了顯然過於超標的預算，卻連尾數的幾塊錢都弄到手時，他想發脾氣，不是很可以理解的嗎？但是，當你會使用幾種「優勢地位」技術時，再申請預算撥款，就不會受這份折磨了。

第一種技術，就是向對方說明你得不到申請的這些資金，會有什麼負作用。這就像俗語說的那種「天要塌下來啦！」式的宣告。你應當做的是，告訴對方如果不批准你的申請，天災人禍的事都可能發生。例如，生產定額將不能完成，交貨將要推遲等。但是，為成功地做到這一點，你必須編出資料來證明那確是真的。

另外一種技術，是說明批准你的申請會帶來多麼大的好處。當然，絕大多數要求增加預算金額的申請（與通貨膨脹有關的調整除外），都會以那將會有好處為藉口。但你要想獲得成功，就必須讓有權批准你的申請的人知道這些好處，而這些好處又必須是這些人最想見到的。在商業界，任何附有大幅度提高利潤，或生產效率證明資料的預算撥款申請，都更有可能得到批准。

贏得批准所需的重要因素是為你的申請獲准後所帶來的好處提供數字證據。用多少元來表示你預言的好處，會使它們更讓人覺得可信。儘管這些數字還都是些預設值，你仍應當把它們列得很精確。人們都奇怪地特別願意相信像 101,576.35 元這樣的數字，雖然他們完全明白，那還是個猜想數。

順便再告訴你，永遠避免使用「我猜想是……」這樣的語句是大有好處的。所以，即使誰都明白那只能是猜想時，你也偏不說那樣的話。當然，如果有人問你為什麼不明說你的某些數字是預設值時，你也有的答。你可以簡單地告訴他說：「我說的數顯然是預設值嘛，何必在前面非加上猜想二字不可呢？」

準備申請報告時，你可以大力為自己的經濟狀況辯護，但切記應避免虛報數額。虛值多的申請，會破壞你們的信譽，從而使本來合理的專案，也讓人覺得可疑了。但這也不等於說報告裡就不應當把那些意外的附帶支出寫進去。相反，能證明這些意外支出確有可能，會進一步提高報告的可信性。

為你的申請報告進行辯護時，要努力做到留有退路。這會使你至少還有使報告要求的一部分，得不到批准也行的餘地。例如，如果你僱不到兩個人當正式工人，那麼僱到一個或只是個全天或半天的臨時工，也總比一個沒有強吧。重要的是，你得先把腳邁進門裡去，才可望登堂入室，達到你最後的目的。如果你真做到了這一點，那麼等下次再申請時，得到其餘的部分就比較容易了。

第十四章
如何防止談判遲遲不前

不管出於什麼原因，當你以為離做成某筆生意已經不遠時，卻常常發現談判停滯不前了。其實，這一點神祕之處也沒有，因為雙方離達成協定的距離越近，雙方讓步的餘地就會越小。於是，來自談判桌兩邊的阻力也會越來越大。到了這個緊要關頭時，一定要想辦法別讓談判停下來，因為那樣很可能會使談判重頭再來。

發現談判進展遲遲不前時，有許多辦法可供你用來使討論繼續進行下去。有時，為避免談判進入死胡同，你想主意避免這種局面時，還真得有點創造性呢。在其他情況下，如果你發現對方在耍鬼點子，想在最後一分鐘，再從你這裡擠點油水出去，迫不得已時，你也可以來點硬的給他瞧瞧。本章中的所討論的，就是你可以用來克服那些常常會造成談判脫離正軌的常見障礙的方法。

14.1
出現僵局時

你可能遇到過這樣的情況，即談判中你和你的談判對手，都把能讓的東西讓了出去，以至於雙方的立場都再無迴旋餘地。這也常常是絕大多數生意之所以終成泡影的關鍵時刻。但是，在即將進入這一死胡同之前，你若能稍稍後退一下，努力尋找出一些其他方案，用以解決或至少能迴避造成僵局的問題，還是大有好處的。

如果雙方能一起努力，共同解決某一難題，那當然再好不過了。可即使你的對方不願意合起來做，你也不妨用你的創造力來試一試。在某些情況下，一個比較簡單的解決辦法竟會一下子湧入心頭呢！而在別的場合下，談判則可能因僵持局面無法消除而終告破裂。但即使是這樣一個結局，如果你能找出個令人滿意的其他解決方案，重新談判也是可能的。

尋找其他方案時所遇到的最大障礙，常常只不過是由於這樣一個事實，即雙方都只顧奮力朝著一個方向走，而並未想到前面還有塊「此路不通」的牌子。為此，雙方竟誰也不曾想過應怎麼消除分歧。這其實是很自然的，因為不管你事前做了多麼充分的準備，若想把所有可能出現的問題都想到，那是不可能的。

多半會是這樣的情況，即雙方在價格問題上爭執不休，而使談判陷入僵局。你遇到這種局面時，不妨去找一找能使那一價格變得可以接受的其他補償因素。例如：

▷ 延長交貨期限。

▷ 放寬產品和包裝的技術要求。

▷ 增加或減少購買數量。

▷ 給增加了的數量附帶一個可選方案或條款。

▷ 更優惠的付款辦法。

有時，為打破僵局，須對談判所涉及的內容進行大幅度的調整。實際上，最後達成的協定，其內容還完全可能與你們最初談的不同甚至毫無關係。例如，雙方在涉及購買位於海濱的一座建築物上未能達成協定，但他們卻決定在有關內陸的一片土地上一起做生意。

在另外的場合，由於加了個獎勵條件而終於促成的協定，雖對你方沒什麼價值，但出於某種原因，這對對方卻頗具吸引力。因此，在談判過程中，注意尋找對方對什麼特感興趣的線索十分重要。對方說的某一句話，在當時也許並無什麼意義，但當僵局出現時，那句話也許會幫你們擺脫它。

例如，在涉及出售一個零售商店的談判中，目前的店主常常會津津樂道他是怎麼管理這個商店的。當談判陷入僵局時，買主想起了賣主說過的話，就建議讓舊店主來當新店的經理。而這竟成了舊店主之所以終於同意繼續談判下去，直到買賣做成了的不可或缺的因素。總之，當此路行不通時，只要你創造出一個令人滿意的妥協方案，難題也許會一下子迎刃而解了。

14.2
在談判的最後一分鐘做出讓步

有時候，談判停滯在離達到雙方的立場已經相當接近，但你的對手卻仍拒絕成交的階段。其原因多半是他還在觀望，看看是否能在最後再從你這裡得到點讓步。你可能還記得，我們在前面曾討論過一點一點的退讓的問題。在那一節裡，我曾告誡你必須永遠留有再做讓步的餘地，即使是全套性的談判也是如此。這麼做的目的是給自己留有到了最後一分鐘，能用以將生意敲定的工具。

儘管如此，你仍不能把它隨便扔到談判桌上。你必須讓對手認為他已經把你榨乾，再無半點油水可擠了。這樣，你這時的讓步，就會被視為為達成協定你所做出的最後一點犧牲。所以，與此同時，你還必須強調再無任何可讓的東西了。

實際上，為使這很像是最後一步，除非由於某一難題無法克服，談判已經破裂，否則絕不能做出此讓步。這麼做的好處是，對方可能此後再來找你，接受你最後報價，從而使此讓步變成是不需要的了。但是，你不可讓等待人家來找你的時間太長，因為這期間人家可能終於承認了和你的生意已經徹底沒了，從而開始執行其他的方案。是否應當讓談判暫時停一停，可得由你自己判斷，其依據就是對所謂風險大小的評估結果。

無論在何種情況下，當你做最後讓步時，你必須把它同對方將感到有吸引力的東西結合起來，就是說，它應對你的對手個人具有某種誘惑力。任何人都不喜歡失敗，只要還有可能達成協定，誰都願意讓它達成，而絕不會毫不努力地甩手一走，甘願以失敗告終。

下面我用一例子，來說明一下怎樣使用這一招。

背景

漢克（簡稱「漢」）先生是一位一家大型室內裝修材料商店的購貨員，正在和赫布（簡稱「赫」）先生這位一家建築材料批發商的推售員，就購進材料問題進行談判。爭講了一陣子之後，雙方的差距只剩下 3,000 元了。漢出價 98,500 元，赫要價 101,500 元。赫的這個 101,500 元還在漢的最高出價 101,500 元之下。實際上，赫即使按 100,000 元的價格也願成交。當然，雙方誰也不知道對方都還有讓步的餘地，但雙方卻都擺出已給出了最後報價的架勢。

最後一分鐘的讓步

漢：「算了，赫先生，我早猜到了會這樣。只是就差這麼點就不能成交，未免太可惜了。」

赫：「漢先生，我已經給了你我可能給了最佳報價了。在別的任何地方，你也找不到這個價了。」

漢：「我認為能找到。現在市場競爭相當激烈。坦白地講，你怎麼會把這麼大一筆生意扔給別人去做？我真難以向我們老闆解釋這件事。」（漢在利用赫的感情）。

赫：「不過就是白瞎了一天功夫嘛！成了就賺點，不成也虧不了多少！」（他很為這筆生意擔心，但卻裝出一付滿不在乎的樣子）。

漢：「老實跟你說吧，赫先生。這事我一個人做不了主。我還是給另一家材料商店的店主打個電話試試，看用 100,000 元能不能成交。可我沒問他是否能同意這個價。所以，在我給他打電話之前，我還是希望我們之間能達成協定。」

赫：「這我也樂意，漢先生。但我必須告訴你，當我報出了 101,500 元這個價時，那可低到了下限啦！」

漢：「我們相差還有幾塊錢呀？赫先生，我想你還不至於就為了差 1,500 元就讓這筆 10 萬元的生意泡湯吧？難道你真想這麼幹嘛？而且，這還不僅僅是這一次的事！我們之間以後的生意還怎麼做？你知道，我們的業務量可是在不斷地擴大喲！」

赫：做了個苦相，說：「算了，去給別人打電話吧，但現在我可得告訴你，如果你和別人談不成，再想來跟我們做生意就不可能了！」

漢：離開會場，打電話給他的妻子，重新確定了倆人一起吃晚飯的時間後，回來說：「我的運氣不錯，赫先生。那家商店已經同意按100,000元的價成交了。」

當然，你永遠不會知道實際上這一幕到底會怎麼演，重要的是，必須使你最後做出的讓步，看起來像是為挽救談判所盡的努力。這樣，即使對方仍認為你的建議是不可接受的，但達成協定仍是可能的。

14.3
改弦更張

造成談判進展緩慢不前的因素很多，但只要你能花費一些時間採取必要的防止措施，它們都是可以控制的。至於說你應當怎麼做，那可得取決於你面對的僵局是什麼樣。

有時，談判之所以停滯不前，是因為雙方無法在解決某一特定問題上取得一致。遇到這種情況時，與其再浪費時間去爭論這個雙方分歧很大的內容，還不如換個話題，討論一下有關本次談判所涉及的其他問題，更有益處。常常發生的事是，當其他難題都被一個一個地解決了時，原來存在於未解決問題上的分歧，會很容易地就被消除了。

也有另外一些時候，某一問題會成了對方代表團中的一位或多位成員，無論你怎麼做，他們都要反對的一項。如果你處在了這樣的困境，你不妨私下裡跟他們代表團的負責人談。找出解決該問題的辦法。有時，之所以出現了上述那樣的僵局，正是由於雙方與會人數都過多。還有一個解決辦法是，把代表團抽成幾個小組去談，找出癥結所在。當然，如果不違反契約的話，再開會時把與會人數減少一些，也是個辦法。

有時你也會遇到這樣的情況，即你突然發現你的談判對手在似乎無理由地拖延會議。一旦弄清了確是如此，你不妨用一些外交辭令來問問他到底為什麼。實際上，對方之所以如此，原因不過是他在猶豫而已。

這可能是由於他討厭將你們商定的某些條款，交由他的上司去審批。也可能是因為你的談判對手，有位事後諸葛亮型的老闆，或者你的對手認為某些條款一定會在審批人士的圈子裡遭到反對。不管是什麼原因吧，如果你實在搞不清到底是為什麼，那你最好就請他的上司出面來開會。總之，一旦發現談判開始舉步維艱，請立即改弦更張，找一個更容易獲得成果的領域，使討論繼續朝著得出結論的方向邁進。

14.4 防止對手在最後一分鐘撤回報價

當你以為談判即將得出一個令你滿意的結局時，有時候也會發生一件使你不那麼高興的事。你可能倒楣，恰好在這一時刻遇到對方竟意外地撤回了報價。這種情況的發生可以有多種形式，但多數發生在某一談判結果須經上級人士批准的情況下。一位買主出去一會兒，回來後可能這麼說：「真抱歉，我不得不把我剛才的那 500,000 元的報價撤回去，因為我無法獲得到上司的首肯。」如果發生了這樣的事，你會很容易動肝火，「要不就照你剛才報的，要不就算了！」但是，這樣的回答卻不一定永遠是應該和理智的。從實踐的角度看，在這筆生意破裂後，你可能再無滿意的其他方案，因此，「做就做，不做拉倒！」的態度，很可能是個極其冒險的做法。此外，即使他並未公開表示這樣的意思，某種形式的上級審批，與其說是例外，倒不如說是正常的過程，不管要簽的協定有多大的分量。而且，即便是談判者就有權做了承諾，這也常常是出於為獲取政府或其他行政機構的某種形式的審批的需求。

當然，在談判開始之前，你必須先搞清楚你這位對手到底有多大的決策權。關於這個問題，我們在前面就討論過。此外，我們前面還研究過關於找出幕後決策人的問題。這兩節以及關於確定談判對手的影響力問題的一切都值得你重溫一下。但是，你的對手到底有多大權力可不是一成不變的。而且，即使那權力固定就那麼大了，那也並不就能阻止你的對手說出這樣的話：「我們定下的某些條款與我方的會計制度有牴觸，因此我不得不把這幾條拿去讓我的上司審查一下。」

不管發生的到底是哪種情況，你永遠不能像條件反射一般沾火就著。你應該考慮的是，他撤回的那個報價離你談判目標有多遠。例如你在談判的準備階段已經確定最佳售價為600,000元，可以接受的最低價為400,000元，那麼對方撤回那個500,000元的報價後，不仍舊給你留下了迴旋餘地麼？

當然，如果你的報價遭到拒絕，你也一定要反問一下，請對方直接回答為什麼那個報價是不可接受的。如果對方拒絕回答，那你就拒絕繼續談判。這樣，你就迫使對方只能在兩條道路中選擇一條，即要不宣布談判破裂，要不退卻接受你的報價。這當然是個一般的反擊方法，它可以使你免於受到那個老套花招的攻擊，即不至於受對手說他的上司不會批准你們的協定，從而再讓你做出讓步這一手的欺騙。實際上，如果遭到拒絕的那個報價，是你所能做的最高報價，除此之外，你也沒有別的辦法可想，只好這麼做了。

但是，也有另外一些情況，能說明你還不應該把談判推向有破裂危險的邊緣。例如，很可能那些反對你的報價的上司位置太高，你無法使他們下來參加談判會議。還有就是，你可能並不希望你的報價交由對方高層人士去審查，而且，既然你還留有充分的餘地，何必把事情推向極端呢？

不管是哪種情況，一旦到了你必須威脅對方說要抬腿就走，或只是表示不同意對方的回答時，你一定要堅持讓對方首先採取下一步的行動。一般情況下，他會給出一個某種形式的報價，然後談判就可以以此為始點繼續下去。但是，你必須明確一點：如果對手說你們的協定還得由其上司審批 —— 只有在他打算這麼做之後，你也可以對他說，不管達成什麼協定，你的上司也是要審查後才能批准。這麼做有一個好處，即對方沒理由反對你這麼做，因為你做的將只是對方已經做了的事。

14.5 擋回不容許談判的要求

你認為是不能談判的任務東西，都必須由你在談判前加以確定。關於這個問題。我們已經詳細討論過。正如我在那一節裡所說的那樣，一般情況下不應當告訴你的對手，什麼是不容談判的。道理很簡單，首先這會使對方也照搬你的做法，列出一些不容談判的專案。所以，還是應當找出某種託辭將對方有意那麼做的意圖打消。

另一方面，談判態勢的發展，也可能使原來認為是不容談判的內容，成了可以用以反擊對方的一種武器。從這點來看，你就沒理由把某些內容堅持當作不能討論的東西了。所以，從利於實踐的角度出發，在談判過程中，你最好還是克制點，別把某一問題弄得讓人覺得是不容談判的。

儘管如此，當談判已接近尾聲，你的對手終於會弄清了你在某一或某幾方面，是絕不肯讓步的。現假設對方因此將和你針鋒相對，並且，如果對方也很清楚他們在做什麼，也應當那麼做。你就必須採取措施來捍衛你的立場了。如果真的發生了這樣的情況，你可以試試以下幾種辦法中的一種：

1. 建議用你的不容談判專案，來抵消對方不肯讓步的內容。即使對方並未明說他們也有不容談判的專案，但透過談判，你肯定已經弄清哪些是對方絕不肯讓步的了。

例：「特德先生，與其在我們雙方各自認為是不容談判的內容上爭論不休，那我們幹嘛不都退一退，你接受我的付款辦法，我則回報以同意你們的交貨日期呢？這麼一來，我們不就各定了自己同意的一條麼？」

2. 你可以辯解說，你在其他方面所做的讓步，已足以抵消你在這些不容談判的內容上所表現出的執拗。

例：「赫克．弗雷德先生，我已經在前三個問題上都讓了您啦，現在您卻還說我提的包裝要求是不能接受的。除非我們再重新討論前面那三個問題。那你這回說什麼也得接受我們的包裝要求。而且，即使您同意了，您還欠著我呢！這可不只是包裝要求是否可談不可談的問題，問題是做生意也得禮尚往來是不是？」

3. 說你的不容談判的專案，實際上是可以談判的，但把交換條件抬到使對方無法接受的高度。

例：「我從未說過我們的關於品質控制的技術要求是不容談判的。那不是發瘋了嘛！現在讓我告訴您，我想的是什麼吧。我出價每件 49 元，買 5,000 件。這可是 245,000 元了。如果你不能保證你們的品質控制條件，那好哇！但這麼一來我可只能出 35 元一件，而且也只能買 500 件了。就是說這筆生意的總金額降為 17,500 元了。如果品質上達不到我們的要求，我們也只能買這麼多了。」

14.6

接近決策人

有時，你會遇到一位不想與你合作，共同推動談判前進的對手。他這麼做的理由很多，從故意使事情遲遲不前（因為他知道你有時間限制），到不幸你遇到的竟是生性辦事拖拉的人等，都有可能。不管出於什麼原因，你都被迫必須採取某種行動，來使談判取得進展。這時，你可以試著用一用下列辦法中的一個：

1. 最簡單的辦法就是策略地向對方說，既然討論看起來得不出什麼結果，可讓更高層的人士出面來解決問題比較好。當然，在這麼說之前，你必須使你的上司，大略地知道這次談判已到了什麼地步。如果對方是個沒什麼主見的人，這一招一定靈。因為他巴不得由他來決定這付重擔卸掉。

2. 如果你認為對方可能不同意你提出的讓高層人士出面的建議，那你就得在談判過程中尋找必須這樣做的理由了。例如，如果對方說他的老闆肯定不會同意唯獨建議的某一條，這時候你就可以堅持讓他的老闆到會。

3. 請你自己的老闆出席談判會。這樣，你的對手也將被迫請出他的上司，以求談判能在同一級別上進行。

4. 請你的老闆私下裡與對手的上司碰面，你們這麼做的意思不過是「讓您知道事情已經到了什麼地步。」

5. 把談判的難點，直接由你的上司傳給對方的最高層人士。你可以藉口有緊急情況，說：「我希望我們明天一定得使談判有個結果！」這樣的一種壓力肯定會傳給對方的領導層。其結果便是，要不你這位猶豫不決的對手立即改變作風，快速做出決定，要不就是有權做決定的人露面了。

6. 你自己越過你對手直接找到他的負責人。這可能會造成你們之間的關係緊張。所以，應盡量表現得你不是有意這麼做。找出個什麼藉口都行，只要能見到你對手的上司就行。

14.7
遏止「專家」插一手

在前面，我們已經討論過怎樣來有效地使用己方的專家，以加強你的談判地位，又談過了怎樣外僱專家的問題。但是，外僱專家如果是你的對手所用的一招，那將是你在談判中所遇到的最大障礙。當幾位專家聯合起來對付你，他們不但會加強對方的談判地位，談判本身也將拖長，因為你必須想辦法來反駁他們的論點。

防止他們插進來的最簡單的辦法，當然是從一開始就不讓他們進入會場。就是說，可以事先商定限制使用專家。當然，對方可能會不同意這樣。但如果他們同意了，這也同時會阻止你去外請專家。因此，當你想到有可能需要你自己的專家時，千萬別提這樣的建議。

現假設你們事先並沒有關於使用專家的商定，那麼你下一步的著重進攻點，就應當在你認為對方使專家與會的時候提出反對。反對的理由可以是要求「維持現狀」等等。比如，可以說，既然你並沒有請專家，那對方也不應當請。這一招是否有效，取決於對方認為他們這麼做，會不會使你忍受不了而發起火來。

其他可以用來遏止專家插一手，或至少減少他們給你帶來傷害的方法還有：

- 你自己先避免使用專家。這就等於請對方也別這麼做了。
- 對對方專家的可信性展開攻擊。
- 說對方專家的知識領域，不能包括談判所涉及的問題。
- 立即用你方專家與其展開對攻。
- 聽聽對方的專家說些什麼，然後繼續雙方的討論，就好像沒聽見他們說了些什麼一樣。
- 用「是啊，可……」這樣的回答，來貶低他們的論點的重要性。你可以這麼說：「你們說的挺對，可這並不是我們正在討論的問題！」或者：「好啊，但其他人的研究顯示，你們所說的這些還不能算是有了結論的呀！」

當然，在談判尚未開始之前，你就應當猜想一下到底在哪些領域，對方可能請專家插進來。如果你大致能肯定會發生這種事。那你就得想辦法使你方的專家，也處於待命的狀態。

注意：在少數幾種情況下，對方可能在會外想辦法請第三方插一手，來影響會談的程序。最常見的方法就是用公眾壓力，來迫使對方讓步。例如，威脅說要向輿論界曝光，藉口是「A」公司不願意就罷工問題舉行談判，或者說必須先解決由於你們的所謂疏忽，已使某些假想的對象受到傷害的問題等等。如果你真遇到了對手想把你們談判的內容公之於眾的情況，千萬別用你也找些藉口的方法去應付他。在絕大多數情況下，這只能加大曝光程度。最好還是想辦法使談判就止於談判桌上，而遠離媒體。

14.8
提出時間限制

當談判陷入停滯不前的境地時，使之快速前行的最佳為法，就是規定時間限制。自然，如果你只是虛張聲勢，而你的對方又識破了你這一招，留給你的選擇可就只剩下要不使談判真的破裂，要不就是承認自己是在弄虛。就是說，過了你規定的時限，你還在繼續跟人家談。因此，作為一種策略，人們大多都不樂意用它。

當然，如果時限一過，你並未真的不再往下談了，你的威信也會降低。所以，如果你真的使出了這個殺手鐧，那你就得堅持不退，就認為那是當時能採取的最正確的行動好了。但是，如果出於某種不得已，你還得繼續談下去，那也並不就意味著在未來的某一時期，你永不能實行你的威脅了。

實際上，如果你定了好幾個時限，而且大多都被超過了，一旦你真的執行了一個，那反而會造成巨大的影響。例如，你規定了個時間限制，對方常常會想辦法使你不能執行這一威脅。於是，當這個時限被超過了，人家就會據此把已做出的讓步再收一些回來。這種反擊可以反覆進行多次，直到你被迫採取斷然行動為止。

因此，不管在任何時候，當你認為必須規定一個某種形式的時限時，你必須把自家的大門敞開，等人家再來找你。你可以這麼說：「如果您想明天再談，請於今晚 9 時給我打個電話。」這些話與「如果今天我們談不成，那這筆生意就算了！」這樣的話比起來，前者顯然更委婉，也更留有餘地。這也可以使你在等不到人家來找你時，你主動去找人家，也不至於太丟面子。

14.9

把時限和另外的方案連繫起來

當你發現對方拖拖拉拉，從而想規定時限時，這麼想是一回事，而真的做出這種威脅性行為，則又是一回事。你必須會有的恐懼是，對方還真就滿不在乎地拂袖而去，從而使這筆生意徹底破裂。但儘管這種可能性是永遠存在的，使它變成現實的機會，卻不是人們想像的那麼多。

首先這是因為，如果對方有意做生意，那他肯定願意朝這個方向努力。因此，當他們在故意設定障礙，猶豫不決或出於其他原因，而拖拖拉拉時，規定個最後期限倒很可能成為一種興奮劑，使他們一下子明白過來，不能再那麼做了。此外，許多談判都會有起伏，有時一方會退卻，也有時談判還真得暫時停一停。因此，沒有任何理由認為斷了的談判不能重開。如果雙方都有達成協定的願望，重開談判的可能性還相當大呢！

儘管如此，在你還不知道打算用時限這一威脅到底想走多遠時，你首先應當考慮的是，如果別人不怕你這一套，你還有沒有另外的方案。如果存在另一筆一樣好的生意可做，那你的威脅所冒的風險就會減小。當然，如果你並不只是想嚇唬嚇唬人，和以此促使快點談出結果，而是被當時的條件所迫，那麼，在你坐下來談判之前，就應當想好是否真有別的地方，可以去找人談生意。否則，特別是當你的對手知道，那時限對你也同樣是一種壓力時，對方必然會故意使談判拖長，目的則僅僅是為了在最後一分鐘，從你這個再無良策的傢伙那裡擠出點讓步來。

忠告：在絕大多數情況下，讓對方知道你真有個時限，你在某月某日必須談出個結果的事，可是不明智的。因為那將使對方更想用拖延戰術來對付你。但是，如果他們真的知道或認為你的確有個時間限制，這時你就千萬別再瞞著。相反，你應當明確地告訴對方，談判必須在某月某日有個結果。但請你記住，你說出去的這個某月某日，必須位於真的時限之前，比如，如果你必須在 9 月 3 日前談出結果，告訴對方說談判必須於 8 月 10 日前結束。

這樣，如果對方真想拖到最後才肯罷休，你在策略上就占了優勢。就是說，時制已過你卻連眼都沒眨一下，那你想做的這筆生意就很有可能做成了。實際上，當那個假的時限要到了的時候，你提出的那個所謂「最後報價」或建議，開始可能會被人家當虛張聲勢看待。可一旦時限真的過了，對方就可能怕生意真的破裂，而突然改變主意。當你臨時還順便說了一句:「貴方如改變了主意，再打電話好了。」那他們就更會如此。

14.10
採取「強硬政策」

你可能遇到過這樣的情況，即無論你怎麼努力，談判硬是很少進展。有時，這的確是因為雙方鑽入了死胡同，有時則是像我們在下一間用將要討論的那樣已到了該結束談判的時候。也有的時候，你可能還會覺得，造成談判遲遲不前的並不是談判所涉及的內容本身，而是談判人員的個性在發揮作用。如果你多次參加談判，早晚你一定會碰到這樣的人，即他或者她不知道在做什麼，或者這位老兄生來就沒什麼主見。遇到這種人時，請對方換個人或加個別的人來，可能是你的最佳選擇。

用執行某種形式的強硬政策，來向對手施加壓力，這在談判活動中可不能說是少見的事。其最常見的形式，就是去與對手的上司接觸，由此來迫使你的談判對手快點談。在一般性的交易中，通常就是你方經理出面，去拜會對方團隊的負責人。在某些少見的情況下，壓力也可能由政府官員或輿論工具來施加。

無論透過什麼途徑，成功的關鍵還在於：即使對方感到有壓力，又別產生逆火現象。例如，如果對手知道你們所以要越過他，去見他的上司，不過是一種想使談判快些進行，達成一個對對方不十分有利的協定的策略，那這一招就不會有多大效力了。因此，在你想用這一招之前，能夠找出說明你必須這麼做的，很有說服力的理由，是十分重要的。當然，這理由不一定非得是真，只要使對手認為合情合理就行。

第十五章
結束談判的技術

當談判到了快成交的階段時，為使其能圓滿結束，有許多因素是值得你考慮的。首先，你必須能面對現實，知道什麼時候該停止再索取更優惠的條件了。換句話說，知道什麼時候，該想想在未來的生意中，得到更多的利益才是真正的聰明人。有時，使對方同意能使你達到未來的目的的條件就是成功。

什麼時候使談判結束，也是個非常重要的因素。乍看起來，似乎並不存在談判應當什麼時候結束，才算正確的問題，但實際上，的確有些時候會比另一些時候更好。不幸的是，使一次談判有個結果，有是還意味著你得衝破你方自己陣營內的內耗性障礙，到了此時，你必須使出渾身解數，來表現你自己。本章所討論的內容，就是為使談判能完滿結束所需研究的幾種策略。

15.1
知道適可而止

你可能有幸參加過這樣的談判，即在那裡你比你的對手占有優勢。這只能在於你方真的比對方強大，或只是表面上看起來是這樣，也可以僅僅是因為你的談判對手，在談判技巧上不如你。不管出於什麼原因，你最好還是別把這一優勢利用得過了頭。逼人太甚的結果有三：(1) 把人家嚇得站起來就跑；（2）使他們只好接受一筆壞生意；（3）當執行這份原來本不該簽訂的協定時太吃力，從而把整個包袱甩給你。

人們一旦占了上風頭，一般的傾向就是想把對方口袋裡的最後一塊錢，都給掏出來。這樣一種做法，實際是忽略了遠期的後果。特別是當協定須在很長的一段時期裡執行時，就更會是這樣。

偶而也會發生這樣的情況，即出於某種原因，占劣勢的一方會因為覺得差一點的生意，總比沒生意好，從而接受了某些不那麼合理的條款。但其結果卻可能是差一些的品質，推遲的交貨，以及其他一些你可以想像得出來的不愉快的事。總之，這次你得到的這個最低價，從長遠看卻不一定就是最佳價。所以，儘管你的注意中心，永遠應當是保護你方的利益，但你還必須認識到，不強迫對方接受一些太不合理的條件，同樣也是在保護你們的利益。

15.2
現在得不到的將來應當得到

談判常會因為雙方在某一條件上，總是達不成協定而陷入僵局。這一條件可以是對談判中的一方，具有特別重要的意義，而另一方同樣也非常地不喜歡它。為克服這樣的障礙，方法之一就是使這一條，也成為本來不喜歡它的一方也喜歡的一條。但有時候，即使這樣也似乎無法挽救局面，特別是當這一條關係到談判成敗，即有這一條，將使對方無法接受這筆生意，就更會如此了。

遇到這種情況時，變變布置，精確地算一下你到底要完成的是什麼，還是值得的。有時你會發現，與其斷送了這筆生意，想辦法使現在得不到的能在將來得到，從長遠的觀點看，倒反而於你方有利。這時你可以針對這一長遠目標，來跟對方談談條件。在你不能以獲得你現在要的東西，使對方與你簽協定時，還有很多別的條款可供你談。一旦得到對方同意，你方的長遠利益就會得到保護。下面舉幾個典型的例子，來說明為什麼會是這樣：

1.「A」要求把某些技術效能條件寫入合約，但「B」不接受這些條件。為了使談判有個結果，「A」建議在技術效能條件中，再加個獎勵性內容，即如果「B」能滿足合約規定的技術條件，它將得到某種實惠。我們在 11.4 節裡所談過的許多獎勵形式，在這裡就有用了。就是說，用它們可以換取對方同意十分嚴格的限制條件。

2.「C」要求的單價太高，「D」不肯接受。為不使生意破裂，雙主諸出意再加個物價上漲因素進去，即物價指數上升超過某種界限時，單價也應隨之上漲，生意就因此而敲定。

3.「L」不同意簽「M」要求以購買數量的多少而有不同價格的協定。但雙方由於在合約中又加了個可選方案，而終於成交。

4.「X」想從「Y」那裡買兩座房子，但「Y」只想賣一座。後來由於「Y」又加了一條，說如果「Y」將來想賣另一座房子時，「X」將是排頭號的買主，而終於使「X」同意只先買一座。

用於克服當前困難，而又能保護你方長遠利益的條款是無數的。它們不見得能使你得到你要求的所有東西，但得一半總比啥也得不到好，特別是當你連這一半也不要，就沒得生意可做的時候。而且，談判之所以失敗，常常就只是因為你看對方接受某些條件或條款時，請一定想想是否還可以透過別的管道，來獲得你追求的東西。

15.3

超出事先確定的界限

儘管你為談判使盡了看家本領，做出了你所能做的所有讓步，但有時你還是未能使對方在協定上簽字。總之，你已經把報價壓到了談判計畫中所規定的最低極限，但生意還是做不成。當然，之所以到達了這樣的地步，也經過多次討價還價，但由於談判桌上出現了未能預期或未知的情況，而使你不得不改變立場。可是所有這一切都未奏效。於是，你似乎已走到了路的盡頭，為達成協定再沒有什麼可以拿出來和人家交換的了。

但是，儘管你曾那麼精心考慮和計算過的事實和數字，都說明你無法再讓步了，你還是不想讓這筆生意破裂。你的內心某處在向你這麼說：「雖然我連賺得最少的生意都可能做不成，但有生意做總比沒生意強。」

到了這個時候，如果有人問你是否會失去理智，同意給對方所要的東西或至少提出一個低於你方預定計畫的報價呢？回答會很簡單，那當然是「不！」但是，當人的情緒也摻合了進來時，可就不是那麼回事了。我個人認為，人們為獲得他們想要的東西，幾乎每天都可能脫離他們事先預定的目標。你或你家的某一成員，都有可能演出過這麼一幕，即說是去買輛汽車並發誓出價絕不會超過某一數目。可不一會兒人們就發現，有一輛貴得多的新車來到了你院內的汽車道上，握著方向盤的人還滿面春風，把那寶貝喜歡得愛不釋手！

當然，做生意跟這個可是兩碼事，那可比買輛心愛的新車重要得多。可是，情緒同樣也會在這個領域裡發揮作用。你如果能冷眼看一看，就會發現，有許多生意是在超過了那生意本身價值的基礎上做成的。例如，在一些商業報紙上，你常會讀到這類新聞，即某家公司竟不顧經濟分析的結果，花大得多的價錢買了某家公司、某家商號。換個領域看看，你也會發現，某些房地產經營者，也居然不顧專家的意見，高價買進了本應便宜得多的一塊地皮或幾座房子。

這麼做，會像賭博一樣，有時也會贏的。一旦真的贏了，這位傻瓜會一下子被視為天才。這是因為他走運，有靈敏的直覺，或者是兩樣加一起的結果？顯然，對此種做法持批評意見的人，會說這只是撞了大運。而這位買主卻會謙虛地說，他只是稍微比別人精明那麼一點而已。但我想說的重要問題是，人們可以也確實在做一些，從理論上說非常蹩腳，但有時會突然變成一筆引起轟動的成功生意。

這是不是在鼓吹說，你可以隨隨便便，毫不在意地提出任何報價，只要達成協定就行了呢？當然不是。我的意思只是說，有時候你的確可以扔出一個，按書本的說法那簡直是昏頭式的報價。例如，某一工廠的位置可能對某家公司具有特別的吸引力，於是他們就同意了人家要的高價，而買下了它。或者，那只是為搶生意，之所以願意出高價，不過是為了擠垮一個討厭的競爭者而已。

總之一句話，有那麼一兩次你確會為求得協定達成，而出了不應該出的高價。當然，弄成了這樣的習慣是不明智的。但有時候，由於情況特殊，你多跑出去幾步，也還是不應當受到指責的。

15.4 用解決對方難題的辦法來挽救生意

有時，談判已陷入僵局，但似乎又找不出問題出在哪裡。你可能已提出所有的優惠條件，但你就是不能使談判得個結果出來。有時，之所以到了這種困境，不過是因為你的對手不願意談判有個結果，而到底為

什麼卻又不想擺到桌面上來。實際上，這竟會是因為你的談判對手，不知道你提議的這些條款，對他或他們到底有什麼用處。

如果你陷入了這樣的窘境（這種可能性可是多得數也數不清），那麼，除非你知道了問題到底出在哪兒，想從那地方掙脫出來，否則就是不可能的。有時你的談判對手，很願意對你以誠相待，特別是當透過幾次會談，你們之間已建立了相當好的關係的時候。

但也有的時候，那就得你自己去想辦法，找出癥結所在了。這時就須注意要能發現所有的線索。當然，沒有什麼東西妨礙你，直截了當問你的對手他的難處在哪裡，希望他能把它坦率地講出來。如果真能這樣，那麼，想點辦法出來，去解決他的困難，也不永遠都是很困難的。下面就舉幾個你的對手可能有的難處，以及用什麼辦法來解決它們。

▷ 對手的老闆很挑剔，使坐在你對面的這個人難於使談判結束 —— 請你的老闆出面去對付他的老闆。

▷ 對方難於割捨他已經營了多年的一家商店 —— 建議在商店賣給你們之後，他可以留在商店任經理。

▷ 一位供貨商在為流動資金擔憂 —— 在合約中規定將隨貨付款，不是等貨都交齊了才算總帳。

▷ 一位買主愁資金不夠 —— 設法幫助他籌集部分資金。

總之，為促成一筆交易，你應當先找出對方的難處，然後再想辦法消除它。我承認，這不是永遠都那麼容易做到的，但為使交易做成，在這上面花點力氣還是值得的。

15.5 選擇答成協定時機

在談判過程中，知道選擇不同的時機是很重要的。這裡所說的時機，就是包括何時不應當開始談判，直到那最重要的時刻，即何時應當最後達成協定。這些都是不容忽視的。例如，在下列的幾種情況下，開始談判就屬於時機選擇不當：

- 對方是有大量產品積壓的供貨商 —— 可使談判晚些進行。因為，如果他還不想跟你做生意，和他談起來就會很困難。
- 當地房地產正處於交易過熱階段。
- 在供求關係中你正處於不利的那一端 —— 例如，你要買的東西正處於價格不斷上長階段。

實際上，能影響談判開始的時機的因素多得很。另一方面，你也不能把開始談判的時間，推遲到非得有可能做筆好交易的時候。在這方面，你所能做的最重要的事，就是有哪些時間因素，會影響談判結果，並據此做出相應的應付計畫。當然，這枚硬幣的另一面就是，使談判在對你方最有利的條件下開始了，例如，對方出於許多原因願意和你方合作。

除了考慮談判的開始時機之外，何時使生意成交的時機也更是應當考慮的重要問題。如果你能在談判過程中，充分對此計劃一下，那將是大有好處的。但為使時機的選定權掌握在你手裡，最好的辦法，還是先把你認為顯然是被對方看得最重的那一條，或那個問題留下來不定、不解決。儘管你知道，那一點一通過，生意就算成交了，但何時可以通過那一點，得由你提議。這樣，當談判已到了斤斤計較一些細小內容時，你留下的那個問題，將成為生意是成是吹的關鍵。

時機一旦成熟，當所有其他問題均已經解決時，你就可以提議來解決做為生意失敗的主要絆腳石的問題了。你可以這麼說：「先生，我們能不能成交關鍵還在這裡！」然後就提出你對如何解決那一問題的建議。一般情況下，你的這個建議，就是成為所談交易成敗的契機。只是由於他本以為是無法克服的障礙一旦消除，所給他帶來的舒心，就多半足以使他願意在協定書上簽字了。

別的先不說，是否能選出恰當的時機，要求你必須十分清楚談判何時處於何階段。這可不像從表面上看起來那麼容易。特別是當你的對手也很有經驗，知道談判這種活動，也跟打撲克一樣，啥時候該出啥牌的時候。但即使如此，注意尋出那些說明對方已有意成交的所有跡象，總不能說是白費力氣。

15.6 用時間作為槓桿

俗話說得好：「時間就是金錢」。當進行談判而己方又有時間限制，即到了某一日期必須談出個結果來，這句話就更加正確了。要使談判有個結果，沒有別的什麼比一下子把累積起來的問題都解決的辦法更快捷的了。否則，你將眼看著時間一點一點地向時限靠近，而你和對手卻相對無言。

如果你確知，或很有把握地猜到你的對手有時間限制的壓力，當談判已接近終點線時候，你顯然就占了很大的優勢。但是，在你利用它獲取利益時，有幾點注意事項你還得先考慮考慮。首先是想想這個時限對你有什麼用處，就是說，如果談判不能在時限之內結束，對方可能提出哪種其他方案。另外，別把事情做得太過火，也是比較謹慎的，因為在任何情況下，你的對手都不會接受過於無理的要求。

最後，要搞清楚對方的時限是不是真的。也可能那只是對方為使談判快點進行，而採取的一種戰術呢！為什麼他要這麼做？可能是由於他不希望你太深入地研究他的報價的細節，於是就虛構一個時限來阻止你這麼做。為確知到底是不是真的如此，只要看看對方是否在談判一開始就讓你知道有時間限制就夠了。

藉助於對方有時限而想獲得更加有利的條件時，下列一些參考辦法可能會對你有幫助：

1. 避免讓對方了解，你知道他有時間限制方面的壓力。否則你就會引起對方警惕，想辦法不讓你在最後一分鐘擠去更大的讓步。
2. 如果對方告訴你他們有時間限制，讓他們知道你對此毫不重視。
3. 積極地進行談判，到接近時限時也是如此，別讓對方懷疑你在故意拖延時間。
4. 快接近終點線時，讓對方先提出他們的最後報價。
5. 要多花點時間來考慮這個報價，即使你知道那是完全不能接受的，但不要讓對方知道這一點。
6. 拒絕對方的報價並不提出對你方有利的報價。如果對方接受了你們的報價，那你就成了一筆好生意。
7. 如果對方拒絕你的報價，那你就繼續往下談你的，而讓對方先做出下一步的行動，因為受時間限制的到底是他們而不是你們。這樣，他們或者表示退讓，再提個報價給我，或者只好宣布談判破裂。到

底什麼時候可以做成這筆交易，取決於你是否知道什麼時候結束談判最好。

8. 切記，對方十分清楚他們的時限什麼時候到期。因此，即使所謂的時限已被超過，他們仍有可能繼續談判。
9. 當確知對方有時間限制時，榨取對方的最後一分鐘讓步時，也不可太過分。不管怎麼說吧，如果你連鵝都殺了，還有什麼能給你再下金雞蛋呢？

15.7
越過內耗

談成一份令人滿意的協定，這本身就是很麻煩的了，但是，你難受的時間還並不是到那時就結束了。你為了做成一筆交易所遇到的困難，也許還不僅僅來自在對方。困難是由對方造成的，你可以透過找到對方決策人的辦法，來使協定達成。

除了想辦法繞過對方所設定的障礙外，還有一件更使你惱火的事是，你居然還得想辦法踢開你回家路上的絆腳石。這樣的絆腳石可以有多種形式。有時它會是你方決策圈的猶豫不決。

下面讓我們先討論一下這後一種情況，即怎樣克服由於你方團隊內部，有人反對或不同意批准你簽的協定所造成的問題。

在已臻完美的世界上，內部鬥爭和政策分歧的事，應當已經成為過去。但是，即使是最樂觀的算命先生，也會在預言這樣的未來時有所遲疑。因此，對於已談成的各種協定來說，己方內部的意見分歧，幾乎是不可避免的。這種看法上的不同，可以是由於你方內部權力鬥爭所造成的幾種只有微小差別的不同政策，但也可以是由於不相信你談的這筆生意確實對你們有利而造成的實心實意的反對。

在絕大多數情況下，這種內耗式的鬥爭是在做出決定、讓談判可以開始的很早以前，就有端倪可見了。但它所造成的傷害有重有輕，有的就會比另一些好得快一些。有時候，原來反對這筆生意的人可以暫緩進攻，從而使你談成的協定通過了審核流程。其結果將是，你會發現你自己正在和你方的後衛作戰，而目的卻是為了獲得自己團隊的批准。如果發生了這樣的事，你千萬不可等閒視之。因為，如果反對你的人能把你談成的生意說得一無是處，那就等於你又回到了你剛坐下來談判時所處的位置。所以，還是讓我們看看有哪些辦法，可以用來解決這樣的困難吧。這些辦法包括：

1. 找出決策圈中可能支持你的人和詆毀你的人。
2. 在把你談成的協定送交去審批之前，先給你的支持者打下優勢地位的基礎。
3. 努力使反對派也和你合作，贏得他們的支持。如果可能，向他們說明他們的想法或異議已被包括在協定條款之內，或者，如果他們同意了這個協定，他們的意見還能進一步得到貫徹執行。
4. 猜想反對這份協定都是些什麼樣的意見。在審批會上，最好由你先把這些意見提出來，然後再想辦法說明為什麼這些意見不對。這麼做就等於先把反對派的彈藥庫給炸了。
5. 介紹你簽的協定時，一定要做到有理有據。既然你為簽成它已費了九牛二虎之力，再賣點力氣讓它通過審核總是同樣應該的。
6. 如果你簽的協定在審核會上未獲通過，那就採取一切措施去影響最後決策的那一位。不管怎麼說，這生意是你談成的，那就理所應當由你親自來向這位決策人解釋並捍衛它。當有人想使一筆談成的交易破裂時，談判的人不在場，不能親自保衛自己用辛勤工作贏得的成果，那你的反對者做起來就容易得多了。

除了上述有組織的反對之外，還會有各式各樣在大公司內部通常都會有的障礙，要你去克服。比如，那些無主見的人（做做他們的工作）、某些限制性的規定（把它們解釋成對你有利），以及那些多得數不清的小節（事後再想辦法處理它們）。為使你談成的這個協定在你方內部通過，克服這麼多困難的確是令人不愉快的事。但是，你必須承認，這也是談判過程的一個部分，而且還是你絕不可輕視的那一部分。因為你方內部的障礙，在毀掉一筆談成的生意方面，要比談成這筆生意所花的時間少得多。

15.8
使對方知道你已達到極限

不管早晚，事情總得有個頭，要不把生意談成，要不只好沒什麼協定可簽。有時，談判會搞得拖拖拉拉，乾耗時間，而其原因卻只是由於雙方誰也不肯主動提出結束會談。究其根源，部分原因在於人們大都不願意成為最後報價的那一方。人們都不自覺地會認為，那肯定不會被對方接受；或對方一定會報之以你更不希望得到的報價。

要克服這樣一種障礙，正如我們在前面所討論的那樣，需要人們有採取「邊緣政策」的魄力。一旦你把為使協定達成的手段均已用盡，這時你不但必須承認自己已經到了極限，你還得想辦法讓對方也明白這一點。所以，無論什麼時候，如果你給出的最後一點讓步或一個報價，你必須強調那是最後一次了的這一事實。

到了這個節骨眼，千萬別猶豫。而這時，對方的反應則多半是還想將把戲耍到底，這其中就包括拒絕你這個最後報價。令人難以理解的是，這時候除非你能證明，他們絕不會認為你所報出的是他們所可能得到的最佳報價。所以，這個節骨眼也許就會是你真的得站起來，揚長而去的時候了。

有經驗的談判人員都知道這個，因此他們在適當的時候會毫不猶豫地這麼辦。複雜一點的談判都會是這樣，即談判破裂了，再重開，再破裂，再重開，一拖就是幾週或甚至幾月。取勝的關鍵還在於你能夠在離開會場時，給對方留下一個既表明你已經厭倦了這種拖拉，又使對方覺得只要他們主動去找你，不可能重開談判的印象。

另一方面，說你不想往下談時，一定得讓對方明白這是因為你已經到了極限。也就是說，你應當讓對方覺得還不能洩氣，只要能過些日子再去找你，接受你那個最後報價，生意還是有得做的。而且，說不定對方再與你聯繫時，會提出個你雖然無法料到，但卻是個使你十分滿意的其他方案呢！這一切是不是在說只要敢做就能取勝呢？有些人會說那可不一定。但無論如何，做事有魄力總是好的。

15.9
你的第十六計

如我剛剛討論過的那樣，當你已經達到了你的談判極限時，你一定得毫不含糊地讓對方明白這一點。但是，作為原則，你還一定得把你方的大門留著，別關死，其開度至少應允許對方再來和你聯繫並接受你那個最後報價。除此之外，你永遠也不可能預知，你和同一談判對手將來還有多少打交道的機會或可能。

因此，不管協定沒有達成是多麼地令人掃興，你永遠也不應當由於一時衝動而把事情做絕了。你當然可以採用某種形式的最後通牒比如時限等，來迫使對方行動。但做得過頭可不是生意人應當做的。不管其形式是什麼，最後通牒的使用，在相當程度上應看做是對對方的低估，而人們是誰也不願意受人威脅的。所以，無論你感到多麼不自在，把你的滿肚子怨氣還是發洩到高爾夫球或其他什麼受氣包上去吧！

注意：在少數情況下，一筆徹底沒了的生意，也會死灰復燃的。這種例子，在經過談判才購得一家商店或一塊地皮的交易中，是屢見不鮮的。儘管應當算是例外的情況，但如果你沒有什麼特別的理由來急於達成協定，那你就不妨這麼試試。這種韌勁不但會給你帶來好處，而且，隨著時間的推移，條件也會起變化。一個國家的經濟、個人或商業形勢，以及不同人的不同的做生意的動機，都是有可能產生被動的。實際上，像諸如同對方建立起長期的良好合作關係的事，都可能是你事業成功的關鍵。因此，你如果真的到了極限，再無可退的餘地時，不但不能洩氣，你還千萬得記住要把最後通牒做為你的第三十六計，就是說一走了之，而絕不能把那怒火滿天發洩出去，因為那麼做，你除了損失之外，別的什麼也得不到。

第四篇

談判過後所需的策略

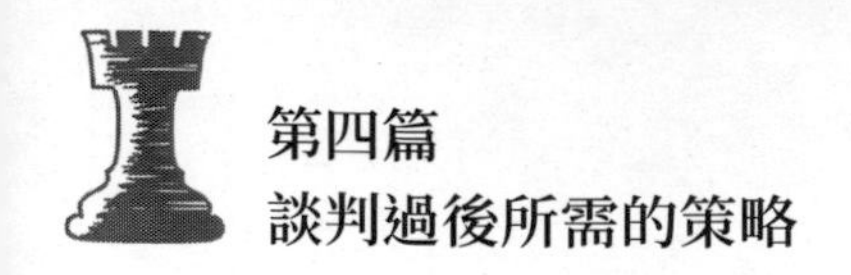

第十六章
簽了協定之後還要做什麼

經過了漫長而艱苦的談判之後，雙方終於能夠握手相慶，至少意向性協定總算簽了一分，當然可喜，但你要操心的事可絕不是到這裡就算完了。如果你粗心大意，寫在紙上的協定，也可能成為爭執的根源，從而使下一輪談判成為必要。本章所討論的就是關於如何撰寫協定資料和恰當地保護己方利益的幾個基本問題。

即使是到了這個時候，你的工作還絕不能說是已經結束。在某些情況下，一旦談判臨近結束，你方團隊內部的那些事後諸葛亮們，就可能從各個角落爬出來指手畫腳。因此，你還得做些準備來對付這些以挑別人的毛病為其專業的人。此外，如果所簽協定還有較長的執行過程，你還得注意監視著談判桌上得到的那些承諾，是否在一個一個地兌現。

不幸的是，不是每件事都能按計畫實現。以後的事態變化很可能說明，針對已簽了的協定再開談判已經成為必需。如果真的必須這麼做，你就首先應當知道如何恰當修改或重談那份協定。在下面這幾節裡，我們將著重討論有關這一問題的幾個方面。

16.1

執行已談成的交易

經過一番努力，雙方終於將一筆生意談成了，事情將立即轉入下一階段，即如何去執行那些雙方都同意的事了。儘管達成協定的確應該使人鬆一口氣，但這可絕不是你應當或可粗心大意的時候。如果你花了幾天、幾週甚至幾個月的時間才談成這筆生意，若只是由於未能恰當地執行雙方所同意的內容，就把這一切都給毀了，不是太可惜了麼？

執行一筆交易的幾個基本步驟是：

- 重新明確一下雙方同意的都是寫什麼。
- 確定是否有審查和批准的必要。
- 撰寫協定文字。
- 定期檢查協定是否已得到貫徹（這一條只適用於那些有一定執行期的交易）。

有關上述幾條，我們在以後的幾節還要詳細討論。但關於協定，應當強調的一個方面是，除非是有關極普通的交易，首先應考慮協定是否有交由司法部門審查的必要。說出下面這句話當然很容易：「如果有什麼差錯，我會請律師出面的。」或者：「這筆生意是按常規談好的，司法機關的審查沒有必要！」但是，這樣一種草率的態度，卻很可能造成許多麻煩。

首先，如果事情已經不妙，必須請律師出場干預時，那就等於本來可以預防的病症已經患上了。這時你會發現，為治病所支付的費用，會

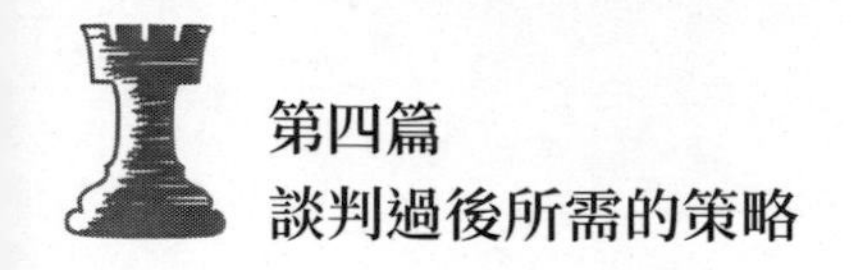

遠遠高於你事先請律師看一看的費用，其所帶來的不便也同樣是如此。此外，談判這種事的談判人員之間的高度個人交鋒。正因為雙方離得特別近，那些極簡單的圈套或花招，反而有被對方忽略的可能。因此，除了那些法律手續之外，你的法律顧問還可能指出你連想都沒想過的一些問題。所以，在一頭紮下去之前，你最好還是確認一下，你們簽的那份協定是否能通過司法機關這道關卡。

16.2
有約束力的承諾

即使是口頭上答應了，就協定本身舉行談判之前，你也得先搞清楚雙方唱歌是否用的是同一張譜。特別是當談及的內容很多，包括多次報價，以及在達成意向協定之前，又經過了多次的立場改變時，就更應如此。

一方認為某一問題是這麼解決的，而另一方卻認為是那麼解決的情況並不少見。不幸的是，這種事常常是被發現時為時已晚（多半在審查協定本文的當下），從而引出了一系列的摩擦。往好裡想，其結果可能是一方丟臉，可若往壞處想，則可能因為雙方對已談過的內容，又有了不一致的看法，從而使生意破裂。

如果你能在談判臨結束之前，花些時間總結一下你們都在那些方面取得了共識，這種悲劇是和容易避免的。所以，你應當主動提議將談判結果再來一遍，儘管對方也許會認為這沒有必要。至於談到如何來提這樣的建議，你不妨要求稍花一點時間，來審查一下談判紀錄，把雙方有共識之處再確認一次。

正是在臨撰寫協定文字之前，由於會談暫時停止，許多已取得一致的條款會變成泡影的事並不少見。當雙方住地相距甚遠，不得不用電話作為會後聯繫工具時，這樣的事就更會經常發生了。但是，除非被情況所逼，總結取得共識的內容的工作，最好在談判的最後一次會議上進行。這樣，如果有分歧很大的問題，當場就會有個結論。即使不能如此，這項工作無論如何也得在協定寫出之前完成。

16.3
應建議由你來撰寫協定

之所以應當由你方來撰寫協定成文，理由只有一個，而且還簡單得很，那就是，這樣就可以由你們（而不是對方）來控制應當把一些什麼內容寫到裡面去。你可能很容易就得出這樣的結論：既然你們把取得共識的內容又都總結了一遍，那由哪一方來寫協定文字，又有多大關係呢？

這裡，被你忽略了的是，在協定已經成文並經過可審閱之前，有很多細節問題是你們連想都未曾想過，更不用說討論了。因此，協定文字裡到底寫了些什麼，在相當程度上是由撰寫它的人決定的。而且，許多有關誰應該做些什麼的枝節小問題，都可能在真的執行起來時，變得十分重要。

更加重要的一個事實是，一旦某一內容被用文字固定了下來，再想說那是個例外情況，別人可就難以苟同了。因此，即使對方可能願意某一條有個與你不同的寫法，一旦那一條已被你寫在紙上，再提出異議他可就難了。總之，即使談判已經到了就等著雙方簽字的階段了，誰也就再也不想把事情拖得更久了。

關鍵還在於，只有當某些內容已被寫在紙上，而那張紙上又有了雙

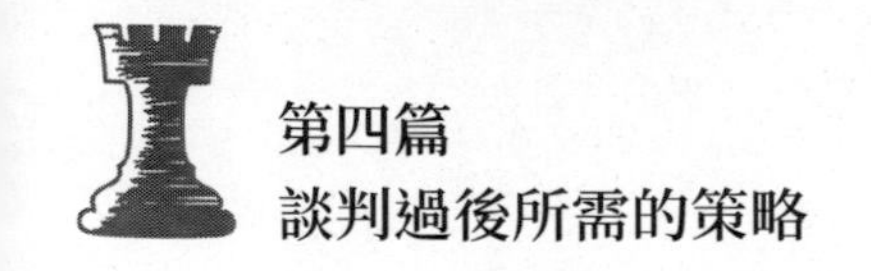

方簽字的時候，那內容才能算數，而絕不是在談判桌上被認為是已經取得共識的東西。如果那張紙由你來寫，那麼，在談判桌上獲得雙方同意的東西，寫在紙上應當是個什麼樣子，不是就得看你是怎樣理解的了麼？當然，這並不意味著你可以改變談成的基本問題，但這至少可以使你能有機會或能力來解釋談判結果是如何獲得的。只是這樣一條理由就足以說明協定由你來寫是多麼有好處了。

16.4 協定寫得很糟會帶來麻煩

如果往壞裡想，協定寫得很糟會導致一場用昂貴的訴訟。往好裡想，這至少也會因為雙方對某些條款有不同的理解，而造成激烈的爭執。這不但要浪費許多時間，雙方的工作或來往關係也會受到影響。因此從容不迫地寫出精確的協定文字，是明智之舉。

粗心大意寫出的文字，大致有以下比較常見的毛病：

- 協定中遺漏了某些條款。
- 條文語義不清，可導致不同的解釋。
- 條件寫得過於鬆寬、不嚴密，以致在達到要求方面有許多空子可鑽。
- 協定中有許多與參考性資料，而這些資料又未經事先審查（當有關技術條件和談判過程的文字太多太長時，常會有這種事發生）。
- 條款之間有相互牴觸之處，而又沒規定發生爭議時應以哪一條為準。

談判內容複雜程度的高低，在一定程度上會議協定文字的篇幅。自然，協定的篇幅越大，裡面所可能摻進去的錯誤也會越多。解決方法並不就是要你把文章寫得短一點，因為寫協定時的注意中心，還應當是如何把為執行雙方都同意的這筆交易所需要的一切內容都包括進去。因此，單純為追求「簡潔」而得到的簡潔，是應當避免的。

另一方面，協定寫得好壞，評價的標準還應當是看它語義是否含混。語義含混大多是由於使用了一些晦澀的詞句造成的。這些東西很可能把資料弄得難以理解，讀起來不知道是在說些什麼，像凡人看天書一樣。因此，你必須盡一切努力使你寫出來的東西，能讓別人讀懂，其次才是在不遺漏任何內容的前提下，把它寫得簡潔。

注意：儘管由於你或你方來寫這份文字是有利的，但有時協定也可能是由對方寫的。這時，細心地思索每一詞句，就是你在往上面簽名之前所必須做的事了。而且，遇有你弄不清楚的地方，你還千萬別懶得啟齒去提問。如果發現裡面還夾雜一些陳詞濫調，你還應當對它給予特別的注意。這些可能是一些過時的老套，或者是與協定內容無關的東西。那也可能是某機構或某公司的資料裡都必有的一些格式。你如果問起這件事，人家也許會說：「我們的所有協定都是客觀寫的！」但你千萬不可滿足於這樣的回答。你一定要堅持，如果這些東西與協定內容無關那就刪去，如果有關，那你就得使它們能讓你讀懂。

16.5
協定中必須有的 12 條

除了法律和行政條款之外，你還必須保證你們談判的所有內容都在協定資料中有恰當的反映。另外還有一些屬於各種協定中都應當有的、

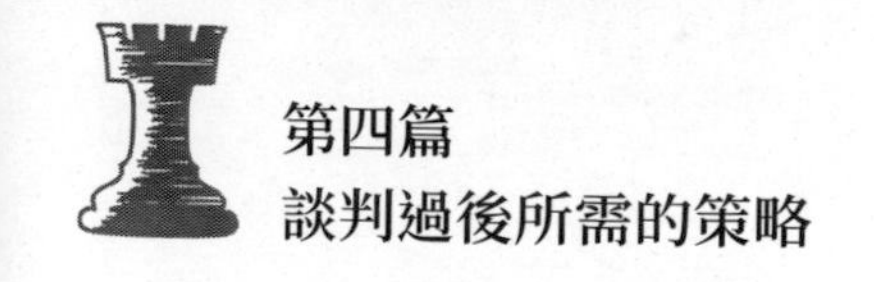

基本的和不那麼基本的條款，即：

1. 關於執行雙方所達成協定的特殊要求。其中包括詳細技術條件及等完成工作的描述。
2. 詳細的付款辦法。比如，在何種條件下，付款可以推遲或停止。例如，關於不能按時交貨或某些專案不符合協定時該怎麼辦的規定。
3. 關於交貨的一些條款。它們應能反映雙方的意願，包括執行合約過程中如何對交貨期進行調整問題。例如，買方可能要求規定這麼一條，即交貨可在執行期內加快或延遲。
4. 在任何條件下協定可以修改。
5. 雙方發生糾紛時應如何解決。
6. 可選的附加規定以及用何種辦法來執行這一條。
7. 在何種特殊條件下可以受獎，以及如何確知已經滿足了那些條件。
8. 關於未寫入協定文字的內容，在何種條件下對該內容未予說明將被合理地視為因疏忽而造成的遺漏。
9. 執行協定所需的行政步驟。
10. 你方法律顧問認為必須寫進去的法律上的規定。
11. 雖然對方堅持認為不需要，但你方顧問或顧問們認為必須包括在合約之內的條款。一定想辦法把這些條件都寫進去，困為被遺漏時，它們正是可引起爭端的那些內容。
12. 除非合約內容本身要求有某種靈活性，關於合約執行的起止日期的明確規定。

顯然，所列的可以多些，也可以少些，多少都應取決於談判所涉及的內容。重要的是，協定中必須有那些足以防止未來糾紛的所有條款。

常常是雙方都認為是：「這一條不需要，別寫進去了！」的那一條，後來給你們帶來了許多麻煩。

16.6 對付事後諸葛亮

在所有與談判活動有關的事物之中，只要你參加過多次談判，你就一定會遇到的就是，有人事後進行指指點點。即使是在協定簽了很久以後，也總會有人來向你指出你哪點做得不對，以及如果換了他或他們，那生意將多麼地更加有利，或者那生意本該到別處去做，等等。實際情況是這些專能挑別人毛病的人，雖然都只不過是橄欖球賽過後才知道球該怎麼傳，誰該怎麼跑的人，可他們卻都自認為是足智多謀的談判老手。

當然，在一份合約簽字之前，你還會遇到一些想毀了這筆交易，或至少也想在你前進的道路上擺幾塊絆腳石的人。如何為對付這些人，我們在前面已經討論過了。現在來說說這些事後諸葛亮。儘管他們的行為，一般已不會給已談成的生意造成影響，但有兩種可能性，你還得必須得知道的。

首先，這些人可能會跑得很遠，以至竟企圖在合約未到期之前將其取消，特別當你簽的這份合約的有利程度還屬中等偏下，或至少他們認為是這樣的時候。不用說，這也正是你應當密切注意協定的執行情況的原因之一。

換句話說，他們可能力圖通過再談判，來把他們喜歡的一些條件加到你簽的協定裡面去。由於合約的取消或再談判本身都是非常困難的，所以，揭穿和擊破他們的這種陰謀還不會很困難。但是，如果你們內部

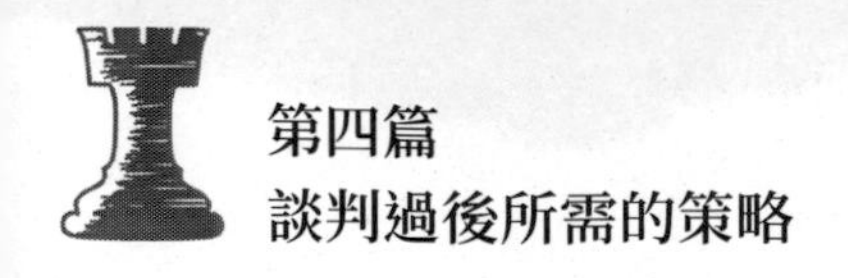

已有了反對你談成的這筆交易的，有一定的反對聲浪，那對其可能造成的麻煩，你就必須得心中有數了。

雖然不能說是至關重要，但仍視為特別嚴重的是，來自那些總是想告訴你（暗示或公開地），如果那事讓他們做，一定會做得比你好的人們的瑣碎指責。坦白地講，身為一個談判人員，你必須做到對這類事習以為常，在談判桌上臉皮太薄肯定是沒有好處的，但針對這種人能臉皮厚一些，來保護自己或不理他們這些坐在安樂椅上指手劃腳的人，同樣也有好處。

在絕大多數情況下，試圖向這些專門吹毛求疵的人，來解釋你在談判過程中所做和一切，是沒有什麼用處的。因為只有你才熟知那些談定的條款和條件，而這些人卻很少知道為達成這個協定你和對方交換了多少讓步，以及為什麼那些都是必需的細節。

當然，在一定的條件下，你也必須奮起保護你的成果。這一般就是在會議上有人公開反對你簽的協定，或你的上司向你提出疑問的時候。只是出於這一個原因，你就應當永遠要堅持有人做記錄，使談判中發生的一切，以及哪些問題都是怎樣解決的都有案可查。當有人問你為什麼某一問題是那麼而不是這麼解決的時候，這份資料將會對你大有幫助。先靠你良好的記憶力是不夠的，特別是事情過後你又去從事別的談判的時候。能有紀錄在手裡，彌補你記憶上的不足，這至少可為你減少許多窘境。

一旦就合約中的某一條發生當事人雙方爭執時，你這份紀錄就更有了大用場。當然，如果協定文字寫得很嚴密，這種事是不大會發生的。但實際上，不管你們準備資料時是多麼仔細而小心，總會有些事是你們當時未曾想到的。其結果便是，如果你有紀錄可查，這不但會一下子解決問題，而且這還能防止問題或爭執更新，成為一起訴訟。

16.7 定期檢查協定的執行情況

當所簽的協定，須由對方在相當長的一段時期內執行時，檢查各項內容是否在按合約的規定執行就是至關重要的。至於由誰來進行這項檢查，則要取決於合約所涉及的內容，以及你方的團隊結構。如果身為談判人員，由你來追蹤監看（或身為監督組的成員），有幾個因素是你必須考慮的。

首先，追蹤監看的範圍，這在相當程度上要根據工作的性質而定。顯然，慣常的訂購某種貨物，是無需很多監看的。你只須派個什麼人去看貨就行了。但如果是一份有關複雜的研究工作或巨大的建設工程，追蹤監看就要持續進行了。

另一個影響檢查規模的因素是，你的交易夥伴在類似合約中的執行情況，如果是一位你曾與之打過交道的供貨商，而他過去的行為又都使你滿意，那檢查工作的量就會很小。此外，合約本身規定的進度報告，也有助於你少去直接進行檢查。

有各式各樣的理由，可以說明系統地檢查協定執行情況的重要性。例如，一家公司可以同時做許多樁買賣，以至於不是對每一客戶都能按時交貨。如果發生了這樣的情況，按人之常情來講，這種到期未能交貨就大多應歸咎於買方未進行嚴格催促了。

所以，毫無疑問，密切的追蹤監看，會防止一些小麻煩發展成大問題。而且，如果處理得當，追蹤檢查不但不會被視為對對方的侵犯，這還有助於加強你們之間的合作關係。因此，雖然對一項大工程進行定期檢查，可是件毫無吸引力的苦差使，但它卻是使最終結果能符合你費那麼多力氣才簽下的協定規定的保證。

16.8 改善合約執行情況的檢查技術

當然，你所採取的追蹤檢查的步驟到底應該怎樣，將由你和貿易夥伴的關係、協定的內容、你方的內部組織結構，以及你自己的偏愛決定。但除了這些之外，還有幾種普遍適用的技術，也會在不同情況下給予你不同的幫助，即：

1. 非正式步驟 —— 非正式步驟以什麼形式出現可由自己定，如未預約地打電話訊問、通訊或甚至必要時的社交活動，都將能滿足你的需求。
2. 合約規定的步驟 —— 合約中規定的定期報告或報表，可以成為監控合約執行情況的基礎或依據。這基本是一種特殊的管理技術。一旦從報表或報告中發現有偏離正軌的現象，更深入的檢查就是必要的了。但應當提請你注意的是，單靠這一種方法來實現監控的目的，那就得過於強調報表的品質和及時性，過分相信你的貿易夥伴的正直和可信。
3. 定期的現場考察 —— 沒有什麼比你親自到你貿易夥伴那裡去看一下，更能搞清楚到底情況如何了。但是，在許多情況下，只因為這既費錢又費時，就可能使你感到不便。
4. 透過別的人 —— 你所處的位置可能使你有機會，從與你的貿易夥伴、打交道的技術或行政人員那裡，得到你需要的消息，他們這種間接的幫助，也許會使你得到更多有關對方公司的情報。

5. 與第三方接觸 —— 許多來自第三方的消息，都可以成為你評估對方公司經營及財務狀況的數據。銀行家、信貸機構以及各種商會，都可以成為你的消息來源，使你能夠保持耳聰目明。

忠告：對協定執行情況進行追蹤檢查時，要盡可能別唐突、別莽撞。特別是絕不能干預人家的內政和對人家應該怎樣營運指手劃腳。可是，有時不管是你多麼具有外交家的風範，你也會遇到在檢查問題上人家不願和你合作的事。遇到這種情況時，如有必要，一定堅持讓對方知道你有這個權力。任何時候，只要你的要求不過份，而對方卻又不願意滿足時，那至少說明你們的貿易關係已屬不良。

除此之外，這也可能會是因為合約執行得不好，使對方有意隱瞞某些資訊。當然，情況不會永遠是這樣的，因為許多公司（特別是那些私營企業），對給出任何資訊都並不那麼吝嗇。不管出於何種原因，只要發現你認為是為監督執行情況所需的數據竟得不到，那你可得十分注意。

16.9
重開談判

像在池塘旁等了似乎幾小時（有時的確過了幾小時）的漁翁一樣，經過了漫長的討價還價之後，終於可以坐下來在一份協定上簽字，把魚釣了上來，這真是一件非常舒心的事。而且，在執行協定的整個過程中，雙方都還滿意，從而使這筆買賣圓滿結束則更使人高興。但是，隨著時間的流逝，條件有時也真的發生了變化，使某一協定再執行下去就不那麼有利了。到了這個時候，恐怕你就應當考慮就這一協定重開談判了。可不幸的是，人們通常是只有到了經濟上十分吃虧的地步，才想到還有這樣一種選擇的可能。

改變現有協定，有無數的理由可供你提出。例如，金融狀況的變化，就是要求重審貸款條件的好藉口。你方無力控制的其他變化，也可能使原本有利的一筆交易，變得不那麼令人愛做。這些變化可能由全國的經濟條件波動所導致，它們也可能只來源於某一工業領域，或你們的這個行業。不管是什麼來源，外來的影響也好，內部的因素也罷，總之是已到了必須把某個協定撕了重寫的時候了。

就某一協定想重開談判時，以下幾個因素是你必須考慮的。其中最最重要的是你自己的心理狀態，絕大多數的人是連提出重新談判的建議都不樂意做的。而且，這當然也不是一件可以草率提出的事。何況，就是重談某一協定的必要已經十分明顯時，人們也還是遲遲不肯去找對方談這件事。其結果便是，只有到了事情已壞得使他們再無別的選擇時，他們才肯下決心這麼做。

不管是什麼時候，只要你認為重開談判是必需的，那你就必須採取積極的態度，心理上也不必悲觀。因為財政上遇到了困難，你們才要求改變貨款條件，既然你們已無力滿足合約的規定，那麼對方再迫使你們遵守，也對他們沒什麼好處。所以，只要你們有充分的理由，貸方完全可能同意進行調整。

當然，對方也可能強制你們執行某協定，但如果因此他們只能訴諸法律，別的什麼好處也沒有，那倒不如雙方商量出一個折衷辦法，實行某種妥協。至於真的要打官司，那你可得立刻進行法律諮詢。千萬別等到事情已到了不可收拾的地步，再去請一位法律界的魔術師出來，變一個解決辦法出來應應景——除非這位律師作為一種副業，還真能從帽子裡抓出兔子來。

總之，請你記住，商業協定並不都是板上釘釘、絕不可變的。只要情況使之成為必要，任何協定都可以更改。事實上，某一協定之所以不能重談，最大的障礙，往往就是由於怕聽到人家說「不！」因而總是猶豫著，不敢去找人家。

有很多時候，一份協定得到修改，連說服工作都不需要。例如，假設你們是供貨方但無法按期交貨，也許你們還不知道，對方到了那合約規定的日期時，卻並不需要那麼多的貨。因此，他們也許比你們還更願意調整交貨日期呢！也許正是因為他們怕你們不做，才不敢提出來呢。這樣，如果雙方誰也不採取主動，那只好是兩家都受冤枉罪了。

16.10 重開談判的幾個步驟

重開談判可以為你們省錢，或甚至避免遭受經濟上的巨大損失。而且，重開談判本身也並無神祕之處，取得成功所需要的重要的因素（也和原來談判時一樣），還是充分的事前準備。多數人之所以失敗，就是因為沒打好基礎。

重開談判的第一個步驟，就是確定所要達到的各種目的。即你到底要完成一些什麼？要把所有的重要內容或目的都寫在紙上。例如，應當重談的價格、交貨日期，以及其他一些你方難以執行和滿足的條款、條件。然後，收集能說明按新條款辦不好的、所有你收集到的事實。顯然，隨情況的不同，所擔心的東西也不同。

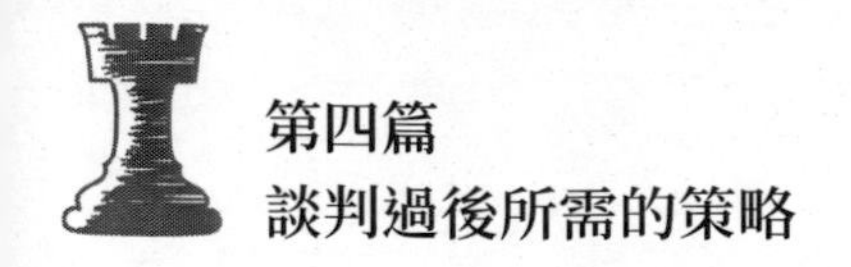

第二個步驟，就是猜想一下對方可能採取怎樣的立場。知道這次和你談判的人是個什麼脾氣也很重要。即使重開談判時，對方顯然占居優勢，但只要你準備工作做得好，照樣可以獲勝。例如，當你重開談判的內容是修改貨款條件，銀行就占優勢，你們商業界當然處於軟弱地位了。但即使是這樣的局面，只要你有個完善的談判計畫，獲得了有利的條款和條件的可能性，也會大大增加的。

貨方當然知道自己占上風，可以強迫借方接受某些條件，以保護他們自己的利益。為避免陷於被動挨打的境地，你可以先想想對方可能有什麼要求。換句話說，你先當一回銀行家，站在他那個高度去考慮問題。這樣，你就會對於他一定要提出來的問題事先有了回答。只要你能讓對方知道，你已經預料到銀行將怎樣對待你們，你就可能使貸款協定重寫，並避免那些將成為你方沉重負擔的條件。

最後，不管你要重開談判的內容是什麼，談判前都要進行一次「如果……該怎麼辦？」的分析，即準備出多種解決方案。這樣，即使重開談判未獲成功，你還可以提出下一個選擇方案，而如果按這個方案去辦，那最壞也只能是仍照舊章辦事而已嘛！

第十七章
協定未能達成時，你該做些什麼

儘管談判前，人們都抱有很大的期望，但不論你有多麼高明的談判技巧，協定仍有可能未能簽定。正如探戈舞必須由兩個人跳一樣，做成一筆交易也必得雙方，或甚至多方都同意才行。有很多理由可以使你的談判對手不願意和你共舞。

如果你因此就有點不高興，那可於事無補，能夠既保持你的尊嚴和原定方案離去，又能敞開將來的大門，才是最明智的。除這個問題外，本章所討論的還有關於當時機成熟時如何再行談判的事。本章還附帶著談一談諸如仲裁和調解的問題，這些也都是談判中可以用到的辦法。最後，不管談判走的是哪一條路徑，也還是有些普通適用的法則，值得你記住。

17.1
方案使談判的大門再開

每當你的第一方案終於突破絕路時，那下一步就該動用你的其他方案中排在最前面的那一個了。但是，正如前文所述，這時你必須留意將來再談的大門別關 —— 即使再談不大可能。但如果真的你又同那位對手見面，那筆交易就仍有可能做成。

假如說上次你們在交易破裂時，並未討論過其他解決方案，那麼重開談判肯定是個好消息。當然，如果你發現對方的立場絲毫沒有改變，也只能是一場空歡喜。但是，如果你能在重開談判時，帶去另一類似的來源貨物或服務，並已經開始在這方面做工作時，任何事情都絕不可能只是鐵板一塊。

如果你手裡還沒有什麼與第一次詢價時不同的東西，那你完全可以將重新談判再行推遲。但是，如果過去的時間已經很長，而你又有了新的生意要談，這時候你可就得做出決定，到底在下列三個方案中選擇哪一個。這些方案是：（1）告訴第一次談判的對方，說你們對那筆生意已不再感興趣；（2）終止與新對手的談判；（3）兩個談判同時進行。

除非上次談判使你是那麼地不滿，以至於你再也不想同那位對手打交道，但拒絕同人家重談絕無好處。另一方面，既然上次是最後鑽進了死胡同，當然也不能期望這次就一定會有結果。對這一點你也得有心理準備。

因此，為避免重蹈覆轍，你最好還是讓兩個談判同時分別進行。誰知道呢？也許他們雙方之間還會相互競爭，從而使你做成更為有利的交易也說不定。那將是很精彩的一幕，特別是在你經過多方努力，仍未能將上次的生意做成之後。

為在這方面取得成功，最好的辦法是加快和第二個對手的談判，使他們盡快地提出最後報價。與此同時，你得盡可能拖延與第一個對手的談判，以便你有時間完成剛說過的那件事。顯然這裡還有個問題，那就是你是否應當或什麼時候讓你的對手知道，他另外還有一個競爭對手。

如果你繼續和第二個對手談判，卻又讓人家背著包袱，等著你去跟第一個對手心安理得地談條件，從道義上講，這至少得說是不夠公平。

但問題的另一面是，如果我一下子就告訴你的第二個對手，說你的第一個對手又想回來談時，那這位第二號選手很可能會立即退出。這豈不就等於讓你自己再去同一個交易還可能做不成的對手，重演已經演過的一場戲麼？

所以，還是從兩個對手那進而都得報價最好。一旦兩個報價均已到手，你就可以告訴你的第二個對手說，你從第一個對手那裡又得到了一個報價。為公平起見，你的第二個對手，是在你上次陷入死胡同後才加進來的，那讓他們來提出最最後面的那個報價，也算對得起人了。與此同時，你還得讓第一個對手，也知道你又從別處得到了個報價。到了這個時候，讓這二位競相報價好了，最後的結果將是一方被擠了出去，你得到最佳報價。當然，如果雙方誰也不肯退出去，你也沒什麼難處，誰的生意有利，就跟誰做不就解決了嗎？

17.2 為重開談判而又不丟面子的策略

談判已經破裂，而且從此再也沒聽到對方的消息，這並不意味著這筆生意算是徹底沒了。由對方先來找你那當然好，因為這不但告訴你，對方對達成協定很感興趣，在策略上你也算是占了上風。

由於是他們主動聯繫，從理論上講，這至少說明他們比你更想做這筆交易。這樣，重開談判的時間和地點，就多半得由你來定了。例如，當你接到對方要求再談談的電話時，你大致就可以這麼說：「當然可以再談談，那麼星期五早 10 點到我們這裡，怎麼樣？」因為對方不知道你是急於重開談判，你接到對方關於談判應在哪進而、何時進行的答覆的可能性就很小了。

相反，如果是你在尋找達到協定的可能性，可過了一兩個星期之後，卻仍聽不到對方有什麼動靜，這時由你來打個電話給對方，也不是不可以的。很可能對方會告訴你，他們不想再談了。但這至少你能夠確知，這筆交易已徹底破裂。

更有可能的是，對方還想聽聽這回你說些什麼。所以，到了必須那麼做的時候，也大可不必遮遮掩掩。假如談判重開，使協定達成的最好辦法，將是拿出點新東西來。至於這新東西是什麼，那得由你們談判的內容決定了。順便說一句，對你方最後報價做了多大修改，並不比你主動聯繫這一事實更重要，這說明你有達成協定的誠意。

這一行動很有希望成為推動這筆交易，有所進展的基本因素。但是，如果對方拒絕從原來的立場退步，那你就得想辦法使他們向後挪挪了。你可以這麼說：「談判之所以能重新開始，是因為我們有這麼一個印象，即我們雙方都得向後讓讓。老實說，我們已經修改了我們的報價。因此，如果對方確有誠意做這筆交易，現在可就該看你們的了。」

這將迫使對方必須給個報價。當然，這還得以對方確也願意，從原來使談判破裂的地方後移為前提。如果真是這樣，談判就算是又回到正軌，達成協定也就有可能了。如果他們仍堅持原來的立場不變，那除非都依他們的條件，協定將可能無法達成。如果是這後一種情況，你算是在一定程度上知道了這筆交易已經破裂。儘管如此，你為使談判重開所花的力氣，也並不能算是浪費了，因為這至少還說明，這筆交易之所以沒做成，並不是由於你未盡最大努力所造成。

17.3

心安理得地離去

除了你因為達到自己的談判極限，而必須使談判得出結論之外，還有很多理由，能說明中止談判是正確的。下面列舉幾個造成協定無法達成的常見原因：

1. 對方不想做這筆交易。你可能會認為這樣的事難以想像。既然一開始他就沒想達成什麼協定，那他把許多時間浪費在談判桌上做什麼呢？儘管不能說這就是正常現象，但它也不像你認為的那麼少見。首先，某人或某方在進入會議室之前，可能並未真正考慮達成協定會帶來什麼後果。當某人對某一談判內容有點強烈的感情傾向時，就會發生這種事。那些白手起家的商人就是最好的例子。

另外一種情況是，從會場之外傳來了壓力。例如，有關某些公共關係的談判，會由被傳媒所曝光而使談判者無意達成協定。並且，儘管不想達成任何協定，他卻仍裝著和你往下談，直到最後才說：「我已經盡了最大的努力，但協定還是達不成。」

2. 另一方想做交易，但提出的條件不合理。有時，談判是這樣開始的，即對方對於達成協定並無多大興趣，之所以來談判，只是想看看是否能做一筆他們捨不得不做的生意。否則他們就會故意設定障礙，或不講道理，直到對方被氣走。

還有一個由此衍生的情況是，他們來談判的目的，只是想探探行情，想研究一下某種產品、產業或服務，在市場上到底值多少。這樣，談判當然不會有什麼協定，試探和研究一經完成，他們就會揚長而去。

3. 對方給的並不是你方想要的。就是說，人家用的是「調包誘售法」的一種。談判一旦開始，他們就會向你建議一筆與你方想做的完全不同的生意。它的一種形式可以是這樣：產品「A」我們已經不生產了，現在生產的是「B」，這是比「A」更好的同類產品。當然，「B」的價格要高得多，而且還可能對你方根本沒用處。

4. 會場內外的事實都表明，達成協定對你方已不再有利。例如經濟條件發生了變化，或企業內部經營狀況有了波動。

不管是由於什麼原因，一旦發現繼續談下去會毫無結果，你就應當立即委婉地要求中止談判。這時候憤怒地指責對方是毫無用處的。因為無論如何，他們也不會承認本無誠意。當然，如果是你方而不是對方，想中止談判時，那你可得給為什麼你們不能繼續談這筆生意了，找個站得住腳的理由。總之，既然情況的改變，已使做某筆生意不合適了，那當然就得快點找別的出路。遇到這種情況時，別忘了給重開談判留門，好聚好散，就是留門的好辦法。

17.4
仲裁和調停

未能達成協定的談判，當然是件令人不快的事。但這和針對已有協定所進行的、為解決糾紛才舉行的談判比起來，前者就是小菜一碟了。

不管制定協定時是多麼地小心而謹慎，爭執和糾紛也還會發生。既然發生了，那就得解決，而為解決爭執和糾紛所舉行的談判，必將激烈而艱苦。而且，如果談判還未能解決時，隨之而來的就是訴訟了。即使還沒到那個地步，雙方分歧太大，也會給你們之間的交易關係，造成無法癒合的創傷。

因此，當分歧不能透過談判消弭時，最好再想別的辦法解決，盡可能別去打官司。比較好的辦法有兩個，那就是仲裁和調停。

仲裁指的是，由仲裁人（第三方的一位專家）做出對當事雙方均有約束力的決定或裁決。而調停則與此相反，調停人只是幫助當事雙方解決問題，不做對任何一方有約束力的決定。

仲裁和調停不僅是可以取代訴訟的兩種好辦法，它們自身還有迅速和省錢這樣兩大優點。此外，從貿易前景看問題，用這兩種辦法解決分歧也有許多好處。首先，這可以避免當事人到法庭裡去當眾亮相。而更重要的是，這還有助於維持老關係。因為，同訴諸法律比起來，這兩種辦法的敵對性要小得多。就是說，如果用這兩種辦法中的一種，爭端一旦消除，雙方的良好交易關係，仍有望恢復如前。

17.5
達不成協定怎麼辦

不是每次談判都能成功，達成協定的。但即使未能簽訂協定，那也並不就意味著一切努力都純屬浪費。至少，如果你能使這樣的談判，在友好的氣氛中結束，那麼下次再與同一對手打交道，獲得好結果就有了可能。

除了這種可能性（不管它離現實是多麼遙遠）之外，你還可以從失敗的談判中，學到一些將來可能有用的經驗和教訓。例如，永遠應當記住，從這次犯的錯誤中汲取一些東西，問問自己如果你沒那麼做，那麼換個什麼別的做法，才能獲得另一種結果呢？

另一方面，別總是用「如果我那麼……不就……」一類的後悔藥，來折磨自己。自己給自己當事後諸葛亮是件容易事，從別人身上也同樣

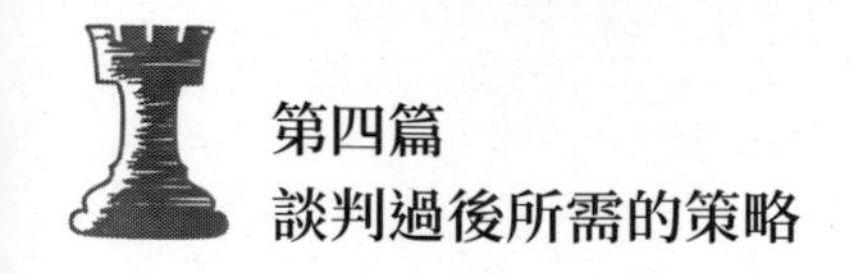

可以學到這些東西嘛！事實是，你很少能知道用另一種做法就一定行。從對過去所做的自我分析中，你能夠得到的最好的東西就是，下一次談判時你將有更充分的準備，以及知道了在哪些方面你還有待改進。

實際上，不管你在某次談判中做得多麼出色，你談判技巧中值得改善之處永遠存在。因此，多讀點關於談判的書刊，多參加一些有關談判的學習班或研討會，都是有好處的。與談判活動有關聯的一些領域，如交流技巧等，也值你重視。善於與人交流，對於談判人員，甚至可以說是至關重要的。

除了上述這些之外，別因為一次談判失敗，就認為自己一事無成。避免做筆壞生意本身，就是一種成功。而且，協定之所以未能簽成，其原因也是數不勝數的。

17.6 25 條普遍性原則

當然，並不存在什麼對任何談判都有效的「萬靈藥」。談判內容之廣泛，就如人與人都各有不同之處一樣。只這一點就使「萬靈藥」不可能存在於世。此外，即使是普遍性原則，也都有各自的例外情況。在研讀我給你列出的、我認為將成為你在談判中的嚮導的東西時，還請你務必記住我上面的那些話。

1. 你表現得越不急於做成某筆生意，那筆生意就越有可能做成。
2. 如果你想控制談判程序，那就永遠不可失去對自己情緒的控制。
3. 談判過程中要永遠保持自信，人們相信有自信心的人。
4. 切記，如果某筆生意好得都不像真的了，那它很可能就不是真的。

5. 記住，只有買主認為它太高時，某一價格才算太高。
6. 主場優勢，就像自己吃自己燒的菜一樣，別有一番風味和妙處。
7. 要反擊對手所用的策略，你得先搞清楚這些策略是什麼。
8. 如果你參加談判時，充滿信心卻缺乏知識，那就等於你再次證明，傻子最容易知足這個道理。
9. 只有在經過了一番苦鬥之後做成的那筆好生意，才更能使人覺得幸福。
10. 虛張聲勢，只有在你讓人家相信那不是虛張聲勢時才有效。
11. 如果對手失去對自己情緒的控制，那隨之而來的就是他犯錯誤。
12. 永遠不能讓你的對手知道，你為協定達不成而準備的其他方案，比現有方案更弱。
13. 談判過程中應避免做假設。
14. 如果你有時間上的限制，只有你自己知道就行了。
15. 談判是在向對方兜售你方的建議，可不是向對方攻擊。
16. 不怕對方的威脅，可以幫助你得到你想做的生意，而不是對方想給你做的生意。
17. 對付最後通牒的最好辦法，就是不理睬它。
18. 你第一次報價的可信性，將給談判定調。
19. 不要告訴對手某一或某些內容，是不容談判的。
20. 你報的價錢應精確以提高它的可信性。
21. 對你所做出的任何讓步，都使對方認為那是你能做出的最大讓步。
22. 做讓步時，一定要表現出非常勉強的樣子。
23. 誰在會外胡說亂講，就一定會搬起石頭砸自己的腳。
24. 談判 80%成功靠準備，20%靠談判技巧和策略。
25. 如果你還能勉強做某筆生意，那就接受它，否則儘管走好了。

附錄
談判步驟檢核表

除了談判內容、形式和不同的複雜程度之外，每一次談判從開始到結束的各個步驟，也將有所不同。此外，即使相似的任務，完成它時也不一定採取順序相同的步驟。談判活動本身就是多變的，因此，在從事前準備到達到談判目標的整個過程中，你都必須保持很大的靈活性。

儘管如此，除了有時會出現的狂熱步調，和其他許多你也應當考量的因素之外，有一個從始到終的談判步驟檢核表，用以核實哪些工作已經完成，哪些任務尚待完成，總是有幫助的。下面的這個一覽表，就是幫你記住這些步驟用的。其中許多步驟，對於絕大多數的談判，都是適用的。但有些只適用較普通的慣例式交易的步驟，恐怕就沒有全部列入，而對於那些特殊領域中的更複雜一些的談判還應當有另一些步驟，則應當由你自己加進去了。

所列內容的順序大致與典型的（如果真有哪一種談判可被視為典型談判的話）談判，進行時的順序相同。除了那些一般性任務外，表內還列出了針對你談判對手所採用的不同策略，而應考慮的一些因素。

最後，編表的宗旨是，完全而不龐雜，精確而無遺漏。

<u>談判計畫階段</u>

1. 落實你的談判目標、談判內容所涉及的多種要求是否已經明確？
2. 制定出談判一旦失敗時可以立即提出的其他方案。
3. 準備出談判的首要目標，不能在某次初談中達到時，你應提出的其他解決辦法。

4. 猜想談判失敗後，對方可能提出哪些其他方案。
5. 確立談判立場的上限和下限。上限即為你所能做成的最佳交易；下限則是你所能接受的最低條件。
6. 確立意向談判策略。為達到你的不同目的，你要採用哪些策略？
7. 確定哪些方面和內容是不容談判的。
8. 評估協定達成後的長遠影響。是否有長期合作的可能？抑或這只是一樁買賣？
9. 為達成協定你將做出哪些讓步，確立它們的給出順序。
10. 決定是否可以採用可選條款，以及獎勵辦法。
11. 準備書面建議。
12. 考慮時間問題，談判應何時舉行以及是否應當舉行。
13. 組團。
14. 指定代表團負責人（如果你不擔任團長）和分清代表團每一成員應負的責任。
15. 指定哪些成員參加哪些會談，與會時他們都應當完成什麼任務。
16. 建立談判檔案，由專人負責記錄談判自始至終的全部重要內容。
17. 與你方代表團成員共同商定議中日程表。
18. 評價你與之談判的對方的強項、弱項，以及他們公司所享有的商業信譽。
19. 評價你已收到的對方的建議書。
20. 確定你可能用得上的專家諮詢機構。
21. 確保已經具備了所有必需的檔案和專家，用以支持你的談判立場。
22. 確定該用哪些論點支持你報的價格或你方談判立場的其他方面。

23. 決定你的首次出價是什麼。

24. 必要時修改你的報價的靈活性。

25. 決定談判到底應該在你們這裡、對方那裡，還是在中立地召開。

26. 與你的談判對手碰面，確定談判開始的日期、時間和地點。

27. 如果談判在外地舉行，做好一切差旅及交通事宜的安排。

<u>談判進行階段</u>

1. 第一次會議前，去談判地點檢視後勤設施。
2. 談判開始後，評估對手有多大決定權。
3. 確定是否有幕後決策人。
4. 確認你的對手的談判風格。
5. 確認你的對手在談判中使用了下列哪一種策略，並確定反擊方法：

✧ —— 故意設定障礙。

✧ —— 採取了「做就成交，不做拉倒」的態度。

✧ —— 想來個「打對折」。

✧ —— 給出了整套報價。

✧ —— 使用了優勢地位技術。

✧ —— 耍一個唱白臉，一個唱紅臉的花招。

✧ —— 採用突襲戰術。

✧ —— 採用了「可憐可憐我！」戰術。

✧ —— 虛張聲勢。

✧ —— 給出「海市蜃樓式」讓步。

✧ —— 採取了拖延戰術。

✧ —— 想對我們分而治之。

- ✧ —— 躲躲閃閃。
- ✧ —— 提出了「移動目標」式報價。
- ✧ —— 不時中斷談判，用以進行干擾。
- ✧ —— 企圖動用威懾手段。

6. 在任何情況下都要控制住自己的情緒。
7. 把談判轉向你希望討論的課題。
8. 使對方清楚地知道你方立場。
9. 確保你自己已完全理解了對方鼓吹的是什麼。
10. 如果需要重新考慮一下你方立場，叫暫停或用其他辦法使談判中止。
11. 努力填補雙方立場間的縫隙。
12. 根據談判中出現的新情況，對你方談判目標進行必要的調整。

<u>結束談判階段</u>

1. 努力使談判在恰當的時間結束。
2. 如有必要，使用交換條件或其他妥協形式來解決難題。
3. 確定什麼時候，你可以給出最後讓步或報價。
4. 為使協定達成，確定你是否應該越過你的談判對手，見他的上司或請雙方上司出面。
5. 確認是否用時間為槓桿來做成交易。如果時間拖多久也做不成時，是否應給接受你方報價限定個時間。
6. 與你方陣營中反對這筆交易的人開戰。
7. 與談判對手再次確認已商定的條款。
8. 建議協定書由你們來寫。
9. 請法律及行政人員對協定進行審查。

10. 必要時，進行追蹤檢查，以確保協定的貫徹執行。
11. 如果協定未能達成，給對方再來找你留門。
12. 必要時，主動要求對方重開談判。
13. 協定未能達成後，立即準備執行另一方案。

只靠一張嘴的力量，談判桌上的勝利者：

從心理學角度看策略框架 × 心理分析 × 案例研究，從零打造「談判高效力」！

作　　者：[加] 孔謐
發 行 人：黃振庭
出 版 者：財經錢線文化事業有限公司
發 行 者：財經錢線文化事業有限公司
E-mail：sonbookservice@gmail.com
粉 絲 頁：https://www.facebook.com/sonbookss/
網　　址：https://sonbook.net/
地　　址：台北市中正區重慶南路一段六十一號八樓 815 室
Rm. 815, 8F., No.61, Sec. 1, Chongqing S. Rd., Zhongzheng Dist., Taipei City 100, Taiwan
電　　話：(02)2370-3310
傳　　真：(02)2388-1990
印　　刷：京峯數位服務有限公司
律師顧問：廣華律師事務所 張珮琦律師

定　　價：499 元
發行日期：2024 年 03 月第一版
◎本書以 POD 印製
Design Assets from Freepik.com

國家圖書館出版品預行編目資料

只靠一張嘴的力量，談判桌上的勝利者：從心理學角度看策略框架 × 心理分析 × 案例研究，從零打造「談判高效力」！ / [加] 孔謐 著 . -- 第一版 . -- 臺北市：財經錢線文化事業有限公司 , 2024.03
面；　公分
POD 版
ISBN 978-957-680-795-4(平裝)
1.CST: 商業談判 2.CST: 談判策略 3.CST: 溝通技巧
490.17　113002124

電子書購買

臉書

爽讀 APP